ÉLÉMENTS

D'ARITHMÉTIQUE

CONFORMES AUX DERNIERS PLANS D'ÉTUDES

PAR

Alphonse REBIÈRE

Ancien élève de l'École Normale supérieure
Professeur agrégé de mathématiques au Lycée Saint-Louis
Chargé de Conférences aux Cours de Saint-Cloud

ET

Gustave MONNIOT

Ancien élève de l'École Normale supérieure
Professeur agrégé de mathématiques au Lycée de Troyes

QUATRIÈME, TROISIÈME ET PHILOSOPHIE DES LYCÉES ET COLLÈGES

ÉCOLES NORMALES PRIMAIRES

PARIS

SOCIÉTÉ D'IMPRIMERIE ET LIBRAIRIE ADMINISTRATIVES ET DES CHEMINS DE FER

Paul DUPONT, Éditeur

41, RUE JEAN-JACQUES-ROUSSEAU (HÔTEL DES FERMES)

1882

ÉLÉMENTS

D'ARITHMÉTIQUE

Paris. — Soc. d'imp PAUL DUPONT, 41, rue Jean-Jacques-Rousseau.

ÉLÉMENTS

D'ARITHMÉTIQUE

CONFORMES AUX DERNIERS PLANS D'ÉTUDES

PAR

Alphonse REBIÈRE

Ancien élève de l'École Normale supérieure
Professeur agrégé de mathématiques au Lycée Saint-Louis
Chargé de Conférences aux Cours de Saint-Cloud

ET

Gustave MONNIOT

Ancien élève de l'École Normale supérieure
Professeur agrégé de mathématiques au Lycée de Troyes

QUATRIÈME, TROISIÈME ET PHILOSOPHIE DES LYCÉES ET COLLÈGES

ÉCOLES NORMALES PRIMAIRES

PARIS

SOCIÉTÉ D'IMPRIMERIE ET LIBRAIRIE ADMINISTRATIVES ET DES CHEMINS DE FER
Paul DUPONT, Éditeur
41, RUE JEAN-JACQUES-ROUSSEAU (HÔTEL DES FERMES)

1882

ÉLÉMENTS
D'ARITHMÉTIQUE

LIVRE PREMIER.

DES NOMBRES ENTIERS.

CHAPITRE PREMIER.

NUMÉRATION DES NOMBRES ENTIERS.

1. But de l'arithmétique. — Idée de nombre. — Nombres entiers. — L'*arithmétique* est la science des *nombres*. Tout le monde a l'idée de l'*unité* et de la *pluralité :* On peut considérer *un* seul objet ou *plusieurs* objets.

Un seul objet, c'est ce qu'on appelle une *unité.* Plusieurs objets de même espèce, ou plusieurs unités, forment un certain *nombre* d'unités.

Un nombre ainsi conçu sera ce que nous appellerons un *nombre entier.*

Nous généraliserons plus tard l'idée de nombre et nous serons amenés à considérer d'autres nombres qui ne sont pas entiers. Les seuls nombres que nous étudierons dans ce premier livre seront des nombres entiers.

Nous savons, par notre langue maternelle, que le groupe formé par *un* objet et *un* objet s'appelle *deux* objets, que le groupe formé de *deux* objets et *un* objet s'appelle *trois* objets, etc.

Les expressions *deux* objets, *trois* objets, etc. désignent des nombres différents d'objets.

Si, à un certain nombre d'objets, on ajoute un objet, on forme un nouveau groupe qui est un nouveau nombre d'objets. On voit que la suite des nombres entiers est indéfinie.

2. Numération. — On appelle *numération* la partie de l'arithmétique qui enseigne la manière d'énoncer les nombres et celle de les écrire d'une façon simple. De là il résulte que la numération comprend deux parties : la *numération parlée* et la *numération écrite*.

3. Numération parlée. — La *numération parlée* a pour but de donner des noms aux nombres.

Un nom de nombre, comme *trois*, est ordinairement suivi, dans la conversation, du nom des personnes ou des choses auxquelles il s'applique ; exemple : *trois* hommes, *trois* arbres. Un nombre ainsi appliqué à des unités d'espèce déterminée, s'appelle un *nombre concret*.

Par une opération de l'esprit nommée abstraction, on peut considérer un nombre tel que *trois*, par exemple, indépendamment de l'espèce particulière d'unités à laquelle il se rapporte. A ce point de vue, le nombre considéré est un *nombre abstrait*.

Nous énoncerons le plus souvent les nombres d'une façon abstraite, c'est-à-dire en sous-entendant après chaque nom de nombre une certaine espèce d'unité d'ailleurs quelconque.

4. Nous supposerons que les nombres soient formés en ajoutant successivement *un* au nombre précédent, et en partant de *un*. Les noms des premiers nombres sont les suivants :

Un, deux, trois, quatre, cinq, six, sept, huit, neuf; le suivant s'appelle *dix*.

5. Pour plus de clarté dans le langage, nous appellerons les objets ou unités dont nous dirons le nombre, des *unités simples* ou *unités de premier ordre*.

La réunion de *dix* unités du premier ordre forme ce que nous appellerons une *unité du deuxième ordre*, la réunion de dix unités du deuxième ordre forme une *unité du troisième ordre* et ainsi de suite.

En général, *la réunion de dix unités d'un ordre forme une unité de l'ordre suivant*.

Les unités des différents ordres, à partir du premier, s'appellent aussi :

Unités simples ;
Dizaines ;
Centaines ;
Mille ou unités de mille ;
Dizaines de mille ;
Centaines de mille ;
Millions ou unités de millions ;
Dizaines de millions ;
Centaines de millions ;
Billions ou unités de billions ;
Dizaines de billions ;
Centaines de billions, etc.

On voit qu'une centaine vaut dix dizaines, qu'un mille vaut dix centaines, qu'une dizaine de mille vaut dix mille, qu'une centaine de mille vaut dix dizaines de mille ou cent mille, qu'un *million* vaut dix fois cent mille ou *mille mille*. On reconnaît de même qu'un *billion* vaut *mille millions ;* de même la réunion de *mille billions* forme un *trillion*, la réunion de *mille trillions* forme un *quatrillion*, et ainsi de suite.

Après les centaines de billions, les unités des différents ordres sont :

Les unités de trillions ;
Les dizaines de trillions ;

Les centaines de trillions ;
Les quatrillions ;
Les dizaines de quatrillions, etc.

Il est à remarquer que l'on n'a besoin d'un mot nouveau
que de trois en trois ordres. On donne le nom particulier
de *classes* aux unités simples, aux mille, aux millions, etc.

Les unités simples s'appellent unités de la première classe ;
Les mille   —   unités de la deuxième classe ;
Les millions   —   unités de la troisième classe ;
    etc.   etc.

On voit qu'*une unité d'une certaine classe vaut mille
unités de la classe précédente.*

6. Étant donné un groupe d'objets, on peut se proposer
de les *compter*, c'est-à-dire d'énoncer le nombre de ces
objets. Il sera facile de les compter s'il y en a moins de
dix, ou dix. S'il y en a plus de dix, on les réunira par groupes de dix ou par dizaines, et, après en avoir formé autant
que possible, il restera moins de dix unités simples ou il
n'en restera aucune. Prenant à part le groupe de toutes les
dizaines, on séparera ces dizaines, s'il y a lieu, en groupes de
dix dizaines c'est-à-dire de centaines, jusqu'à ce qu'il reste
moins de dix dizaines ou qu'il n'en reste aucune. On continuera
ainsi successivement à grouper les unités d'un ordre de
manière à former autant d'unités de l'ordre immédiatement
supérieur qu'on le pourra, jusqu'à ce qu'il reste moins de
dix unités de l'ordre sur lequel on opère ou qu'il n'en reste
aucune ; on s'arrêtera lorsqu'on sera arrivé à des unités
d'ordre tel qu'il y en ait moins de dix. — On énoncera
le nombre des unités de cet ordre et ensuite les nombres
d'unités des autres ordres, en allant des ordres supérieurs
aux ordres inférieurs. Par exemple, s'il est resté successivement six unités simples, aucune dizaine, trois centaines,
sept mille, pour arriver à un dernier groupe unique ne
contenant que huit dizaines de mille, le nombre s'énon-

cera : huit dizaines de mille, sept mille, trois centaines, six unités.

7. Nous allons indiquer les modifications apportées par l'usage à la règle précédente :

Au lieu de une dizaine,	on dit	*dix.*
— deux dizaines,	—	*vingt.*
— trois dizaines,	—	*trente.*
— quatre dizaines,	—	*quarante.*
— cinq dizaines,	—	*cinquante.*
— six dizaines,	—	*soixante.*
— sept dizaines,	—	*soixante-dix.*
— huit dizaines,	—	*quatre-vingts.*
—, neuf dizaines,	—	*quatre-vingt-dix.*

Et même, dans certaines parties de la France, on dit plus logiquement :

Septante, au lieu de	soixante-dix.
Octante, —	quatre-vingts.
Nonante, —	quatre-vingt-dix.

On dit aussi :

Au lieu de une dizaine de mille,	dix mille ;
— deux dizaines de mille,	vingt mille ;
etc.	etc.
Au lieu de une dizaine de millions,	dix millions ;
— deux dizaines de millions,	vingt millions ;
etc.	etc.
Au lieu de une centaine, on dit	un cent ;
— deux centaines, —	deux cents ;
etc.	etc.

Le nombre que nous avons énoncé plus haut (**6**), s'énoncera quatre-vingt-sept mille trois cent six unités.

Ajoutons que quelques groupes de deux mots ont été remplacés par un seul mot, on dit :

onze,	au lieu de	dix-un ;
douze,	—	dix-deux ;
treize,	—	dix-trois ;
quatorze,	—	dix-quatre ;
quinze,	—	dix-cinq ;
seize,	—	dix-six.

Ainsi on dit quatre-vingt-treize, au lieu de quatre-vingt-dix-trois.

Enfin, au lieu de *billion,* on dit communément *milliard.*

8. Numération écrite. — La *numération écrite* donne des règles pour représenter simplement un nombre énoncé quelconque.

9. Dans l'énonciation des nombres, on emploie fréquemment les mots un, deux, trois, quatre, cinq, six, sept, huit, neuf, qui sont les noms des neuf premiers nombres ; on représente ces neuf mots par neuf caractères différents appelés *chiffres,* qui sont :

$$1, \quad 2, \quad 3, \quad 4, \quad 5, \quad 6, \quad 7, \quad 8, \quad 9.$$

Supposons qu'un nombre soit énoncé sous la forme vulgaire, on comencera par donner à cet énoncé la forme théorique, telle qu'elle a été indiquée plus haut (**6**) en nommant séparément les unités de chaque ordre, en allant des ordres supérieurs aux ordres inférieurs.

Ainsi, le nombre qui s'énonce vulgairement quarante-trois mille cinq cent quatre-vingt-seize, sera d'abord énoncé :

Quatre unités du cinquième ordre,

Trois unités du quatrième ordre,

Cinq unités du troisième ordre,

Neuf unités du deuxième ordre,

Six unités du premier ordre.

Il arrivera alors suivant les cas, de deux choses l'une :

1° Ou tous les ordres, depuis l'ordre le plus élevé, jusqu'aux unités simples, existeront dans le nombre ;

2º Ou il y aura, à partir de l'ordre le plus élevé, un ou plusieurs ordres manquants.

Dans le premier cas, on écrira, de gauche à droite, les chiffres représentant les nombres d'unités des différents ordres, en allant de l'ordre le plus élevé au premier ordre.

Ainsi, le nombre énoncé plus haut s'écrira :

43596.

Un nombre étant ainsi écrit, le rang d'un chiffre, à partir de la droite, représentera le rang de l'ordre correspondant. Dans ce cas, d'après la remarque précédente, il sera commode de *lire* ou d'énoncer le nombre écrit sous sa forme théorique ; on traduira ensuite cette forme théorique sous la forme vulgaire.

Dans le deuxième cas, c'est-à-dire quand il y a des ordres absents, il conviendra d'avoir des règles analogues pour écrire un nombre énoncé et pour lire un nombre écrit. A cet effet, on emploiera un caractère, 0, nommé *zéro*. Ce chiffre n'a aucune valeur par lui-même. — On procédera comme dans le premier cas, en ayant soin d'écrire en outre 0 à la place correspondante à chaque ordre manquant. De cette manière, le rang d'un chiffre, compté à partir de la droite, indiquera encore l'ordre d'unités représenté par ce chiffre. Dorénavant, si dans le nombre énoncé, il n'y a pas de centaines ou unités du troisième ordre, il sera équivalent d'énoncer zéro centaine, ou zéro unité du troisième ordre ; le nombre neuf millions soixante-dix mille treize pourra s'énoncer ainsi :

Neuf unités du septième ordre,
Zéro unité du sixième ordre,
Sept unités du cinquième ordre,
Zéro unité du quatrième ordre,
Zéro unité du troisième ordre,
Une unité du premier ordre,
Trois unités du premier ordre.

Ce nombre s'écrira :

9070013.

De même, pour lire le nombre, on l'énoncera d'abord théoriquement sans omettre les zéros, puis sous la forme vulgaire.

10. Dans la pratique, lorsqu'un nombre est inférieur à mille, on arrive bientôt à l'écrire et à le lire, sans passer par l'intermédiaire de l'énoncé théorique.

Cela posé, considérons le nombre

36850927.

La règle énoncée plus haut nous conduit à lire ce nombre ainsi : trente-six millions huit cent cinquante-quatre mille neuf cent vingt-sept.

On voit que l'on pourra aussi employer la règle suivante :

On partagera le nombre qu'on veut lire en tranches de trois chiffres à partir de la droite (la dernière tranche à gauche, pourra avoir moins de trois chiffres). Les différentes tranches, à partir de la droite, correspondront aux classes successives des unités simples, des mille, des millions, des billions, etc. Commençant par la gauche, on énoncera chaque tranche comme si elle était seule et on la fera suivre du nom de la classe correspondante.

Remarquons que tout nombre inférieur à mille peut toujours s'écrire avec trois chiffres, même quand ce nombre est inférieur à cent ou à dix, il suffit de mettre un 0 à la place de chaque ordre manquant.

Pour écrire un nombre, on écrira successivement de gauche à droite les nombres de trois chiffres (complétés, s'il y a lieu, par des zéros à la gauche) correspondant à chaque classe en allant de la classe la plus haute à la classe des unités simples, en ayant soin de remplacer par une tranche de trois zéros chaque classe qui manque. Toute-

fois, le nombre inférieur à mille correspondant à la plus haute classe pourra être écrit avec un ou deux chiffres sans être complété à gauche par des zéros.

Assez souvent, pour faciliter la lecture du nombre, on laisse un intervalle entre les tranches consécutives.

11. Dans un nombre écrit, un chiffre a sa valeur propre, qui s'appelle aussi sa valeur *absolue*.

Le rang que le chiffre occupe dans le nombre, fait qu'il représente des unités de tel ou tel ordre et lui donne ce qu'on appelle sa valeur *relative*. Si, par exemple, on intercalait un zéro dans un nombre écrit, on ne changerait la valeur absolue d'aucun chiffre, mais on changerait la valeur relative de tous les chiffres placés à sa gauche.

12. Le système de numération que nous venons d'exposer constitue la numération *décimale,* ainsi appelée parce qu'il faut *dix* unités d'un ordre pour former une unité de l'ordre immédiatement supérieur; pour cette raison, *dix* s'appelle la *base* de ce système.

Il est facile d'imaginer, conformément aux mêmes principes, un système de numération dont la *base* serait différente de dix. Par exemple, dans le système dont la *base* serait sept, il faudrait 7 unités d'un ordre pour former une unité de l'ordre immédiatement supérieur. Dans ce système, les nombres s'écriraient à l'aide de sept chiffres : un zéro pour tenir la place des ordres absents et six chiffres pour désigner les six premiers nombres.

On pourra voir, par la suite, que les propriétés les plus importantes des nombres sont indépendantes du système de numération. Toutefois, certaines propriétés secondaires des nombres écrits dépendent du système de numération. Le lecteur distinguera facilement ces deux sortes de propriétés.

CHAPITRE II.

ADDITION DES NOMBRES ENTIERS.

13. *L'addition des nombres entiers est une opération qui a pour but de réunir en un seul nombre toutes les unités contenues dans des nombres donnés. Le résultat de cette opération se nomme* **somme** *ou* **total** *des nombres donnés. Les nombres donnés s'appellent les* **parties de la somme.**

14. Pour additionner deux nombres, c'est-à-dire pour ajouter le second au premier, il suffirait, en appliquant les principes de la numération, d'ajouter successivement au premier toutes les unités qui composent le second.

On trouve ainsi, par exemple, que la somme de 8 et de 5 est 13, ce qui s'exprime sous la forme abrégée suivante : $8 + 5 = 13$; on lit : 8 plus 5 égale 13, le signe $+$ signifiant *plus*, et le signe $=$ signifiant *égale* ou *égal à*.

15. Nous nous proposons de donner, surtout pour l'addition des grands nombres, des règles plus expéditives que celle énoncée plus haut et qui résulte directement de la définition.

Pour ajouter un nombre d'un seul chiffre à un nombre d'un seul chiffre, on procédera d'après la règle du n° **14.** — Il sera même nécessaire de connaître de mémoire tous les résultats relatifs au cas qui nous occupe. — On pourra au besoin, une fois pour toutes, dresser une table nommée *table d'addition.*

Pour ajouter un nombre d'un seul chiffre à un nombre quelconque, on pourra procéder encore d'après la règle du n° **14.** — On pourra aussi s'aider de la table d'addition comme dans les exemples suivants :

$43 + 5 = 48$, parce que $3 + 5 = 8$;
$547 + 6 = 553$, parce que $7 + 6 = 13$;
$9997 + 6 = 10003$, parce que $7 + 6 = 13$.

Pour additionner plusieurs nombres d'un seul chiffre, on ajoutera successivement, d'après les règles précédentes, le second nombre au premier, le troisième à la somme obtenue, le quatrième à la somme obtenue, et ainsi de suite jusqu'à ce qu'on ait ajouté le dernier nombre. — Dans tous les cas que nous venons d'examiner, on opère mentalement.

16. **Règle générale.** — *Pour faire la somme de plusieurs nombres quelconques, on les écrit les uns au-dessous des autres, de manière que les unités de même ordre soient dans une même colonne verticale; on souligne le tout; puis, commençant par la droite, on fait la somme des unités de la 1re colonne à droite, et si elle ne surpasse pas 9, on l'écrit au-dessous; si elle surpasse 9, on n'écrit que les unités de l'ordre de la 1re colonne et on retient la partie restante, exprimée en unités de la 2e colonne, pour les reporter à cette colonne; on ajoute à ce nombre toutes les unités de la 2e colonne; si la somme ne surpasse pas 9, on l'écrit au-dessous; si elle surpasse 9, on n'écrit que les unités de même ordre que celles de cette colonne et l'on retient la partie restante, exprimée en unités de l'ordre de la 3e colonne, et on la reporte à cette 3e colonne, etc. On continue de la même manière jusqu'à ce qu'on soit arrivé à la dernière colonne, et on écrit au-dessous le chiffre des unités de même espèce et, à gauche, s'il y a lieu, le chiffre représentant les unités d'ordre supérieur.*

Le résultat fourni par cette règle sera bien la somme des nombres proposés, car il contiendra toutes les unités de chaque ordre contenues dans ces nombres.

17. Dans tout ce qui précède, nous avons admis comme évidents les principes suivants :

Pour ajouter à un nombre donné la somme de plusieurs

nombres, il suffit d'ajouter au nombre donné successivement chacun des autres nombres.

La somme de plusieurs nombres ne change pas, quel que soit l'ordre dans lequel on les ajoute.

18. Usages de l'addition des nombres entiers. — Nous avons appris à faire l'addition des nombres abstraits. Cette opération servira à résoudre tous les problèmes où l'on demandera de trouver le nombre de toutes les unités concrètes contenues dans plusieurs nombres représentant des unités de *même espèce*. On pourra dire alors que la somme des parties est de même nature que ces parties.

On verra, en géométrie, que pour avoir le nombre de degrés de l'angle que l'on définit comme la somme de plusieurs angles, il suffit de faire la somme des nombres de degrés de chaque angle. Il en sera en général de même de toutes les grandeurs, quand elles seront exprimées en nombres.

19. Preuve de l'addition. — Nous appellerons *preuve* d'une opération, une opération distincte de la première (au moins dans ses détails) et dont les résultats doivent concorder avec ceux de la première opération; cette deuxième opération servira à vérifier l'exactitude de la première.

On ne risquera pas ainsi, dans la vérification, de commettre les mêmes erreurs de détail que dans la première opération.

D'ailleurs, une preuve, quelle qu'elle soit, ne donne qu'une *probabilité*, qui peut être très grande, de l'exactitude de la première opération.

La preuve de l'addition pourra se faire, par exemple, en additionnant de bas en haut les chiffres de chaque colonne, si l'on a d'abord additionné de haut en bas.

On pourra modifier les règles de détail dans l'addition, pourvu qu'on reste fidèle à la définition et aux principes énoncés plus haut; on pourra imaginer ainsi des preuves variées.

CHAPITRE III.

SOUSTRACTION DES NOMBRES ENTIERS.

20. *La* **soustraction** *des nombres entiers est une opération ayant pour but, étant donnés deux nombres iné-
gaux, de retrancher du plus grand toutes les unités contenues dans le plus petit. Le résultat s'appelle le* **reste**
*de la soustraction, ou l'excès du plus grand nombre sur le
plus petit, ou la* **différence** *des deux nombres.*

21. Pour soustraire un nombre d'un autre, il suffit de
retrancher successivement du second toutes les unités contenues dans le premier. Connaissant les principes de la
numération, il sera facile de savoir ce que devient un
nombre quand on le diminue d'une unité simple. On pourra
reconnaître ainsi que l'excès de 13 sur 8 est 5, ce qui s'écrit
sous cette forme abrégée : $13 - 8 = 5$, et on lit 13 moins 8
égale 5, le signe — placé à la suite d'un nombre signifiant
moins.

22. *Pour retrancher un nombre d'un seul chiffre d'un
nombre quelconque,* on pourrait procéder d'après la règle
du nº **21**; on trouve ainsi $13 - 8 = 5$. On peut aussi arriver à ce résultat en ajoutant successivement une unité à
8 jusqu'à ce que l'on obtienne 13, le nombre des unités
ainsi ajoutées sera le reste de la soustraction. On a ce résultat encore plus simplement en remarquant que, d'après
la table d'addition, $8 + 5 = 13$, et que par conséquent le
reste demandé est 5. — Voilà comment on obtient la différence de deux nombres lorsque le plus petit est moindre
que 10 et que la différence est aussi moindre que 10, ce que
l'on reconnaît à ce que le chiffre formant le plus petit nombre
précédé de 1 donne un nombre inférieur au plus grand.
Généralement on connaît de mémoire les résultats de

ce genre, et alors on a facilement $38 - 5 = 33$, parce que $8 - 5 = 3$; $53 - 8 = 45$, parce que $13 - 8 = 5$.

23. Règle générale. — *Pour soustraire un nombre d'un autre plus grand, on écrit le plus petit sous le plus grand, de manière que les unités de même ordre soient dans une même colonne verticale* (on sous-entend des zéros à gauche du plus petit nombre, s'il y a lieu) *et on souligne le tout; puis, commençant par la droite, on retranche, s'il est possible, chaque chiffre inférieur du chiffre supérieur correspondant, et on écrit au-dessous le reste partiel, qui sera toujours représenté par un seul chiffre. Si on n'a rencontré aucune impossibilité, l'ensemble des chiffres ainsi obtenus forme le reste. S'il arrive qu'un chiffre inférieur ne puisse pas se retrancher du chiffre supérieur correspondant, on augmente de 10 unités de son ordre le nombre formé du chiffre supérieur, la soustraction partielle devient possible, et on écrit au-dessous le reste partiel moindre que 10 ainsi obtenu, mais on augmente le chiffre inférieur suivant d'une unité de son ordre, et on continue comme à l'ordinaire, en employant le procédé indiqué toutes les fois qu'il sera nécessaire. L'ensemble des chiffres obtenus comme restes partiels forme le résultat.*

Cette règle se justifie facilement dans le cas où chaque chiffre inférieur peut se retrancher du chiffre supérieur correspondant, car en opérant comme il a été dit, on retranche du plus grand nombre toutes les unités simples, toutes les dizaines, toutes les centaines, etc., qui composent le nombre inférieur, c'est-à-dire toutes les unités contenues dans le plus petit nombre donné. Dans l'autre cas, on a modifié, autant de fois qu'il a été nécessaire, le nombre supérieur et le nombre inférieur, en ajoutant au premier dix unités d'un certain ordre et à l'autre une unité de l'ordre supérieur suivant qui est équivalente aux dix unités ajoutées au premier nombre. La règle relative à ce cas se trouve par là justifiée.

Il est superflu d'ajouter que si deux nombres sont égaux, leur différence est nulle ou 0.

★ **24** (1). Dans tout ce qui précède, nous avons admis quelques-uns des principes suivants :

1° *Pour retrancher d'un nombre la somme de plusieurs nombres, il suffit de retrancher de ce nombre successivement chacune des parties de la somme.*

Par exemple, pour retrancher de 57 la somme de 13, de 8 et de 20, il suffit de retrancher d'abord 13 de 57, ce qui donne 44, puis 8 de 44, ce qui donne 36, puis 20 de 36, ce qui donne enfin 16. Nous considérerons le principe comme évident. On peut écrire en abrégé.

$$57 - (13 + 8 + 20) = 57 - 13 - 8 - 20.$$

Nous avons là ce qu'on appelle une égalité; l'expression écrite en avant du signe = s'appelle le 1er membre de l'égalité, l'expression qui suit le signe = s'appelle le 2° membre ; les *parenthèses*, dans le premier membre, comprennent une somme que l'on doit considérer comme effectuée. En général, quand nous placerons désormais entre parenthèses une expression où des opérations seront indiquées, on devra entendre que le signe qui précède la parenthèse porte sur le résultat, supposé effectué, des opérations indiquées dans la parenthèse.

Dans le second membre de l'égalité précédente, le 2° signe — porte d'un côté sur l'expression 57 — 13 comme si elle était entre parenthèses, et seulement de l'autre côté sur le nombre 8 qui le suit; il en est de même du signe +, dans des circonstances analogues.

2° *La différence de deux nombres ne change pas lorsqu'on augmente chacun d'eux d'un même nombre.*

Ce principe est à peu près évident; ainsi (57 + 13) — (28

(1) L'astérisque indique que le paragraphe peut être sauté à une première lecture.

$+ 13) = 57 - 28$; en effet $(57 + 13) - (28 + 13) = (57 + 13)$
$- (13 + 28) = (57 + 13) - 13 - 28 = 57 + 13 - 13 - 28 =$
$57 - 28$.

3° *Pour ajouter à un nombre la différence de deux autres,
il suffit d'ajouter d'abord le plus grand et de retrancher
ensuite le plus petit.*

Ainsi : $38 + (20 - 13) = 38 + 20 - 13$; en effet, $20 - 13$
$= 7$ ou $20 = 13 + 7$; $38 + 20 = 38 + (13 + 7)$ et $38 + 20 -$
$13 = 38 + 13 + 7 - 13 = 38 + 7 + 13 - 13 = 38 + 7 = 38$
$+ (20 - 13)$.

4° *Pour retrancher d'un nombre donné la différence de
deux nombres, on ajoute au nombre donné le plus petit
nombre et on retranche ensuite le plus grand.*

Ainsi : $38 - (57 - 40) = 38 + 40 - 57$. En effet, si on
prend le résultat obtenu, on aura prouvé qu'il est le reste,
si l'ajoutant au nombre $(57 - 40)$ on obtient 38; or, $38 +$
$40 - 57 + (57 - 40) = 38 + 40 - 57 + 57 - 40 = 38 + 40$
$- 40 = 38$.

25. Usages de la soustraction des nombres entiers. —
Toutes les fois que l'on voudra connaître la différence de
deux nombres concrets représentant des unités concrètes
de même espèce, on prendra la différence des deux nombres
abstraits correspondants. Le résultat obtenu représentera
des unités concrètes de même espèce que celles des deux
nombres concrets donnés.

D'après sa définition, *la soustraction sert aussi à déterminer de combien d'unités un nombre entier surpasse un
autre plus petit.*

La soustraction sert encore à trouver un nombre qui,
ajouté au plus petit des deux nombres proposés, donne
pour somme le plus grand.

*Étant données une somme de deux parties et l'une de ces
parties, pour trouver l'autre partie, on retranchera la par-*

tie connue de la somme, et l'on aura pour reste l'autre partie.

Ainsi : $28 = 15 + 13$; il est clair que $28 - 15 = 13$.

On voit que la soustraction est une opération *inverse* de l'addition.

26. Preuve de la soustraction. — D'après ce qui précède, si on ajoute le reste au plus petit nombre, on doit trouver pour somme le plus grand.

On peut aussi retrancher le reste du plus grand nombre, et on doit obtenir pour reste le plus petit.

Par exemple, si $28 - 13 = 15$, $28 = 13 + 15$ ou $28 = 15 + 13$, et $28 - 15 = 13$.

CHAPITRE IV.

MULTIPLICATION DES NOMBRES ENTIERS.

27. *La* **multiplication** *des nombres entiers est une opération par laquelle, étant donnés deux nombres entiers, l'un nommé* **multiplicande** *et l'autre* **multiplicateur**, *on forme un troisième nombre nommé* **produit**, *qui soit la somme d'autant de nombres égaux au multiplicande qu'il y a d'unités dans le multiplicateur. Le multiplicande et le multiplicateur s'appellent les deux* **facteurs** *du produit.*

28. Dans la multiplication, on *prend* ou on *répète* le multiplicande autant de fois qu'il y a d'unités dans le multiplicateur. D'après la définition, une multiplication de nombres entiers est une addition dans laquelle tous les nombres ajoutés sont égaux, ce qui permettra de donner des règles abrégées.

Dans une multiplication, on dit que le multiplicande est multiplié par le multiplicateur, ou que le premier facteur est multiplié par le second.

D'après la définition de la multiplication, le produit de 8 par 5 est $8 + 8 + 8 + 8 + 8$ ou 40, ce qu'on exprime de la manière abrégée suivante : $8 \times 5 = 40$, qui s'énonce 8 multiplié par 5 égale 40, le signe $\times$ se lisant *multiplié par*. On écrit aussi 8 . 5 = 40; le point . étant placé après un nombre suivi d'un autre s'énonce de même *multiplié par*.

29. **Multiplication dans le cas où les deux facteurs sont moindres que 10**. — Dans ce cas, on obtient le produit à l'aide d'une addition comme il est indiqué plus haut (**28**). Il est indispensable de connaître de mémoire tous les produits qui rentrent dans ce cas. On en a dressé une table qui s'appelle *table de multiplication*. On peut donner à cette table une disposition particulière, simple, et elle prend alors le nom de *table de Pythagore* :

1	2	3	4	5	6	7	8	9
2	4	6	8	10	12	14	16	18
3	6	9	12	15	18	21	24	27
4	8	12	16	20	24	28	32	36
5	10	15	20	25	30	35	40	45
6	12	18	24	30	36	42	48	54
7	14	21	28	35	42	49	56	63
8	16	24	32	40	48	56	64	72
9	18	27	36	45	54	63	72	81

Pour former cette table, on écrit sur une ligne horizontale les neufs premiers nombres ; on écrit au-dessous une 2e ligne formée de chacun des nombres précédents ajouté à lui-même; puis une 3° ligne formée des nombres de la ligne précédente ajoutés aux nombres correspondants de la première ligne, et ainsi de suite jusqu'à la 9° ligne.

Il est visible que dans la 4° ligne on a chacun des nombres de la 1re ligne répété quatre fois. Pour trouver dans cette table 7 × 6, par exemple, on cherchera dans la 6° ligne horizontale le nombre qui est dans la colonne ayant 7 en tête.

30. **Multiplication dans le cas où le multiplicateur est moindre que 10.** — Soit 357 à multiplier par 4; il faut trouver la somme de 4 nombres égaux à 357. Cette somme se composera évidemment de 4 fois 7 unités simples, 4 fois 5 dizaines et de 4 fois 3 centaines. Si l'on sait que 7 × 4 = 28, 5 × 4 = 20, 3 × 4 = 12, on verra que 4 fois 7 unités simples donnent 28 unités simples; j'écris 8 unités et je retiens 2 dizaines que j'ajoute à 4 fois 5 dizaines ou 20 dizaines, ce qui donne 22 dizaines sur lesquelles j'écris 2 dizaines à gauche des unités et je retiens 2 centaines. J'ajoute ces 2 centaines à 4 fois 3 centaines ou 12 centaines, ce qui me donne 14 centaines sur lesquelles j'écris 4 centaines à gauche des 2 dizaines, et je retiens un mille que j'écris à gauche des 4 centaines. J'ai ainsi le nombre 1428, qui est le résultat demandé.

$$
\begin{array}{r}
357 \\
4 \\
\hline
1428
\end{array}
$$

Du raisonnement précédent, on peut tirer la règle suivante :

Règle. — *Pour multiplier un nombre quelconque par un nombre d'un seul chiffre, on multiplie les unités du multiplicande par ce chiffre, on écrit le chiffre des unités simples de ce produit et l'on retient les dizaines ; on multiplie le chiffre des dizaines du multiplicande par le multiplicateur, on y ajoute les dizaines retenues du produit précédent; on écrit les dizaines du résultat et l'on retient les centaines,* *s'il y en a, pour les ajouter au produit suivant des centaines du multiplicande par le multiplicateur, etc. On continue de la même manière jusqu'à ce qu'on ait multiplié le dernier chiffre du multiplicande par le multiplicateur; on ajoute au produit la retenue précédente; on écrit les unités de l'ordre correspondant, puis à gauche les unités retenues, s'il y en a, de l'ordre suivant. Le nombre formé des chiffres ainsi écrits est le résultat.*

31. **Multiplication d'un nombre entier quelconque par 10, 100, 1000, etc.**

Règle.— *Pour multiplier un nombre par 10, 100, 1000, etc., on écrit un, deux, trois zéros, etc., à droite.*

Soit 354 à multiplier par 100; il suffit de répéter 100 fois chacune des 354 unités qui composent le multiplicande et d'ajouter les 354 résultats ainsi obtenus; or, une unité répétée 100 fois donne 100 unités ou une centaine, et alors le produit cherché sera 354 centaines; il comprendra 4 centaines, 5 fois 10 centaines ou 5 mille, 3 fois 100 centaines ou 3 fois 10 fois 10 centaines, ou 3 fois 10 fois mille, ou 3 dizaines de mille. Le résultat sera donc 35400, ce qui est bien conforme à la règle énoncée.

32. **Cas général. — Multiplication de deux nombres quelconques.** — Soit 357 à multiplier par 524. D'abord 524 = 4 + 20 + 500. D'après la définition de la multiplication, le produit demandé sera formé de 524 fois 357, il contiendra donc 4 fois 357, plus 20 fois 357, plus 500 fois 357. La règle du cas où le multiplicateur n'a qu'un seul chiffre nous permet d'obtenir les résultats suivants : 4 fois 357 donne 1428; pour avoir 20 fois 357, ou 2 fois 10 fois 357, ou 2 fois 3570, on multipliera 3570 par 2, ce qui donne 7140; pour avoir 500 fois 357, on prendra 5 fois 100 fois 357 ou 5 fois 35700, ce qui donne 178500. Le produit demandé sera la somme des trois produits partiels. On dispose l'opération ainsi et on se dispense d'écrire le zéro qui termine toujours le 2ᵉ produit partiel, les deux zéros qui terminent toujours le 3ᵉ produit partiel, etc. On trouve 187068 pour résultat.

$$
\begin{array}{r}
357 \\
524 \\
\hline
1428 \\
714 \\
1785 \\
\hline
187068
\end{array}
$$

Règle. — *Pour multiplier un nombre de plusieurs chiffres par un nombre de plusieurs chiffres, on multiplie successivement tout le multiplicande par tous les chiffres du multiplicateur en commençant par le 1ᵉʳ chiffre à droite du multiplicateur ; on écrit ces différents produits partiels les uns au-dessous des autres, en ayant soin que le premier chiffre à droite de chaque produit partiel occupe une place telle, qu'il représente des unités de même ordre que le chiffre du multiplicateur qui lui a donné naissance. La somme de tous les produits partiels ainsi écrits sera le produit total.*

1ʳᵉ REMARQUE. — La règle précédente sera entièrement générale, si l'on convient, pour le cas où un chiffre du multiplicateur est un zéro, d'écrire pour produit partiel correspondant un nombre formé d'autant de zéros qu'il y a de chiffres dans le multiplicande. On peut aussi profiter de la 3ᵉ remarque faite plus loin, lorsque le multiplicateur est terminé par des zéros. — Enfin, si un zéro est intercalé entre les chiffres significatifs du multiplicateur, on peut n'en pas tenir compte, pourvu que l'on observe strictement la règle énoncée.

2ᵉ REMARQUE. — Il est facile de reconnaître que l'on n'est pas tenu de suivre absolument l'ordre indiqué, relativement aux produits partiels par les différents chiffres du multiplicateur ; il suffit que le 1ᵉʳ chiffre à droite de chaque pro-

duit partiel soit au rang convenable. Certains auteurs font
de la manière suivante la multiplication de l'exemple précédent :

$$
\begin{array}{r}
357 \\
524 \\
\hline
1785 \\
714 \\
1428 \\
\hline
187068
\end{array}
$$

3ᵉ REMARQUE — *Pour multiplier l'un par l'autre deux
nombres terminés, l'un ou l'autre, ou tous deux, par des
zéros, il suffit de multiplier les deux facteurs l'un par
l'autre, en négligeant ces zéros, puis d'écrire sur la droite
du produit ainsi obtenu, autant de zéros qu'on en a négli-
gés à la droite des deux facteurs.*

Soit en effet 357000 à multiplier par 52400 ; 52400 = 524 fois
100 ; le produit demandé sera 52400 fois 357000 ou 524 fois
100 fois 357000, ou 524 fois 35700000, ou 524 fois 357 centaines de mille ; or, la multiplication de 357 par 524 montre
que 524 fois 357 unités égalent 187068 unités ; donc 524 fois
357 centaines de mille valent 187068 centaines de mille ou
18706800000, ce qui est un résultat conforme à la règle.

33. Lorsque on a fait le produit de deux facteurs, on
peut multiplier ce produit par un 3ᵉ facteur, puis ce produit par un 4ᵉ, etc. Le résultat final s'appelle un *produit
de plusieurs facteurs.*

Exemple : $3 \times 7 \times 5 \times 4 = 420.$

Dans le premier membre de cette égalité, le 2ᵉ signe $\times$
porte sur le produit 3×7 comme s'il était effectué ou placé
entre parenthèses ; de même le 3ᵉ signe $\times$ porte sur le
produit $3 \times 7 \times 5$, comme s'il était effectué ou placé entre
parenthèses.

Dans un produit indiqué de plusieurs facteurs, un signe $\times$

porte en arrière sur le produit supposé effectué de tous les facteurs qui le précèdent, et en avant sur le seul facteur qui le suit.

Nous allons démontrer quelques propositions ou *théorèmes* relatifs à la multiplication. — On nomme *corollaire* une conséquence d'un théorème.

34. Théorème I.— *Un produit de deux facteurs ne change pas quand on intervertit l'ordre des facteurs.*

Nous allons prouver, par exemple, que $3 \times 4 = 4 \times 3$. Par définition, le produit 3×4 est la somme de 4 nombres égaux à 3; or $3 = 1 + 1 + 1$; il est alors évident que 4 fois 3 égalent 4 fois 1, plus 4 fois 1, plus 4 fois 1, ou $4 + 4 + 4$ ou 4×3.

On rend la démonstration plus saisissante de la manière suivante. On écrit sur une même ligne horizontale $1 + 1 + 1$, et l'on forme, l'une au-dessous de l'autre, 4 lignes semblables; on a alors ce tableau :

$$1 + 1 + 1$$
$$1 + 1 + 1$$
$$1 + 1 + 1$$
$$1 + 1 + 1$$

Toutes les unités contenues dans le tableau représentent 3 unités répétées 4 fois ou 3×4. Mais on peut aussi considérer le tableau comme formé de trois lignes verticales contenant chacune 4 fois l'unité, et, à ce point de vue, toutes les unités du tableau représentent quatre unités répétées 3 fois ou 4×3; donc $3 \times 4 = 4 \times 3$.

35. Théorème II. — *Un produit de trois facteurs ne change pas quand on intervertit l'ordre des deux derniers.*

Nous allons prouver, par exemple, que $6 \times 3 \times 4 = 6 \times 4 \times 3$. On sait (**34**) que $3 \times 4 = 4 \times 3$; donc 4 fois 3 unités égalent 3 fois 4 unités, et, par suite, 4 fois 3 fois un nombre égalent 3 fois 4 fois ce nombre; donc 4 fois

3 fois 6 = 3 fois 4 fois 6, c'est-à-dire $6 \times 3 \times 4 = 6 \times 4 \times 3$. On peut aussi faire le tableau suivant :

$$6 + 6 + 6$$
$$6 + 6 + 6$$
$$6 + 6 + 6$$
$$6 + 6 + 6$$

Chaque ligne horizontale contient 3 fois 6 et tout le tableau contient 4 fois 3 fois 6. Chaque ligne verticale contient 4 fois 6 et tout le tableau 3 fois 4 fois 6 ; la somme de tous les nombres de ce tableau représente aussi bien 4 fois 3 fois 6 et 3 fois 4 fois 6 ; donc $6 \times 3 \times 4 = 6 \times 4 \times 3$.

Corollaire I. — *Un produit de plusieurs facteurs ne change pas quand on intervertit l'ordre des deux derniers.*

La proposition est démontrée pour le cas de deux ou de trois facteurs. Le cas général se ramène au cas de trois facteurs. Par exemple : $7 \times 9 \times 6 \times 3 \times 4 = (7 \times 9 \times 6) \times 3 \times 4 = (7 \times 9 \times 6) \times 4 \times 3 = 7 \times 9 \times 6 \times 4 \times 3$.

Corollaire II. — *Un produit de plusieurs facteurs ne change pas quand on intervertit l'ordre de deux facteurs consécutifs.*

Ainsi : $7 \times 9 \times 6 \times 3 \times 4 = 7 \times 9 \times 3 \times 6 \times 4$, parce que $7 \times 9 \times 6 \times 3 = 7 \times 9 \times 3 \times 6$.

36. **Théorème III.** — *Un produit de plusieurs facteurs ne change pas quand on intervertit l'ordre des facteurs d'une manière quelconque.*

Nous allons prouver, par exemple, que $9 \times 5 \times 7 \times 4 \times 3 = 4 \times 7 \times 3 \times 9 \times 5$.

Dans le produit primitif, on peut permuter successivement le facteur 4 avec le facteur précédent, assez de fois pour l'amener à la 1re place. On aura alors $4 \times 9 \times 5 \times 7 \times 3$, où l'ordre des autres facteurs n'est pas altéré ; on amènera de même 7 à la 2ᵉ place, 3 à la 3ᵉ, 9 à la 4ᵉ et 5 sera alors à la 5ᵉ, et on obtiendra le produit équivalent $4 \times 7 \times 3 \times 9 \times 5$.

★ **Corollaire I.** — *Dans un produit de plusieurs facteurs, on peut remplacer plusieurs facteurs par un facteur unique égal à leur produit, et placé à tel rang qu'on voudra.*

Ainsi : $9 \times 5 \times 7 \times 4 \times 3 \times 11 = 5 \times 3 \times 7 \times 9 \times 4 \times 11$
$= (5 \times 3 \times 7) \times 9 \times 4 \times 11 = 9 \times 4 \times (5 \times 3 \times 7) \times 11$
$= 9 \times 4 \times 105 \times 11.$

Corollaire II. — *Inversement, dans un produit de plusieurs facteurs, on peut remplacer un facteur par plusieurs autres facteurs placés à tels rangs qu'on voudra, mais ayant pour produit ce facteur.*

Soit $9 \times 4 \times 105 \times 11$; observons que $105 = 5 \times 3 \times 7$, on aura :

$9 \times 4 \times 105 \times 11 = 105 \times 9 \times 4 \times 11 = (5 \times 3 \times 7) \times 9$
$\times 4 \times 11 = 5 \times 3 \times 7 \times 9 \times 4 \times 11 = 9 \times 5 \times 7 \times 4$
$\times 3 \times 9 \times 11.$

37. **Théorème IV.** — *Pour multiplier un produit de plusieurs facteurs par un certain nombre, il suffit de multiplier l'un des facteurs par ce nombre.*

En effet, par exemple :

$(7 \times 3 \times 9) \times 5 = 7 \times 3 \times 9 \times 5 = 3 \times 5 \times 7 \times 9 = (3 \times 5)$
$\times 7 \times 9 = 7 \times (3 \times 5) \times 9 = 7 \times 15 \times 9.$

38. **Théorème V.** — *Pour multiplier un nombre par un produit de plusieurs facteurs, il suffit de multiplier ce nombre par le premier facteur, le produit obtenu par le deuxième facteur, et ainsi de suite jusqu'à ce qu'on ait employé le dernier facteur.*

2

En effet, par exemple :

$$15 \times (3 \times 4 \times 7) = (3 \times 4 \times 7) \times 15 = 3 \times 4 \times 7 \times 15$$
$$= 15 \times 3 \times 4 \times 7 \text{ ou } 15 \times 84 = [(15 \times 3) \times 4] \times 7.$$

Nous allons établir d'autres théorèmes relatifs à la multiplication combinée avec l'addition et la soustraction.

★ **39**. Théorème. — *Pour multiplier l'un par l'autre deux facteurs dont l'un est une somme de plusieurs parties, il suffit de multiplier chacune des parties de la somme par l'autre facteur, et d'additionner les résultats :*

1° Dans le cas où le multiplicande est la somme, le théorème est à peu près évident.

Ainsi : $(7 + 9 + 13) \times 3 = (7 + 9 + 13) + (7 + 9 + 13)$
$+ (7 + 9 + 13) = 7 + 9 + 13 + 7 + 9 + 13 + 7 + 9 + 13.$
$= 7 + 7 + 7 + 9 + 9 + 9 + 13 + 13 + 13 = 7 \times 3 + 9 \times 3$
$+ 13 \times 3.$

2° Soit $3 \times (7 + 9 + 13)$, ce produit égale $(7 + 9 + 13) \times 3$
$= 7 \times 3 + 9 \times 3 + 13 \times 3$, ou si l'on veut, $3 \times 7 + 3 \times 9$
$+ 3 \times 13.$

Nous avons admis implicitement ce théorème dans quelques-uns des développements qui précèdent.

Applications. — 1° $(7 + 4) \times (5 + 13) = (7 + 4) \times 5 + (7$
$+ 4) \times 13 = (7 \times 5 + 4 \times 5) + (7 \times 13 + 4 \times 13) = 7 \times 5$
$+ 4 \times 5 + 7 \times 13 + 4 \times 13.$

2° $(7 + 4) \times (7 + 4) = 7 \times 7 + 4 \times 7 + 7 \times 4 + 4 \times 4$ ou
$(7 + 4) \times (7 + 4) = 7 \times 7 + 2$ fois $7 \times 4 + 4 \times 4.$

★ **40**. Théorème. — *Le produit de la différence de deux nombres par un facteur donné, est égal à la différence des produits des deux nombres par ce facteur.*

Soit, par exemple $(17 - 8)$, à multiplier par 5; on observe

que $17 - 8 = 9$, par conséquent, $17 = 8 + 9$, donc (**39**), on
a $17 \times 5 = (8 + 9) \times 5 = 8 \times 5 + 9 \times 5$, et par suite 17×5
$- 8 \times 5 = 9 \times 5$ ou $(17 - 8) \times 5$. De même, $5 \times (17 - 8)$
$= (17 - 8) \times 5 = 17 \times 5 - 8 \times 5$, ou si l'on veut $= 5 \times 17$
$- 5 \times 8$.

Applications. — 1° $(17 - 8) \times (16 + 4) = 17 \times (16 + 4)$
$- 8 \times (16 + 4) = (17 \times 16 + 17 \times 4) - (8 \times 16 + 8 \times 4)$
$= 17 \times 16 + 17 \times 4 - 8 \times 16 - 8 \times 4$;

2° $(17 - 8) \times (16 - 4) = 17 \times (16 - 4) - 8 \times (16 - 4)$
$= (17 \times 16 - 17 \times 4) - (8 \times 16 - 8 \times 4) = 17 \times 16 - 17$
$\times 4 - 8 \times 16 + 8 \times 4$;

3° $(17 - 4)(17 - 4) = 17 \times 17 - 4 \times 17 - 17 \times 4 + 4 \times 4$
$= 17 \times 17 - 2$ fois $17 \times 4 + 4 \times 4$.

★**41**. En s'appuyant sur quelques-uns des théorèmes établis précédemment, on peut démontrer comme il suit la règle relative au cas où les deux facteurs sont terminés par des zéros :

$357000 \times 52400 = 357 \times 1000 \times 524 \times 100 = 357 \times 524$
$\times 1000 \times 100 = (357 \times 524) \times (1000 \times 100) = 187068$
$\times 1000000 = 18706800000$.

42. Usages de la multiplication des nombres entiers.— La multiplication sert à résoudre tous les problèmes analogues au suivant :

Quel est le prix de 324 *moutons si chaque mouton vaut* 38 *francs?*

Il est clair que 324 moutons valent 324 fois 38 francs; or, $38 \times 324 = 12312$; on voit que 324 fois 38 unités égalent 12312 unités; donc, en particulier, 324 fois 38 francs égalent 12312 francs, qui est la réponse. On écrit ainsi :

324 moutons vaudront 38 francs $\times 324 = 12312$ francs.

Dans ce cas, on peut dire que le produit représente des

unités concrètes de même espèce que celles du multiplicande.

REMARQUE. — Le produit abstrait $38 \times 324 = 324 \times 38$;
pour opérer plus rapidement, on pourra, si l'on veut, effectuer cette dernière multiplication au lieu de la première,
mais on n'oubliera pas que la réponse finale est un nombre
de francs.

Généralement, si le prix d'un objet est un nombre entier
donné de francs, on aura le prix d'un nombre entier d'objets en multipliant le prix d'un objet par le nombre des
objets.

La multiplication sert aussi à convertir des unités concrètes d'une certaine espèce en unités concrètes, qui sont
un certain nombre de fois plus petites que les premières.

Exemple : *Combien 4 heures valent-elles de minutes,
sachant qu'une heure vaut* 60 *minutes?*

Réponse : 4 heures vaudront 4 fois 60 minutes, ou
$60^m \times 4 = 240$ minutes.

43. Preuve de la multiplication.— Pour faire la preuve
d'une multiplication, il suffit de la recommencer après avoir
interverti l'ordre des facteurs; on sait (**34**) qu'on devra
retrouver le même produit.

CHAPITRE V.

PUISSANCES DES NOMBRES. — CARRÉS.

44. On appelle *puissance* d'un nombre le produit de
plusieurs facteurs égaux à ce nombre. On distingue les
puissances d'un même nombre par un numéro d'ordre qui
indique le rang de la puissance. Par exemple, la 4ᵉ puissance
de 7 sera le produit de $7 \times 7 \times 7 \times 7$ ou 2401, ce qui s'ex-

prime de la manière abrégée suivante : $7^4 = 2401$. Pour indiquer une puissance d'un nombre, on écrit ce nombre et en haut, à droite, en plus petits chiffres, un nombre nommé *exposant* qui marque le rang de la puissance. L'expression 7^4 se lit 7 à la puissance 4, ou 7 puissance 4.

Ajoutons que la deuxième puissance d'un nombre s'appelle aussi le *carré* de ce nombre, et que la troisième puissance s'appelle aussi le *cube* du nombre. Les raisons de ces dénominations sont empruntées à la géométrie. 5^2 se lit 5 puissance 2 ou 5 au carré; de même 7^3 se lit 7 puissance 3 ou 7 au cube. — Il convient, dans un but de généralisation et de simplification, de nommer *première puissance* d'un nombre ce nombre lui-même ainsi : $13^1 = 13$. Quand un nombre sera écrit sans exposant, il est censé avoir l'exposant 1.

45. Pour former une puissance d'un nombre, il suffit d'appliquer la définition donnée plus haut; on est conduit à faire autant de multiplications qu'il y a d'unités moins une dans l'exposant. En multipliant une puissance d'un nombre par ce nombre, on obtient la puissance suivante : ainsi $7^4 \times 7 = 7^5$.

On remarque qu'une puissance quelconque de 1 est égale à 1; par exemple $1^4 = 1 \times 1 \times 1 \times 1 = 1$.

46. Théorème. — *Le produit de deux puissances d'un même nombre, est une puissance de ce nombre qui a pour exposant la somme des exposants des deux facteurs.*

On peut dire d'une façon abrégée : *Pour faire le produit de plusieurs puissances d'un même nombre, on fait la somme des exposants.*

Ainsi : $7^5 \times 7^3 = 7^8$; en effet, $7^5 = 7 \times 7 \times 7 \times 7 \times 7$ et $7^3 = 7 \times 7 \times 7$; $7^5 \times 7^3 = (7 \times 7 \times 7 \times 7 \times 7) \times (7 \times 7 \times 7)$ $= 7 \times 7 \times 7 \times 7 \times 7 \times 7 \times 7 \times 7 = 7^8$, en appliquant un théorème connu (**38**). De même, $7^5 \times 7 = 7^5 \times 7^1 = 7^6$, $7 \times 7 = 7^1 \times 7^1 = 7^2$; puis $7^4 \times 7^5 \times 7^7 = (7^4 \times 7^5) \times 7^7 = 7^9$ $\times 7^7 = 7^{16}$ ou 7^{4+5+7}.

Corollaire. — *Pour élever une puissance donnée à une certaine puissance, on multiplie l'exposant de la puissance donnée par l'exposant marquant le rang de celle à laquelle on l'élève.*

Exemple : $(7^4)^3 = 7^4 \times 7^4 \times 7^4 = 7^{4+4+4} = 7^{12}$.

Application. — $7^{10} = 7^8 \times 7^2$, $7^8 = (7^4)^2$, $7^4 = (7^2)^2$; alors $7^{10} = ((7^2)^2)^2 \times 7^2$; on obtiendra le résultat à l'aide de quatre multiplications.

47. Théorème. — *Le carré d'un produit de plusieurs facteurs est égal au produit des carrés de chaque facteur;* ou en d'autres termes, *pour élever au carré un produit de plusieurs facteurs, on élève chaque facteur au carré.*

Exemple : $(3 \times 5 \times 8)^2 = (3 \times 5 \times 8) \times (3 \times 5 \times 8) = 3 \times 5 \times 8 \times 3 \times 5 \times 8 = 3 \times 3 \times 5 \times 5 \times 8 \times 8 = (3 \times 3) \times (5 \times 5) \times (8 \times 8) = 3^2 \times 5^2 \times 8^2$, en appliquant des théorèmes connus.

Corollaire. — *Pour élever au carré un produit de différentes puissances on double les exposants.*

Ainsi : $(5^2 \times 7 \times 8^3)^2 = (5^2)^2 \times (7)^2 \times (8^3)^2 = 5^4 \times 7^2 \times 8^6$.

48. Théorème. — *Le carré de la somme de deux nombres est égal au carré du premier nombre, plus deux fois le produit du premier par le second, plus le carré du second.*

En effet, en appliquant des théorèmes connus (**39**), on trouve, par exemple, $(7+4)^2 = (7+4) \times (7+4) = 7 \times (7+4) + 4(7+4) = 7 \times 7 + 7 \times 4 + 4 \times 7 + 4 \times 4 = 7^2 + 2$ fois $7 \times 4 + 4^2$.

Corollaire. — *Lorsqu'un nombre augmente de 1, son carré augmente de deux fois ce nombre plus 1.*

En effet $(7+1)^2 = 7^2 + 2$ fois $7 \times 1 + 1^2$.

49. *Former une table des carrés des nombres entiers jusqu'à une certaine limite.*

Je remarque, par exemple, que $(7+1)^2$ ou $8^2 = 7^2 + 2 \times 7 + 1$ ou que $8^2 - 7^2 = 2 \times 7 + 1 = 7 + 7 + 1 = 7 + 8 = 15$, qui est le huitième nombre impair, c'est-à-dire le huitième nombre non divisible par 2, en partant de 1; on aura alors les égalités suivantes :

$$2^2 = 1^2 + 3,$$
$$3^2 = 2^2 + 5,$$
$$4^2 = 3^2 + 7,$$
$$\text{etc.}$$

Pour former un tableau des carrés jusqu'à 10^2, on écrira dans une première colonne les 10 premiers nombres impairs, 1, 3, 5, ... 19. Dans une deuxième colonne, 0, puis 1 qui est $0 + 1$, puis 4 qui est $1 + 3$, puis 9 qui est $4 + 5$ . . . . et ainsi de suite en ajoutant à chaque nombre de la deuxième colonne, le nombre correspondant de la première; on aura ainsi à partir du deuxième nombre les carrés des nombres entiers consécutifs.

	0
3	$1 = 1^2$
5	$4 = 2^2$
7	$9 = 3^2$
9	$16 = 4^2$
11	$25 = 5^2$
13	$36 = 6^2$
15	$49 = 7^2$
17	$64 = 8^2$
19	$81 = 9^2$
	$100 = 10^2$

50. Ajoutons enfin une remarque qui nous sera utile plus tard : $10 = 10^1$, $100 = 10^2$, $1000 = 10^3$, etc. Les différentes puissances de 10 représentent les unités des différents

ordres que l'on considère dans le système de numération
décimale.

Toutefois 10^7 par exemple représente l'unité du huitième
ordre et si n représente un nombre entier quelconque, l'unité
d'ordre n sera 10^{n-1} et sera égale à l'unité suivie de $(n-1)$
zéros.

Application. — Si nous remarquons que $10^9 = 10^5 \times 10^4$,
on pourra reconnaître ainsi, que l'unité du dixième ordre
vaut 10^4 ou 10000 unités du sixième ordre, etc.

CHAPITRE VI.

DIVISION DES NOMBRES ENTIERS.

51. *La division des nombres entiers est une opération
par laquelle, étant donnés deux nombres entiers, l'un
nommé* **dividende**, *l'autre nommé* **diviseur**, *on détermine le
plus grand nombre de fois que le diviseur est contenu dans
le dividende. Le résultat s'appelle le* **quotient** *entier du
dividende divisé par le diviseur.*

52. Si on demande combien de fois 13 est contenu dans
58, 58 sera le dividende et 13 le diviseur. D'après la définition, il suffira de retrancher successivement le diviseur 13
autant de fois que possible du dividende 58. Le nombre
des soustractions ainsi effectuées sera le quotient.

On trouve que $58 - 13 = 45$, $45 - 13 = 32$, $32 - 13 = 19$,
$19 - 13 = 6$, 13 ne peut plus se retrancher de 6. On voit
par là que 58 contient 13, 4 fois; le quotient est 4, et il
reste 6.

On appelle *reste* d'une division de deux nombres entiers,
ce qui reste du dividende lorsqu'on en a retranché le diviseur
autant de fois que possible. Le reste peut être nul ou 0; il
est toujours plus petit que le diviseur.

Dans toute division de deux nombres entiers, le dividende est égal au diviseur multiplié par le quotient, plus le reste. Ainsi, dans l'exemple cité plus haut, 58 égale 4 fois 13 plus 6, ou $58 = 13 \times 4 + 6$.

Si, par la méthode indiquée plus haut, on cherche le quotient de 52 par 13, on trouve 4 pour quotient et 0 pour reste. Alors $52 = 13 \times 4$.

Lorsque le reste d'une division de deux nombres entiers est 0, on dit que la division se fait *exactement*. Le quotient entier est alors le *quotient exact*, c'est *un nombre tel que le produit du diviseur par ce nombre reproduit le dividende*.

Dans ce cas seulement, nous emploierons dans la théorie des nombres entiers un signe abrégé de la division. Pour exprimer que le quotient exact de 52 par 13 est 4, on écrira $52 : 13 = 4$, et on lira 52 divisé par 13 égale 4, : signifiant *divisé par*.

Pour savoir si le quotient dépasse ou atteint 10, on écrira un 0 à droite du diviseur, et si le nombre ainsi obtenu atteint ou dépasse le dividende, le quotient sera 10 ou plus grand que 10, car en opérant ainsi on aura multiplié le diviseur par 10.

Ainsi, le quotient de 537 par 44 n'est pas moindre que 10, parce que 44×10 ou 440 est inférieur à 537; le quotient de 337 par 44 sera plus petit que 10, parce que 44×10 ou 440 dépasse 327.

Nous emploierons dans la suite le signe $>$ qui signifie *plus grand*, le signe $<$ qui signifie *plus petit*, le signe $\geq$ qui signifie *supérieur ou égal à*, le signe $\leq$ qui signifie *inférieur ou égal à*.

Exemples : $537 > 440$, $337 < 440$; $440 < 537$ nous montre que le quotient de 537 par 44 est ≥ 10.

53. Division dans le cas où le diviseur et le quotient sont moindres que 10.

Au lieu d'appliquer la méthode indiquée plus haut, on peut obtenir rapidement le résultat par la table de multiplication. Soit à diviser 51 par 8. Si on consulte la table de Pythagore dans la colonne qui a en tête 8, on reconnaît que 6 fois 8 font 48 $<$ 51, et que 7 fois 8 font 56 $>$ 51 ; le diviseur est contenu 6 fois dans le dividende, et n'y est pas contenu 7 fois, le quotient entier est 8 ; si de 51 on retranche 6 fois 8 ou 48, il reste 3 qui est le *reste* de l'opération.

Règle. — *Pour diviser un nombre par un nombre d'un seul chiffre lorsque le quotient n'a qu'un chiffre, on cherche à l'aide la table de multiplication le plus grand produit du diviseur par un nombre entier, qui soit contenu dans le dividende; le multiplicateur entier correspondant sera le quotient cherché. En retranchant le produit correspondant, trouvé dans la table, du dividende, on aura le reste.*

On arrive bientôt à appliquer cette règle mentalement.

54. Division dans le cas où le diviseur est quelconque, le quotient étant moindre que 10.

Soit à diviser 3853 par 752 ; le quotient sera moindre que 10, puisque 7520 est $>$ 3853. Pour pouvoir dire avec certitude quel sera le quotient, il suffirait de connaître les produits du diviseur par les 9 premiers nombres, on opérerait alors comme dans le cas précédent. — Cherchons à abréger le calcul. Nous remarquons que 700 est une partie importante du diviseur et que 3800 est une partie importante du dividende. Si on demandait le quotient de 3800 par 700, il suffirait de diviser 38 par 7, d'après la règle précédente, on trouverait que 38 unités contiennent 7 unités 5 fois et non 6 fois ; par conséquent, 3800 contiennent 700, 5 fois et non 6 fois. Le quotient de 3800 par 700 est 5. Prouvons que 5 est le quotient demandé ou un nombre plus fort. En effet, $7 \times 6 > 38$; donc $7 \times 6 \geqq 39$; donc $700 \times 6 \geqq 3900$ et $700 \times 6 > 3853$, et à plus forte raison $752 \times 6 > 3853$.

Donc le quotient n'atteint pas 6 ; il est au plus 5. Pour essayer le chiffre 5, je multiplie 752 par 5, j'ai pour produit 3760 $<$ 3853, j'en conclus que le quotient est 5, 3853 — 3760 = 93, le reste est 93.

Soit maintenant à diviser 3653 par 792 ; suivant la méthode précédente, je divise 36 par 7, j'ai 5 pour quotient, le quotient demandé sera 5 ou inférieur à 5. Pour essayer ce chiffre, je multiplie 792 par 5, j'obtiens 3960 qui dépasse 3653 ; le quotient est moindre que 5 ; j'essaie 4 de la même manière ; 792 $\times$ 4 = 3068, qui est moindre 3653. Le quotient demandé est donc 4. Si le chiffre 4 eût été trop fort, on l'aurait encore diminué d'une unité. Dans l'exemple considéré on pouvait prévoir que 4 ne serait pas trop fort ; car, 8 $\times$ 4 = 32, donc 800 $\times$ 4 = 3200, qui est moindre que 3653, à plus forte raison 792 $\times$ 4 $<$ 3653 ; le quotient est donc au moins 4. Le reste est 3653 — 3168 = 485.

Règle. — *Pour diviser un nombre par un autre lorsque le quotient est moindre que 10, ou prend à gauche du dividende un chiffre ou deux, s'il est nécessaire, pour que le nombre ainsi formé contienne une fois et moins de 10 fois le premier chiffre du diviseur; on divise alors le nombre que l'on a pris à gauche du dividende par le 1er chiffre du diviseur, d'après la règle du 1er cas; le quotient sera le chiffre exact du quotient cherché, ou un chiffre trop fort. Le chiffre trouvé sera bon si son produit par le diviseur entier peut se retrancher du dividende entier; si la soustraction est impossible, on diminuera le chiffre trouvé d'une unité; on essaiera le nouveau chiffre de la même manière, et, s'il le faut, on le diminuera successivement d'une unité jusqu'à ce qu'il ne soit pas trop fort, auquel cas il sera le quotient demandé; le reste s'obtiendra en retranchant du dividende le produit du diviseur par le quotient.*

Dans la pratique, on écrit le diviseur à droite du dividende, on les sépare par un trait vertical et on souligne le diviseur pour écrire le quotient au-dessous.

On arrive facilement à multiplier le diviseur par le quotient et à soustraire le produit du dividende en même temps. Il suffit de retrancher successivement des unités, des dizaines, des centaines, etc. du dividende les unités, les dizaines, les centaines, etc., du produit du diviseur par le quotient, en augmentant, s'il y a lieu, un chiffre du dividende d'un certain nombre de dizaines d'unités de son ordre, pourvu que, sous le nom de retenue, on ajoute au produit de l'ordre suivant autant d'unités de son ordre qu'on a ajouté de dizaines de l'ordre précédent au dividende. On se base ainsi sur ce que la différence de deux nombres ne change pas quand on les augmente d'un même nombre.

On peut donner à l'opération l'une des deux dispositions suivantes, en n'écrivant pas les essais inutiles :

$$\begin{array}{c|c} 3653 & 792 \\ 3168 & 4 \\ \hline 485 & \end{array} \qquad \begin{array}{c|c} 3653 & 792 \\ 485 & 4 \end{array}$$

On dira dans le 2ᵉ cas : 4 fois 2, 8, de 13 reste 5, je retiens 1 ; 4 fois 9, 36 et 1 de retenue 37, de 45 reste 8 et je retiens 4 ; 4 fois 7, 28 et 4 de retenue 32, de 36 reste 4 ; le quotient est 4 et le reste 435.

La crainte d'essayer inutilement un chiffre que l'on prévoit trop fort, conduit quelquefois à mettre au quotient un chiffre trop faible ; on s'en aperçoit à ce que le reste trouvé dépasse le diviseur ; on corrige alors le chiffre essayé.

55. Division dans le cas où 1 dividende et le diviseur sont quelconques.

Soit à diviser 198174 par 529 ; 529 × 100 < 198171 et 529 × 1000 > 198171, le quotient est compris entre 100 et 1000, il aura trois chiffres Cherchons d'abord le chiffre des centaines du quotient. Pour cela, cherchons combien de fois 100 fois le diviseur ou 52 centaines sont contenues dans les 1981 centaines du dividende, et, à cet effet, divisons 1981 par 529, d'après la règle du cas précédent ; nous trouvons ainsi pour quotient 3 et pour reste 394 < 529.

Nous allons prouver que le quotient entier est au moins 300 et qu'il n'atteint pas 400; en effet, on a $529 \times 3 \leq 1931$, donc $529 \times 300 \leq 198100$, et, à plus forte raison.

$$529 \times 300 < 198171,$$

donc le quotient est au moins égal à 300. D'autre part, $529 \times 4 > 1981$, ou, en d'autres termes, $529 \times 4 \geq 1982$. et, par suite, $529 \times 400 \geq 198200$; donc on a $529 \times 400 > 198171$, à plus forte raison; le quotient est donc moindre que 400. Il est établi par là que 3 est le chiffre exact des centaines du quotient. et si de 1981 centaines on retranche 3 fois 100 fois le diviseur ou 3 fois 529 centaines, il reste 394 centaines qui, jointes à 71 unités, donnent un reste total égal à 39471, lequel, d'après le raisonnement précédent, contiendra moins de 100 fois le diviseur. Nous trouverons le chiffre des dizaines du quotient par une méthode analogue en divisant 3947, nombre des dizaines du reste total, par le diviseur; on a ainsi pour quotient partiel 7 et pour reste $244 < 529$. On reconnaîtra, comme précédemment, que 39471 contient au moins 70 fois le diviseur et ne le contient pas 80 fois; par conséquent 7 est le chiffre exact des dizaines du quotient. Si de 3947 dizaines on retranche 7 fois 10 fois 529 ou 7 fois 529 dizaines, il reste 244 dizaines qui, jointes à 1 unité, donnent un reste total égal à 2441, qui contiendra moins de 10 fois le diviseur. En divisant 2441 par 529, on aura le chiffre des unités du quotient et l'on trouve ainsi pour ce chiffre 4 et pour reste 325, qui est le reste final de l'opération; 325 est en effet ce qui reste du dividende, quand on en a retranché successivement 300 fois le diviseur, 70 fois le diviseur et 4 fois le diviseur, c'est-à-dire 374 fois le diviseur et le reste 325 est plus petit que le diviseur; le quotient est donc 374.

Il est à remarquer que, pour la 2e division partielle, on peut se dispenser d'écrire le chiffre 1 des unités du dividende.

On est conduit à la règle suivante.

3

Règle. — *Pour diviser un nombre par un autre, on prend à gauche du dividende assez de chiffres pour que le nombre formé par ces chiffres contienne le diviseur au moins une fois et moins de 10 fois, on a ainsi un premier dividende partiel qui, divisé par le diviseur* (d'après la règle du cas où le quotient est moindre que 10), *donne pour quotient partiel le 1er chiffre à gauche du quotient cherché. A la droite du reste, on abaisse le chiffre suivant du dividende; on a ainsi le 2e dividende partiel qui, divisé par le diviseur, donne le 2e chiffre du quotient; à la droite du reste, on abaisse le chiffre suivant du dividende, etc. On continue jusqu'à ce qu'on ait abaissé le dernier chiffre à droite du dividende, complétant le dernier dividende partiel qui, divisé par le diviseur, fournira le dernier chiffre du quotient et donnera pour reste le reste de la division proposée.*

Cette règle sera entièrement générale, si l'on écrit zéro au quotient dans le cas où le dividende partiel est inférieur au diviseur; le reste partiel correspondant est alors le dividende partiel lui-même, à la suite duquel on abaissera le chiffre suivant pour continuer comme à l'ordinaire.

Pour diviser l'un par l'autre deux nombres quelconques, on dispose l'opération sous l'une des deux formes suivantes :

```
198171 | 529           198171 | 529
1587   | 374           3917   | 374
  3917                   2441
  3703                    825
  2441
  2116
   325
```

Dans la seconde disposition on emploie la simplification indiquée au 2e cas pour chaque division partielle. La première forme peut être préférée si le quotient a un grand nombre de chiffres.

56. *Pour diviser l'un par l'autre deux nombres terminés par des zéros, on peut supprimer un nombre égal de
zéros à droite de chacun, à condition d'en rétablir à droite
du reste autant qu'on en a supprimé à gauche du dividende, le quotient ne sera pas altéré.*

Soit 23170000 à diviser par 4300. La division de 234700
par 43 donne 5458 pour quotient et 6 pour reste; donc
234700 unités contiennent 5458 fois 43 unités, plus le
reste 6 unités < 43 unités; par conséquent, 234700 centaines contiennent 5458 fois 43 centaines, plus 6 centaines < 43 centaines; le quotient demandé sera donc 5458
et le reste 600.

57. *Pour diviser par 10, 100, 1000, etc. un nombre terminé par un nombre suffisant de zéros, on supprimera sur
sa droite un, deux, trois zéros, etc.*

Soit 23470000 à diviser par 100, le quotient sera 234700;
en effet (**31**), $234700 \times 100 = 23470000$; donc 23470000
contient juste 100×234700 ou 234700 fois 100.

58. Nous indiquerons enfin, une dernière simplification
dans la manière d'opérer la division lorsque le diviseur est
un nombre simple, plus petit que 10 par exemple; on procédera comme dans l'exemple suivant.

Soit à diviser 318285 par 6; on écrira seulement

318285 par 6;
quot. 53047, reste 3.

On dira 31 contient 6, 5 *fois* pour 30, il reste 1 qui suivi
de 8 donne 18; 18 contient 6, 3 *fois* exactement, il reste 0
qui suivi de 2 donne 02 ou 2, lequel contient 6, 0 *fois*, et il
reste 2 qui suivi de 8 donne 28; 28 contient 6, 4 *fois* pour 24,
il reste 4 qui suivi de 5 donne 45; 45 contient 6, 7 *fois*
pour 42, et il reste 3. C'est là une application simplifiée de la
règle générale et le quotient est formé des chiffres obtenus

successivement comme quotients partiels, il est 53047, et le reste est 3.

Nous allons énoncer et démontrer une suite de théorèmes sur la division, dans lesquels nous supposerons toujours que les *divisions indiquées se font exactement*.

59. Théorème I. — *Pour diviser un produit de plusieurs facteurs par l'un de ces facteurs, il suffit de supprimer ce facteur dans le produit indiqué.*

Le quotient $(7 \times 5 \times 8 \times 11) : 5 = 7 \times 8 \times 11$; parce que (**51**), on a

$$5 \times (7 \times 8 \times 11) = 5 \times 7 \times 8 \times 11 = 7 \times 5 \times 8 \times 11;$$

le dividende contient donc 5 un nombre de fois marqué par $(7 \times 8 \times 11)$.

60. Théorème II. — *Pour diviser un produit de plusieurs facteurs par un certain nombre, il suffit de diviser exactement, s'il est possible, un de ses facteurs par le nombre.*

Ainsi $(7 \times 15 \times 8) : 5 = 7 \times 3 \times 8$, 3 étant le quotient exact de $15 : 5$.

En effet, $15 = 3 \times 5$; alors, on a :

$$(7 \times 15 \times 8) : 5 = [7 \times (3 \times 5) \times 8] : 5 = (7 \times 3 \times 5 \times 8) : 5$$
$$= 7 \times 3 \times 8,$$

d'après le théorème précédent.

61. Théorème III. — *Pour diviser un nombre par un produit de plusieurs facteurs, il suffit, si les divisions peuvent se faire exactement, de diviser le nombre par le premier facteur, le quotient obtenu par le deuxième facteur, et ainsi de suite jusqu'à ce qu'on ait opéré de même avec le dernier facteur.*

Nous allons prouver, par exemple, que $5400 : 120$ ou

$5400 : (3 \times 5 \times 8) = [(5400 : 3) : 5] : 8 = [1800 : 5] : 8 = 360 : 8 = 45.$

En effet, $5400 : 3 = 1800$, donc $5400 = 1800 \times 3$;

$\qquad\qquad 1800 : 5 = 360$, donc $1800 = 360 \times 5$;

$\qquad\qquad 360 : 8 = 45$, donc $360 = 45 \times 8$;

on voit que $1800 = 360 \times 5 = 45 \times 8 \times 5,$

$\qquad\qquad 5400 = 1800 \times 3 = 45 \times 8 \times 5 \times 3$

ou $\qquad\qquad 5400 = 45 \times (3 \times 5 \times 8);$

donc (**59**) $\qquad 5400 : (3 \times 5 \times 8) = 45.$

★ **62**. Théorème IV. — *Pour diviser un quotient indiqué par un certain nombre, il suffit de diviser exactement le dividende par ce nombre, ou de multiplier le diviseur par ce nombre.*

Soit, par exemple $(5400 : 12)$ à diviser par 5; on sait, par le théorème précédent, que

$(5400 : 5) : 12 = 5400 : (5 \times 12) = 5400 : (12 \times 5) = (5400 : 12) : 5,$

ce qui démontre les deux parties du théorème.

★ **63**. Théorème V. — *Pour multiplier par un certain nombre un quotient indiqué, il suffit de multiplier le dividende par ce nombre, ou de diviser exactement le diviseur par le même nombre.*

Soit le quotient indiqué $(1080 : 60)$ à multiplier par 5;

$\qquad (1080 : 60) = 18$, donc $1080 = 60 \times 18$;

alors $\qquad\qquad 1080 \times 5 = 60 \times 18 \times 5$

et $\qquad (1080 \times 5) : 60 = (60 \times 18 \times 5) : 60 = 18 \times 5,$

ce qui est le quotient 18 multiplié par 5.

D'autre part, $60 : 5 = 12$, donc $60 = 12 \times 5$;

alors $1080 = 60 \times 18 = 12 \times 5 \times 18$,

et $1080 : 12 = (12 \times 5 \times 18) : 12 = 5 \times 18 = 18 \times 5$

ou $1080 : (60 : 5) = 18 \times 5 = (1080 : 60) \times 15$.

Applications. — 1° $(600 : 25) : 4 = 600 : (25 \times 4) = 600 : 100$;

donc $(600 : 25) = (600 : 100) \times 4 = (600 \times 4) : 100$;

on voit que pour *diviser par* 25 *un nombre exactement divisible par* 25, *il suffit de le multiplier par* 4 *et de diviser le résultat par* 100.

2° $600 \times 25 = 600 \times (100 : 4) = (100 : 4) \times 600 = (100 \times 600) : 4$
$= (600 \times 100) : 4$;

donc, *pour multiplier un nombre par* 25, *il suffit de le multiplier par* 100 *et de diviser le résultat par* 4.

★ **64.** **Théorème VI.** — *Pour diviser une somme ou une différence par un certain nombre, il suffit de diviser exactement, s'il est possible, par ce nombre chaque terme de la somme ou de la différence indiquée.*

Exemple; si $48 : 4 = 12$, si $32 : 4 = 8$, si $20 : 4 = 5$, on aura

$(48 + 32 + 20) : 4 = (48 : 4) + (32 : 4) + (20 : 4) = 12 + 8 + 5$,

parce que (**39**), on a

$(12 + 8 + 5) \times 4 = 12 \times 4 + 8 \times 4 + 5 \times 4 = 48 + 32 + 20$.

De même $(48 - 20) : 4 = 12 - 5$,

parce que $(12 - 5) \times 4 = 12 \times 4 - 5 \times 4 = 48 - 20$,

d'après un théorème démontré (**40**).

Quelques-uns des théorèmes qui précèdent rentreront dans des théorèmes plus généraux qui seront démontrés plus tard. Voici encore quelques théorèmes importants qui nous serviront dans le premier livre.

65. Théorème VII. — *Dans une division de nombres entiers, lorsqu'on multiplie le dividende et le diviseur par un même nombre, le quotient ne change pas mais le reste est multiplié par le nombre.*

Par exemple, quand on divise 57 par 12, on a pour quotient 4 et pour reste 9; si on divise (57×3) par (12×3) on aura pour quotient 4 et pour reste (9×3). En effet **(52)** on a, d'après les résultats de la première division,

$$57 = 12 \times 4 + 9 \quad \text{et} \quad 9 < 12;$$

appliquant le théorème relatif à la multiplication d'une somme, il vient :

$$57 \times 3 = 12 \times 4 \times 3 + 9 \times 3,$$

ou, en intervertissant deux facteurs du produit $12 \times 4 \times 3$,

$$57 \times 3 = 12 \times 3 \times 4 + 9 \times 3,$$

ou encore

$$(57 \times 3) = (12 \times 3) \times 4 + (9 \times 3);$$

cette égalité montre que le nouveau dividende (57×3) contient le nouveau diviseur (12×3) quatre fois et pas une fois de plus, car 9 étant < 12, on a

$$9 \times 3 < 12 \times 3;$$

le nouveau quotient est donc 4 et le nouveau reste 9×3.

66. Théorème VIII. — *Quand on divise exactement le dividende et le diviseur d'une division de nombres entiers par un même nombre, le quotient ne change pas, mais le reste est divisé exactement par le nombre.*

Quand on divise 57 par 12, le quotient est 4, et le reste 9;

divisons (57 : 3) par (12 : 3) ou 19 par 4, nous aurons un certain quotient entier que j'appelle q, et un reste entier que j'appelle r; d'après le théorème précédent, si l'on divise (19 $\times$ 3) par (4 $\times$ 3), on aura pour quotient entier q et pour reste $r \times 3$; donc $q = 4$ et $r \times 3 = 9$, et par suite l'entier $r = 9 : 3 = 3$; le théorème est démontré.

La règle donnée pour la simplification de la division de deux nombres entiers terminés par des zéros est une conséquence du dernier théorème.

67. Théorème IX. — *Le quotient de deux puissances d'un même nombre est une puissance de ce nombre dont l'exposant est égal à l'exposant du dividende diminué de celui du diviseur.*

Ainsi, $7^9 : 7^4 = 7^5$, parce que $7^4 \times 7^5 = 7^9$; le dividende contient le diviseur un nombre de fois marqué par 7^5.

Toutefois, si le dividende est égal au diviseur, il est évident que le quotient est 1 ; $7^9 : 7^9 = 1$.

68. Usages de la division des nombres entiers. — La division servira à résoudre des problèmes analogues aux suivants :

1° *Combien pourra-t-on acheter de moutons pour 1938 francs, si chaque mouton coûte 34 francs ?*

On en pourra acheter autant que 1938 francs contiennent de fois 34 francs; pour le trouver, il suffit de chercher combien de fois 1938 unités contiennent 34 unités, ou de diviser 1938 par 34, on trouve pour quotient exact 57; 1938 francs valent juste 57 fois 34 francs, donc on pourra acheter *juste* 57 moutons.

2° *Un mètre de drap vaut 34 francs, combien pourra-t-on acheter de mètres pour 1950 francs ?*

On en pourra acheter autant que 1950 francs contiennent de fois 34 francs; en divisant 1950 par 34, on a pour quotient 57, et pour reste 12 $<$ 34; donc 1950 francs égalent

57 fois 34 francs plus 12 francs; on pourra acheter 57 mètres de drap et non 58 mètres; pour les 57 mètres on n'emploiera que 1938 francs et il restera 12 francs; avec les 12 francs en surplus on ne pourra acheter qu'une partie ou *fraction* de mètre que nous apprendrons plus tard à évaluer.

En général, lorsqu'on connaît le prix d'un objet et le prix d'un *certain nombre* d'objets, les données étant des nombres entiers, on obtient le nombre d'objets en prenant le quotient du prix de tous les objets divisé par le prix d'un objet.

3° *Combien y a-t-il d'heures dans* 500 *minutes?*

Une heure vaut 60 minutes; dans 500 minutes il y a autant d'heures qu'il y a de fois 60 dans 500; on divise 500 par 60, on a 8 pour quotient et 20 pour reste; donc 500 minutes valent 8 fois 60 minutes plus 20 minutes, c'est-à-dire 8 heures 20 minutes.

Si, dans la division précédente, on supprime un zéro à droite du dividende et du diviseur, le quotient ne changera pas, mais il faudra rétablir un zéro à droite du nouveau reste 2.

La division des nombres entiers sert à convertir un nombre entier d'unités en unités qui sont un certain nombre de fois plus grandes.

69. La division des nombres entiers sert aussi à *diviser* ou à *partager un nombre entier en un certain nombre de parties égales.*

Soit à partager 360 en 24 parties égales. Divisons 360 par 24, nous obtenons pour quotient exact 15; donc 360 = 24 × 15 ou 360 = 15 × 24, 360 unités égalent 24 fois 15 unités, juste; 24 parties égales chacune à 15 unités forment 360 unités; chacune des parties demandées est égale à 15.

Soit à partager 373 en 24 parties égales. Divisons 373 par 24, nous obtenons pour quotient 15 et pour reste 13 < 24;

3.

donc 373 unités valent $24 \times 15 + 13$ ou $15 \times 24 + 13$, c'est-
à-dire 24 fois 15 unités plus 13 unités; avec 373 unités on
pourra former 24 parties égales chacune à 15 unités, et il·
restera 13 unités à partager en 24 parties égales, ce qui ne
peut donner une unité entière pour chaque partie puisque
$13 < 24$. Nous n'apprendrons que plus tard à obtenir,
sous forme de fraction, la partie complémentaire qu'il faut
ajouter à 15 unités pour avoir une des parties exactement.

Pour partager un nombre entier en un certain nombre
de parties égales, on divise le nombre entier par le nombre
de parties, et le quotient exprime la valeur d'une partie
si la division se fait exactement, et la partie entière de l'une
des parties si la division donne un reste autre que zéro.
On pourra maintenant résoudre le problème suivant :

Combien coûte un mètre d'étoffe, si 24 mètres coûtent
372 francs ?

Il est clair que le prix de chacun des 24 mètres étant le
même, on l'obtiendra en partageant 372 francs en 24 parties
égales; je divise 372 par 24, j'ai pour quotient 15 et pour
reste $12 < 24$; la partie entière du prix d'un mètre sera
15 francs c'est-à-dire que le prix exact d'un mètre est compris entre 15 et 16 francs.

Lorsqu'on connaît le prix d'un certain nombre d'objets,
les données étant des nombres entiers, il suffit de diviser le
prix total par le nombre d'objets, pour obtenir au quotient
au moins la partie entière du prix d'un objet.

On voit que la division sert à résoudre deux catégories
de problèmes.

Dans la première catégorie, on peut dire que le dividende
et le diviseur sont des nombres concrets de même espèce,
le quotient est alors un nombre abstrait.

Dans la deuxième catégorie, le quotient représente des
unités de même espèce que le dividende, et le diviseur est
abstrait.

70. *Pour trouver l'un des facteurs d'un produit de deux* *facteurs entiers lorsqu'on connaît l'un des facteurs, il suffit de diviser le produit par le facteur connu, le quotient est égal au facteur inconnu, si la division se fait exactement ; et si la division ne se fait pas exactement, le facteur inconnu ne peut être entier.*

1° Supposons qu'un facteur inconnu que j'appelle x donne pour produit 360 quand on le multiplie par 24. Divisons 360 par 24 ; nous obtenons 15 pour quotient exact ; donc $360 = 24 \times 15 = 15 \times 24$. Ainsi 15 est la valeur du facteur x.

2° Si l'on demande un nombre x tel que $373 = x \times 24$, on divise 373 par 24, on a 15 pour quotient et 13 pour reste, d'où il résulte que $373 = 24 \times 15 + 13$; 373 est $> 24 \times 15$ et 373 est $< 24 \times 16$; il n'y a pas de nombre entier répondant à la question. La solution exacte exi$_e$e alors l'emploi des fractions.

71. Preuve de la division. — Pour faire la preuve de la division, on multipliera le diviseur par le quotient, on ajoutera le reste au produit et on devra retrouver le dividende. Cela résulte de ce que nous avons dit dès le début (**52**) sur la division.

La preuve faite ainsi pourrait réussir avec un reste plus grand que le diviseur et cependant le quotient serait alors fautif.

CHAPITRE VII.

DIVISIBILITÉ DES NOMBRES

72. Définitions. — On dit qu'un nombre est *divisible* par un autre, ou qu'il est *multiple de* cet autre, lorsqu'il contient cet autre nombre un nombre exact de fois. Ex. 60 contient 12, 5 fois exactement ; 60 est *multiple de* 12 ou *divisible par* 12.

Un nombre est *diviseur* d'un autre, *sous-multiple* ou

facteur de cet autre, lorsqu'il est contenu dans cet autre, un nombre exact de fois. Ex. 12 est *diviseur, sous-multiple* ou *facteur* de 60.

On dit aussi que 12 *divise exactement* ou, plus simplement, qu'il *divise* 60.

73. Théorème I. — *Tout nombre qui en divise plusieurs divise leur somme et divise aussi la différence de deux quelconques d'entr'eux.*

En effet, $30 = 10$ fois 3, $18 = 6$ fois 3, $15 = 5$ fois 3; par conséquent, $30 + 18 + 15 = 10$ fois $3 + 6$ fois $3 + 5$ fois $3 = 21$ fois 3. De même, $30 - 18 = 10$ fois $3 - 6$ fois $3 = 4$ fois 3.

On peut dire aussi :

La différence ou la somme de plusieurs multiples d'un nombre est un multiple de ce nombre.

Tout nombre qui divise la somme de deux parties et l'une de ces parties divise l'autre partie.

74. Théorème II. — *Tout nombre qui en divise un autre divise aussi les multiples de cet autre.*

Par exemple, 12 divise 60; donc, d'après le théorème précédent, il divise aussi la somme de 7 nombres égaux à 60, ou 60×7.

Plus généralement, *tout nombre qui divise l'un des facteurs d'un produit divise aussi ce produit.*

Ainsi, 12 divise 60; donc il divise $60 \times (47 \times 52)$ ou $60 \times 47 \times 52$ ou $47 \times 60 \times 52$.

75. Théorème III. — *Si l'on divise deux entiers l'un par l'autre, et qu'ensuite on ajoute ou qu'on retranche au dividende un certain multiple du diviseur, on ne change pas le reste de la division.*

Si l'on divise, par exemple, 64 par 5, on a 12 pour quotient et 4 pour reste; donc $64 = 12 \times 5 + 4$ ou $64 = 5$ fois

12 plus 4; si de 64 on retranche 24 qui vaut 2 fois 12, on aura 64 — 24 = 5 fois 12 + 4 — 2 fois 12 = 5 fois 12 — 2 fois 12 + 4 = 3 fois 12 + 4; on voit que 64 — 24 ou 40 divisé par 12 donne encore pour reste 4.

Dans la suite, pour indiquer un multiple, on emploiera l'abréviation M., ainsi on écrira 60 = M.12.

76. Théorème. — *Le reste de la division d'un nombre par 2 est le même que celui de la division par 2 du nombre formé par son dernier chiffre à droite.*

Par exemple, 367 = 360 + 7; or, 10 = M.2 donc 360 ou 10 × 36 = M.2; alors 367 = M.2 + 7; donc (**75**) le reste de la division de 367 par 2 est le même que celui de la division de 7 par 2.

Corollaire. — *Pour qu'un nombre soit divisible par 2, il faut et il suffit qu'il soit terminé par un chiffre* **pair**, *c'est-à-dire par 0, 2, 4, 6 ou 8.*

En effet, 6 divisé par 2 donne pour reste zéro, 356 divisé par 2 donnera pour reste zéro; de même 7 divisé par 2 donne pour reste 1, 357 divisé par 2 donnera pour reste 1.

On appelle nombre *pair* un nombre *divisible par 2*, tel que 356, et nombre *impair* un nombre *non divisible par 2*, tel que 357.

77. Théorème. — *Le reste de la division d'un nombre par 4 est le même que celui de la division par 4 du nombre formé par ses deux derniers chiffres à droite.*

Par exemple, 5737 = 5700 + 37; or 100 = 25 × 4 = M.4, donc 100 × 57 ou 5700 = M.4, alors 5737 = M.4 + 37, donc (**75**) le reste de la division de 5737 par 4 est le même que celui de la division par 4 de 37.

Corollaire. — *Pour qu'un nombre soit divisible par 4, il faut et il suffit que ses deux derniers chiffres à droite forment un nombre divisible par 4.*

78. Théorème. — *Le reste de la division d'un nombre par 8 est le même que celui de la division par 8 du nombre formé par ses trois derniers chiffres à droite.*

Ce théorème résulte de ce que 1000 est un multiple de 8, puisque $1000 = 8 \times 125$.

79. Théorème. — *Le reste de la division d'un nombre par 5 est le même que celui de la division par 5 du nombre formé par son dernier chiffre à droite.*

Par exemple, $5734 = 5730 + 4$; or, $10 = 5 \times 2 = M.5$, donc $5730 = M.5$, $5734 = M.5 + 4$, et la division de 5734 par 5 donnera le même reste que la division de 4 par 5; or, cette division donne zéro pour quotient et 4 pour reste, le reste définitif sera 4.

Corollaire. — *Pour qu'un nombre soit divisible par 5, il faut et il suffit que son dernier chiffre à droite soit 0 ou 5.*

80. Théorème. — *Le reste de la division d'un nombre par 25 est le même que celui de la division par 25 du nombre formé par ses deux derniers chiffres à droite.*

Ce théorème résulte de ce que 100 est un multiple de 25.

81. Théorème. — *Le reste de la division d'un nombre par 9 est le même que celui de la division par 9 de la somme de ses chiffres.*

Nous observons que 1000, par exemple, est un multiple de 9 plus 1. En effet, $999 = 900 + 90 + 9$, somme de trois multiples de $9 = M.9$; donc $1000 = M.9 + 1$; on voit, de même, que

$$1 = \qquad 1 = 9 \times 0 + 1 = M.9 + 1$$
$$10 = 9 + 1 = M.9 + 1$$
$$100 = M.9 + 1$$
$$1000 = M.9 + 1$$
$$10000 = M.9 + 1$$
$$\text{etc.}$$

Cela posé, soit le nombre 7654; 7654 = 4 + 50 + 600 + 7000; pour multiplier une somme par un certain nombre, il suffit de multiplier chaque partie par ce nombre; on sait aussi (**74**) que si un nombre est multi le de 9, tout multiple du nombre considéré sera un multiple de 9; on aura

$$4 = 4 \text{ fois } 1 \qquad\qquad = \qquad\quad 4$$
$$50 = 5 \text{ fois } 10 \quad = 5 \text{ fois } (M.9 + 1) = M.9 + 5$$
$$600 = 6 \text{ fois } 100 \quad = 6 \text{ fois } (M.9 + 1) = M.9 + 6$$
$$7000 = 7 \text{ fois } 1000 = 7 \text{ fois } (M.9 + 1) = M.9 + 7,$$

par conséquent

$$4 + 50 + 600 + 7000 \quad \text{ou} \quad 7654 = 4 + M.9 + 5 + M.9 + 6$$
$$+ M.9 + 7 = M.9 + M.9 + M.9 + 4 + 5 + 6 + 7 = M.9$$
$$+ (4 + 5 + 6 + 7).$$

On voit ainsi que *tout nombre est égal à un multiple de 9, plus la somme de ses chiffres.* 7654 = M.9 + 22; donc (**75**) 7654 divisé par 9 donnera le même reste que la division par 9 de 22, c'est-à-dire 4.

Dans la pratique, pour obtenir le reste de la division d'un nombre par 9, on fait successivement la somme des chiffres tout en retranchant successivement 9, autant de fois que possible, chaque fois que la somme partielle à laquelle on arrive dépasse ou atteint 9; ainsi, pour 7654, on dira 7 + 6 = 13, ôtez 9, reste 4; 4 + 5 = 9, ôtez 9, reste 0; 0 + 4 = 4 < 9; le reste est 4. — Il est évident que cela équivaut à chercher le reste de la division par 9 de la somme des chiffres.

Corollaire. — *Pour qu'un nombre soit divisible par 9, il faut et il suffit que la somme de ses chiffres soit divisible par 9.*

82. **Théorème.** — *Le reste de la division d'un nombre par 3 est le même que celui de la division par 3 de la somme de ses chiffres.*

Ce théorème résulte du précédent et de ce que 9, étant

multiple de 3, tout multiple de 9 est un·multiple de 3. 7654 = M.9 + 22, donc 7654 = M.3 + 22. Le reste de la division par 3 sera le même que celui de la division de 22 par 3, ou 1.

Corollaire. — *Pour qu'un nombre soit divisible par 3, il faut et il suffit que la somme de ses chiffres soit divisible par 3.*

83. Théorème. — *Tout nombre est égal à un multiple de 11, augmenté de la somme des chiffres de rangs impairs à partir de la droite, et diminué de la somme des chiffres de rangs pairs.*

Observons d'abord que $10 = 11 - 1$; 100 ou 10 fois 10 $= 10$ fois $11 - 10$ fois $1 = M.11 - 10 = M.11 - 11 + 1 = M.11 + 1$; $1000 = 10$ fois $100 = 10$ fois $M.11 + 10$ fois $1 = M.11 + 10 = M.11 + 11 - 1 = M.11 - 1$ et ainsi de suite. — *Autrement;* les divisions de 10, 100, 1000, 10000, etc., par 11, nous apprennent que

$$10 = M.11 + 10 \qquad \text{ou} \qquad 10 = M.11 - 1$$
$$100 = M.11 + 1 \qquad\qquad 100 = M.11 + 1$$
$$1000 = M.11 + 10 \qquad\qquad 1000 = M.11 - 1$$
$$10000 = M.11 + 1 \qquad\qquad 10000 = M.11 + 1$$
$$100000 = M.11 + 10 \qquad\qquad 100000 = M.11 - 1$$
$$\text{etc.} \qquad\qquad\qquad \text{etc.}$$

Cela posé, soit le nombre 3562, $3562 = 2 + 60 + 500 + 3000$,

$$2 = \ldots\ldots\ldots\ldots\ldots\ldots\ldots 2$$
$$60 = 6 \text{ fois } (M.11 - 1) = 6 \text{ fois } M.11 - 6 = M.11 - 6$$
$$500 = 5 \text{ fois } (M.11 + 1) = 5 \text{ fois } M.11 + 5 = M.11 + 5$$
$$3000 = 3 \text{ fois } (M.11 - 1) = 3 \text{ fois } M.11 - 3 = M.11 - 3,$$

donc $2 + 60 + 500 + 3000$ ou $3562 = 2 + M.11 - 6 + M.11 + 5 + M.11 - 3 = M.11 + M.11 + M.11 + 2 + 5 - 6 - 3$ ou $3562 = M.11 + (2 + 5) - (6 + 3)$;

d'où l'on déduit :

Le reste de la division d'un nombre par 11 est le même que celui de la division par 11 de l'excès de la somme des chiffres de rangs impairs à partir de la droite sur la somme des chiffres de rangs pairs (la soustraction étant rendue possible en ajoutant, s'il est nécessaire, à la première somme un multiple convenable de 11).

1er exemple ; $180927 = M.11 + (7+9+8) - (2+0+1)$ $= M.11 + 24 - 3 = M.11 + (24-3) = M.11 + 21$, nombre qui, divisé par 11, donnera le même reste que celui de la division de 21 par 11, c'est-à-dire 10.

2e exemple ; $3562 = M.11 + (2+5) - (6+3) = M.11 + 7 - 9$; mais tout multiple de 11 peut être considéré comme somme de deux multiples de 11, donc $M.11 = M.11 + 11$, et alors $3562 = M.11 + 11 + 7 - 9 = M.11 + 18 - 7 = M.11 + (18-9) = M.11 + 9$; 9 divisé par 11 donne 0 au quotient et 9 pour reste ; donc le reste définitif est 9.

3e exemple ; $92819078857 = M.11 + (7+8+7+9+8+9) - (5+8+0+1+2) = M.11 + (48-16) = M.11 + 32$; or, $32 = M.11 + 10$, le nombre donné $= M.11 + M.11 + 10 = M.11 + 10$; le reste de la division sera 10. — On pourra, en faisant la première somme, ôter 11 chaque fois que la somme partielle obtenue atteint ou dépasse 11 et de même pour la deuxième somme, on trouvera ainsi $92819078857 = M.11 + (M.11 + 4) - (M.11 + 5) = M.11 + M.11 + 4 - M.11 - 5 = M.11 + M.11 - M.11 + 4 - 5 = M.11 + 4 - 5 = M.11 + 11 + 4 - 5 = M.11 + 15 - 5 = M.11 + 10$. Le reste est 10.

Corollaire. — *Pour qu'un nombre soit divisible par 11, il faut et il suffit que la différence entre la somme des chiffres de rangs impairs à partir de la droite et la somme des chiffres de rangs pairs, soit un multiple de 11 ou zéro.*

Ainsi 1° $774829 = M.11 + 24 - 13 = M.11 + 11 = M.11$, ou

si l'on veut, $774829 = M.11 + (M.11 + 2) - (M.11 + 2) = M.11 + 2 - 2 = M.11$;

2° $728794 = M.11 + 13 - 24 = M.11 - 11 = M.11$;

3°. $3562 = M.11 + 7 - 9 = M.11 - 2 = M.11 + 9$ n'est pas multiple de 11.

84. Supposons qu'on divise 45 par 7; on a pour quotient 6 et pour reste 3; donc $45 = M.7 + 3$; on dira que 3 est le *reste* de 45 *par rapport au diviseur* 7.

Théorème. — *Le reste d'un produit de deux facteurs, par rapport à un certain diviseur, est égal au reste que donne, par rapport au même diviseur, le produit des restes des facteurs, par rapport à ce diviseur.*

Soit le produit 45×34 ; on aura, par rapport au diviseur 7,

$$45 = M.7 + 3$$
$$34 = M.7 + 6,$$

et, d'après le théorème sur la multiplication des sommes,

$$45 \times 34 = 45 \times M.7 + 45 \times 6 = M.7 + (M.7 + 3) \times 6 = M.7 + M.7 \times 6 + 3 \times 6 = M.7 + M.7 + 3 \times 6 = M.7 + 3 \times 6.$$

D'après un théorème connu (**75**), le reste par rapport à 7, du produit 45×34 sera le même que celui de 3×6 ou que celui de 18 par rapport au diviseur, c'est-à-dire 4.

Nous avons ainsi une vérification ou *preuve* de la multiplication de 45 par 34.

Un tel genre de preuve se fera *rapidement* si le *diviseur* est tel qu'on sache trouver *rapidement* le reste correspondant. Il sera *probant* si, pour trouver ce reste, on emploie *tous les chiffres* du nombre sur lequel on opère.

Le diviseur 9 et le diviseur 11 satisfont à ces deux conditions.

85. Preuve par 9 de la multiplication. — Du théorème précédent résulte la règle suivante :

On calculera, par rapport à 9, les restes des deux fac-

teurs; on fera leur produit qui devra donner par rapport à 9 le même reste que le produit qu'on veut vérifier.

Il est visible que si l'erreur du produit est un multiple de 9, elle ne sera pas accusée par la preuve précédente, qui donnera par conséquent moins de certitude que la preuve directe.

⋆ 86. Théorème. — *La somme de plusieurs nombres donne, par rapport à un certain diviseur, le même reste que celui que donne, par rapport à ce diviseur, la somme des restes fournis par les différentes parties de la somme, relativement au même diviseur.*

Ainsi,
$$34 = M.7 + 6$$
$$44 = M.7 + 2$$
$$59 = M.7 + 3$$

$$34 + 44 + 59 = M.7 + M.7 + M.7 + 6 + 2 + 3$$

$$34 + 44 + 50 = M.7 + (6 + 2 + 3) = M.7 + 11 = M.7 + M.7$$
$$+ 4 = M.7 + 4.$$

Applications. — 1° $57 + 38 + 69 = 164$. Employant le diviseur 9, on aura la vérification :

$$3 + 2 + 6 = M.9 + 2;$$

2° $57 - 34 = 23$, donc $57 = 34 + 23$, de là la vérification :

$$M.9 + 3 = 7 + 5;$$

° En divisant 1964 par 57, on a trouvé pour quotient 34 et pour reste 26; donc $57 \times 34 + 26 = 1964$.

D'après les théorèmes précédents, on a les vérifications :

$$57 \times 34 = M.9 + 3 \times 7 = M.9 + 21 = M.9 + 3$$

$$57 \times 34 + 26 = M.9 + 3 + M.9 + 8 = M.9 + M.9 + 11 = M.9$$
$$+ 11 = M.9 + 2.$$

De ces exemples, on dégagera sans peine les règles des

preuves par 9 de l'addition, de la soustraction, de la division.

On fera les preuves ordinaires en substituant à tous les nombres que l'on y considère leurs restes par rapport au diviseur 9.

★**87**. — *Établir une règle propre à déterminer, sans faire la division, le reste de la division d'un nombre quelconque par un diviseur donné.*

Soit 37, le diviseur donné; les divisions de 1, 10, 100, 1000, 10000, etc. par 37, nous apprennent que :

$$1 = 0 \quad + 1$$
$$10 = 0 \quad + 10$$
$$100 = M.37 + 26$$
$$1000 = M.37 + 1$$
$$10000 = M.37 + 10$$
$$100000 = M.37 + 26$$
$$1000000 = M.37 + 1$$

La loi est manifeste, lorsqu'on fait les divisions.

Soit le nombre 35843627 ; ce nombre $= 7 + 20 + 600 + 3000 + 40000 + 800000 + 5000000 + 30000000$.

On aura, en procédant comme nous l'avons fait dans des cas analogues et en vertu des théorèmes précédents,

$$7 = 0 \quad + 1 \times 7$$
$$20 = 0 \quad + 10 \times 2$$
$$600 = M.37 + 26 \times 6$$
$$3000 = M.37 + 1 \times 3$$
$$40000 = M.37 + 10 \times 4$$
$$800000 = M.37 + 26 \times 8$$
$$5000000 = N.37 + 1 \times 5$$
$$30000000 = M.37 + 10 \times 3$$

Ajoutant membre à membre et réunissant en un seul les multiples de 37, on aura

$$35843627 = M.37 + (1 \times 7) + (1 \times 3) + (1 \times 5) + (10 \times 2)$$
$$+ (10 \times 4) + (10 \times 3) + (26 \times 6) + (26 \times 8) = M.37 + 1$$
$$\times (7 + 3 + 5) + 10 \times (2 + 4 + 3) + 26 \times (6 + 8).$$

On est ainsi conduit à la règle suivante :

Pour calculer le reste de la division d'un nombre par 37, on le partagera en tranche de trois chif.res à partir de la droite ; on fera la somme des produits des premiers chiffres à droite de chaque tranche par 1, la somme des produits des seconds chiffres de chaque tranche par 10, la somme des produits des troisièmes chiffres de chaque tranche par 26, on ajoutera les trois sommes et cette nouvelle somme, divisée par 37, donnera le même reste que la division du nombre proposé par 37.

On trouve ainsi :.

$$35843627 = M.37 + 1 \times (7 + 3 + 5) + 10 \times (2 + 4 + 3) + 26$$
$$\times (6 + 8) = M.37 + 1 \times 15 + 10 \times 9 + 26 \times 14 = M.37$$
$$+ 15 + 90 + 364 = M.37 + 469 = M.37 + 9 \times 1 + 6 \times 10$$
$$+ 4 \times 26 = M.37 + 9 + 60 + 104 = M.37 + 173 = M.37 + 3$$
$$\times 1 + 7 \times 10 + 1 \times 26 = M.37 + 3 + 70 + 26 = M.37 + 99;$$

or $$99 = M.37 + 25,$$

donc $$35843627 = M.37 + 25$$

Nous laissons au lecteur le soin de transformer et de simplifier la règle énoncée plus haut.

CHAPITRE VIII.

PLUS GRAND COMMUN DIVISEUR.

88. Définitions. — On appelle *plus grand commun diviseur* de plusieurs nombres le plus grand nombre qui les divise tous exactement.

On sait que tout nombre qui en divise un autre divise les

multiples de cet autre ; par conséquent, tout diviseur du
plus grand commun diviseur de plusieurs nombres est
aussi diviseur de chacun des nombres.

On dit que *deux* nombres sont *premiers entre eux* lorsqu'ils n'ont d'autre diviseur commun que l'unité. Ainsi 25 et
32 sont premiers entre eux ; l'unité est un diviseur commun
à ces nombres, mais c'est le seul.

*Deux nombres entiers consécutifs sont toujours premiers
entre eux.*

En effet, si un nombre divise, par exemple, 25 et 24, il divisera leur différence 1, donc il ne peut être que 1

89. Règle. — *Pour trouver le plus grand commun diviseur de deux nombres, on divise le plus grand par le plus
petit, puis le diviseur par le 1er reste, le 1er reste par le 2e
reste, et ainsi de suite jusqu'à ce qu'on ait pour reste zéro.
Le dernier diviseur employé est le plus grand commun diviseur cherché.*

Soit, à trouver le plus grand commun diviseur de 294 et
63 ; il est clair que 63 est le plus grand nombre qui divise
63 ; s'il divise 294, il sera le nombre cherché ; en effectuant
la division, on trouve 4 pour quotient et 42 pour reste ; 63
n'est donc pas le nombre cherché. — Nous allons prouver
que le plus grand commun diviseur de 294 et 63 est le
même que celui de 63 et 42. En effet, on a l'égalité

$$294 = 63 \times 4 + 42 ;$$

tout diviseur commun à 294 et à 63 divise aussi 63×4 ; divisant 294, il divise leur différence 42 et il est diviseur commun à 63 et à 42. D'autre part, tout diviseur commun à 63
et 42, divise 63×4 et 42 et aussi, par suite, leur somme 294,
il est diviseur commun à 294 et 63. Le plus grand commun
diviseur de 294 et 63 est donc aussi le plus grand commun
diviseur de 63 et 42. — Le même raisonnement montre
que le plus grand commun diviseur cherché sera 42, si 42

divise 63, et si la division ne se fait pas exactement, il sera le plus grand commun diviseur de 42 et du reste. Or, ce reste est 21 ; on est conduit à diviser 42 par 21, la division se fait exactement ; 21 est donc le plus grand commun diviseur de 21 et 42, celui de 63 et 42, celui de 294 et 63.

Dans la pratique, il est commode d'écrire chaque quotient au-dessus du diviseur correspondant, qui doit être un dividende dans la division suivante.

Dans l'exemple, on aura les opérations suivantes :

$$
\begin{array}{c|c|c|c}
 & 4 & 1 & 2 \\
294 & 63 & 42 & 21 \\
42 & 21 & 0 &
\end{array}
$$

* 1ʳᵉ Remarque. — Si dans l'une des divisions on a un certain reste, on pourra si l'on veut, pour la division suivante, prendre pour diviseur, au lieu du reste précédent, la différence entre le diviseur précédent et le reste. Ainsi, $63 - 42 = 21$ dans la deuxième division, on pourra ensuite prendre pour diviseur 21 au lieu de 42 ; en effet on a

$$294 = 63 \times 4 + 42 \quad \text{et} \quad 42 = 63 - 21,$$

donc $\quad 294 = 63 \times 4 + 63 - 21 = 63 \times 5 - 21,$

donc $294 + 21 = 63 \times 5$; tout nombre divisant 294 et 63, divisera 63×5 et 294, et par suite leur différence 21, tout nombre divisant 63 et 21 divisera 63×5 et 21 et par suite leur différence 294 ; le plus grand commun diviseur de 294 et 63 est donc le même que celui de 63 et 21.

On abrégera en opérant ainsi toutes les fois que le diviseur ne contient pas deux fois le reste correspondant.

* 2ᵉ Remarque. — La série des divisions effectuées finira toujours par amener le reste zéro, car les diviseurs sont des entiers qui vont en décroissant, et si l'on arrive jusqu'au diviseur 1, la division correspondante donnera pour reste zéro, le plus grand commun diviseur sera 1.

Remarquons que si l'on arrive au reste 1, on peut s'arrê-
ter là, les deux nombres donnés sont *premiers entre eux*.

90. Corollaire. — Dans les raisonnements que nous
avons fait pour le plus grand commun diviseur, on a pu
reconnaître que *tout nombre qui divise le dividende et le
diviseur d'une division divise aussi le reste*. Dans la recherche du plus grand commun diviseur, si un nombre divise le dividende et le diviseur de la première division, il
divisera le dividende et le diviseur de la deuxième division
et ainsi de suite, et par conséquent il divisera le dernier
diviseur employé.

Donc *tout nombre qui en divise deux autres, divise aussi
leur plus grand commun diviseur*.

91. Théorème. — *Quand on multiplie deux nombres par
un même nombre, leur plus grand commun diviseur se
trouve multiplié par ce nombre.*

On sait, en effet, que si dans une division, on multiplie
le dividende et le diviseur par un certain nombre, le reste
est multiplié par le même nombre. Il en sera de même pour
toutes les divisions qui conduisent au plus grand commun
diviseur, et la dernière division donnera encore pour reste
zéro ; le dernier diviseur qui est le nouveau plus grand
commun diviseur sera multiplié par le même nombre que
celui par lequel on aura multiplié les nombres donnés.

92. Théorème. — *Lorsqu'on divise exactement deux
nombres par un même nombre, leur plus grand commun diviseur se trouve divisé exactement par ce nombre.*

Ce théorème se démontre comme le précédent en s'appuyant sur ce que, dans une division, si on divise exactement le dividende et le diviseur par un même nombre, le
reste se trouve divisé exactement par le même nombre.

93. Corollaire. — *Lorsqu'on divise deux nombres par*

leur plus grand commun diviseur, les quotients sont premiers entre eux.

En effet, leur plus grand commun diviseur sera divisé par lui-même, il deviendra 1.

94. Règle. — *Pour trouver le plus grand commun diviseur de plusieurs nombres donnés, on cherche le plus grand commun diviseur des deux premiers, puis celui du nombre trouvé et du troisième nombre donné, puis celui du nouveau nombre trouvé et du quatrième nombre, et ainsi de suite jusqu'à ce qu'on ait employé le dernier nombre donné; le dernier nombre trouvé sera le plus grand commun diviseur cherché.*

Soient, en effet, les quatre nombres donnés 3870, 270, 126, 78; soit 90 le plus grand commun diviseur des deux premiers. On sait (**90**) que tout nombre qui en divise deux autres, divise aussi leur plus grand commun diviseur, et que tout nombre qui divise le plus grand commun diviseur de deux nombres divise ces deux nombres. D'après cela, tout diviseur commun à 3870, 270, 126 et 78, divisant 3870 et 270 divisera 90, et sera diviseur commun à 90, 126, 78; d'autre part, tout diviseur commun à 90, 126, 78 divisant 90, divisera ses multiples 3870 et 270 et sera commun à 3870, 270, 126, 78. Nous sommes ramenés à chercher le plus grand commun diviseur de 90, 126, 78 qui sera encore le même que celui de 18 et 78, si 18 est celui de 90 et 126. Enfin le plus grand commun diviseur cherché sera celui de 18 et 78, ou 6.

Dans la pratique, on emploie les nombres donnés dans l'ordre qui paraît fournir les résultats les plus rapides. Dans l'exemple cité, si on adopte l'ordre 3870, 78, 278, 126, on abrège les calculs.

Lorsque dans le cours des opérations on arrive au reste 1, l'unité est le nombre cherché.

95. Théorème. — *Tout nombre qui divise un produit*

de deux facteurs, et qui est premier avec l'un d'eux divise
l'autre.

Par exemple, 21 divise 88×126 ou 11088; 21 est premier
avec 88; nous allons prouver que 21 divise nécessairement
l'autre facteur 126; en effet 21 étant premier avec 88, leur
plus grand commun diviseur est 1; si l'on multiplie 21 et 88
par 126, le plus grand commun diviseur sera multiplié par
126, il sera donc 126. D'autre part, 21 divise évidemment
21×126, il divise d'ailleurs 88×126, par hypothèse, donc
(**90**) 21 divise leur plus grand commun diviseur 126, et le
théorème est démontré.

A cause de l'importance de la proposition, nous allons présenter sa démonstration sous une forme plus générale.

Supposons que le nombre *a* divise le produit $b \times c$ des
deux nombres *b* et *c*, supposons que *a* soit premier avec *b*;
nous allons prouver que *a* divise *c*. En effet, *a* et *b* étant
premiers entre eux, leur plus grand commun diviseur est 1 et,
d'après un théorème démontré (**91**), $a \times c$ et $b \times c$ auront
pour plus grand diviseur $1 \times c$, ou *c*; d'autre part le nombre *a* divise évidemment $a \times c$, il divise par hypothèse $b \times c$;
donc (**90**) *a* divise leur plus grand commun diviseur *c*,
et le théorème est démontré.

96. Théorème. — *Si un nombre est divisible par plu-*
sieurs nombres premiers entre eux deux à deux, il est di-
visible par leur produit.

Soit, par exemple, 5040 qui est divisible par les trois
nombres 5, 8, 9 qui sont premiers entre eux *deux à deux*.
$5040 : 5 = 1008$; donc $5040 = 5 \times 1008$; 8 divise 5040 ou
5×1008 et il est premier avec 5, donc, d'après le théorème
précédent, il divise l'autre facteur 1008; $1008 : 8 = 126$;
donc $1008 = 8 \times 126$; or, 9 divise 5040 ou 5×1008, il est
premier avec 5, donc il divise 1008 ou 8×126; il est
pr mier avec 8 donc il divise 126; $126 : 9 = 14$, donc
$126 = 9 \times 14$, dès lors, $1008 = 8 \times 126 = 8 \times (9 \times 14) = 8 \times 9$

$\times 14$ et $5040 = 5 \times (1008) = 5 \times (8 \times 9 \times 14) = 5 \times 8 \times 9$
$\times 14$ ou enfin $5040 = (5 \times 8 \times 9) \times 14$, donc 5040 est exactement divisible par $(5 \times 8 \times 9)$ et le quotient est 14.

Corollaire. — *Un nombre est divisible par* 6, *s'il l'est par*
2 *et par* 3 (qui sont premiers entre eux).

Un nombre est divisible par 12 *s'il est divisible par* 3 *et
par* 4 (qui sont premiers entre eux).

Un nombre est divisible par 360 *s'il est divisible par* 5,
8, 9 (qui sont premiers entre eux *deux à deux*). etc.

CHAPITRE IX.

DES NOMBRES PREMIERS. — APPLICATIONS,

97. **Définition.** — On appelle *nombre premier absolu*
ou simplement *nombre premier*, un nombre qui n'est divisible que par lui-même et par l'unité ; tel est 7.

Tout nombre est évidemment divisible par 1 ; le plus souvent nous ferons abstraction de ce diviseur et, quand nous
parlerons d'un diviseur d'un nombre, nous supposerons
généralement qu'il s'agit d'un diviseur autre que 1.

Nous remarquerons que le mot *premiers* a des sens très
différents dans les deux expressions *nombres premiers* et
nombres premiers entre eux. Ainsi 9 et 16 sont premiers
entre eux, quoiqu'ils ne soient ni l'un ni l'autre des nombres
premiers. Au contraire, deux nombres *premiers* tels que 11
et 17 sont toujours premiers entre eux : ils sont différents
et ils ne peuvent avoir que 1 comme diviseur commun

98. *Si un nombre premier ne divise pas un nombre
donné, il est premier avec ce nombre.*

Ainsi 7 ne divise pas 18 ; 7 n'admet que les diviseurs
1 et 7 ; ce sont les seuls diviseurs qui puissent être communs à 7 et 18, et, comme 7 ne divise pas 18, 7 et 18 n'ont

d'autre diviseur commun que 1 ; ils sont premiers entre eux.

99. *Former une table des nombres premiers jusqu'à une certaine limite.*

Proposons-nous, par exemple, de former une table des nombres premiers compris dans les 1200 premiers nombres.

Écrivons ces 1200 premiers nombres les uns à la suite des autres, dans l'ordre naturel ; nous soulignerons dans cette table les nombres premiers et nous barrerons les nombres non premiers. Nous soulignerons d'abord 1, qui est premier, puis 2, qui est premier évidemment ; ensuite, à partir de deux, nous barrerons tous les nombres de 2 en 2 ; nous barrerons ainsi tous les multiples de 2, autres que 2, et seulement des multiples de 2 ; 3 n'étant pas barré n'est pas divisible par 2, il est premier, nous le soulignerons ; nous barrerons ensuite à partir de 3 tous les nombres de trois en trois, même ceux déjà barrés, nous barrerons ainsi tous les multiples de 3, autres que 3, et seulement des multiples de 3 ; 4 étant barré est multiple de 2 ou multiple de 3, donc 4 n'est pas premier ; il est inutile de barrer les multiples de 4 qui sont barrés comme multiple de 2 si 4 est multiple de 2, comme multiple de 3 si 4 est multiple de 3 ; ensuite 5 n'étant pas barré, il est premier, nous le soulignons, et nous barrons tous les multiples de 5, de 5 en 5. 6 est barré, il n'est pas premier, et ses multiples sont barrés ; nous soulignons 7, qui est premier, et nous barrons tous les multiples de 7, de 7 en 7 ; en continuant de la même manière jusqu'à 1200, tous les nombres soulignés, et ceux-là seulement, seraient les nombres premiers inférieurs à 1200.

REMARQUE. — Lorsqu'à partir de 11, par exemple, on barrera les multiples de 11 autres que 11, les premiers seront 11×2, 11×3, ... 11×10 ; ils seront tous barrés comme multiples de nombres inférieurs à 11 ; il sera inutile de les barrer de nouveau, et l'on pourra commencer seulement à partir de 11×11, ou 11^2 ou 121 ; de même, lorsqu'on aura souligné 37, qui est premier, tous les multiples de 37 depuis 37×2 jusqu'à 37×36 seront barrés, et il n'y aurait lieu de commencer qu'à partir de 37×37 ou 37^2 ou 1369, qui est plus grand que 1200; donc, jusqu'à 1200, tous les multiples de 37 sont barrés; à plus forte raison, tous les multiples des nombres supérieurs à 37, qui sont au-dessous de 1200, sont barrés; dès lors, on pourra souligner tous les nombres non barrés, ils sont premiers.

100. *Reconnaître si un nombre donné est premier ou non.* — Il suffira, comme nous allons le voir, de posséder une table des nombres premiers s'étendant jusqu'à un nombre dont le carré dépasse le nombre proposé.

Règle. — *Pour reconnaître si un nombre donné est premier ou non, on le divisera successivement par les nombres premiers pris dans leur ordre naturel à partir de 2 et l'on s'arrêtera, ou bien lorsqu'on tombera sur une division se faisant exactement, auquel cas le nombre proposé n'est pas premier, ou bien lorsqu'on arrivera sans avoir obtenu le reste zéro, à une division donnant un quotient inférieur au diviseur essayé, auquel cas le nombre donné est premier.*

La règle indiquée montre par exemple, que 1501 n'est pas premier, puisqu'il est exactement divisible par 37, que 1849 n'est pas premier, puisqu'il est divisible par 43, enfin que 547 est premier. En effet, 547 n'est divisible par aucun des nombres premiers 2, 3, 5, 7, 11, 13, 17, 19, 23, 29, et, par conséquent, par aucun nombre non premier, inférieur à 29; quand on divise 547 par 29, on a pour reste 28 et pour quotient $19 < 29$; si on divise 547 par un nombre supérieur à 29, le quotient sera $\overline{\overline{<}} 19$, et par conséquent < 29. Si 547 divisé par un nombre N supérieur à 29 donnait un quotient exact Q, on aurait $547 = N \times Q = Q \times N$; alors Q, qui est < 29, serait un diviseur de 547, ce qui est impossible; donc aucun diviseur supérieur à 29 ne conduira au reste zéro; le nombre 547 n'est divisible par aucun nombre

4.

supérieur à 29, autre que par 547, il n'est divisible par aucun nombre inférieur à 29 ou égal à 29, autre que 1, donc 547 est premier. — Il est clair que si 29 a donné pour quotient $19 < 29$, c'est parce que 29×29 ou $29^2 > 547$.

101. Théorème. — *Tout nombre qui n'est pas premier peut être mis sous la forme d'un produit de facteurs premiers.*

Remarquons d'abord que le produit d'un certain nombre de facteurs, autres que 1, comprend un nombre d'unités toujours plus grand que le nombre des facteurs.

Tout nombre qui admet un facteur autre que 1 et lui-même, est égal au produit de deux facteurs autres que 1. Ainsi, 14 est divisible par 2; $14 : 2 = 7$, $14 = 2 \times 7$.

Si un nombre n'est pas premier, il pourra se mettre sous la forme d'un produit de deux facteurs autres que 1. Si un nombre est un produit de plusieurs facteurs, et si un des facteurs n'est pas premier, on pourra le remplacer par un produit de deux facteurs; on continuera ainsi jusqu'à ce que tous les facteurs du produit soient premiers, ce qui arrivera nécessairement, car le nombre des facteurs n'atteindra jamais le nombre d'unités du produit.

Corollaire. — *Tout nombre non premier admet un facteur premier autre que 1.*

102. Théorème. — *Si deux nombres ne sont pas premiers entre eux, ils admettent un diviseur commun premier.*

En effet, le plus grand commun diviseur des deux nombres est différent de 1; il est premier, et divise les nombres, ou il n'est pas premier et alors il admet un diviseur premier qui divise les deux nombres.

103. Théorème. — *Tout nombre premier qui divise un produit de plusieurs facteurs, divise au moins l'un d'eux.*

Supposons que le nombre premier 7 divise le produit

$a \times b \times c \times d$. Si 7 divise a, le théorème est vrai; s'il ne le divise pas, 7 divise $a \times b \times c \times d$ ou $a \times (b \times c \times d)$, mais il est premier avec a (**98**); donc il divise l'autre facteur $(b \times c \times d)$; si 7 divise b, le théorème est vrai, et, s'il ne le divise pas, 7 divise $b \times c \times d$ ou $b \times (c \times d)$, il est premier avec b, donc il divise $(c \times d)$; si 7 divise c, le théorème est vrai, s'il ne le divise pas, il est premier avec c, et, divisant $c \times d$, il divise d; donc 7 divise a, b, c ou d.

Corollaire. — *Tout nombre premier qui divise une puissance d'un nombre, divise ce nombre.*

En effet, si 7 divise 63^3, il divise le produit $63 \times 63 \times 63$; donc il divise l'un des facteurs, qui est certainement le nombre 63.

104. Théorème. — *Si deux nombres sont premiers entre eux, leurs puissances sont des nombres premiers entre eux.*

Par exemple, 14 et 45 sont premiers entre eux. Supposons que 14^3 et 45^2 ne soient pas premiers entre eux, ils admettraient un diviseur premier commun, autre que 1 (**102**), qui, d'après le corollaire précédent, devrait diviser 14 et 45, ce qui est impossible ; donc 14^3 et 45^2 sont premiers entre eux.

105. Théorème. — *Un nombre n'est décomposable qu'en un seul système de facteurs premiers.*

Supposons qu'un nombre soit égal à $7 \times 7 \times 13 \times 19$, et aussi à $a \times b \times c \times d \times e$, les nombres 7, 13, 19, a, b, c, d, e, étant premiers; on aura l'égalité $7 \times 7 \times 13 \times 19 = a \times b \times c \times d \times e$. Le nombre premier 7 divise le premier produit, et par suite le deuxième $a \times b \times c \times d \times e$, donc il divise l'un des facteurs de ce produit (**103**), supposons que 7 divise c; comme c est premier, on a c = 7 et alors $7 \times 7 \times 13 \times 19 = a \times b \times 7 \times d \times e$, et par suite $7 \times 13 \times 19 = a \times b \times d \times e$. On verrait de même que 7 égale l'un des facteurs, a, b, a, e, supposons que $7 = e$, on aura

$$7 \times 13 \times 19 = a \times b \times d \times 7,$$

et, par suite, $\qquad 13 \times 19 = a \times b \times d.$

On verrait de même que $13 = a$, par exemple, par suite $19 = b \times d$, alors $19 = b$ ou $19 = d$, et enfin $d = 1$ ou $b = 1$. Le théorème est démontré.

Corollaire. — *Dans les deux systèmes de facteurs premiers, le même facteur se trouve à la même puissance.*

Nous avons vu que s'il y avait deux facteurs 7 dans l'un des systèmes, il y a aussi deux facteurs 7 et seulement deux dans l'autre système.

106. Règle. — *Pour décomposer méthodiquement un nombre en ses facteurs premiers, on fera une suite de divisions exactes en prenant successivement pour diviseurs, s'il est possible, et autant de fois qu'il sera possible, les nombres premiers 2, 3, 5, dans l'ordre naturel à partir de 2, en prenant pour dividende de chaque division, le nombre donné pour le premier dividende et le quotient précédemment obtenu pour chacun des autres jusqu'à ce qu'on arrive au quotient 1. Le nombre proposé sera égal au produit de tous les nombres premiers employés comme diviseurs.*

Soit le nombre 17787; en lui appliquant la règle, on emploie successivement les diviseurs 3, 7, 7, 11, 11, qui donnent les quotients successifs 5929, 847, 121, 11, 1, on a les égalités

$$17787 = 3 \times 5929$$
$$5929 = 7 \times 847$$
$$847 = 7 \times 121$$
$$121 = 11 \times 11$$
$$11 = 11 \times 1;$$

multipliant ces égalités membres à membres et supprimant

les quotients qui se trouvent comme facteurs dans les deux membres, on a :

$$17787 \times \underline{5929} \times \underline{847} \times \underline{121} \times 11 = 3 \times \underline{5929} \times 7 \times \underline{847} \times 7$$
$$\times \underline{121} \times 11 \times 11 \times 11 \times 1,$$

ou

$$17787 = 3 \times 7 \times 7 \times 11 \times 11 \times 1,$$

ou

$$17787 = 3 \times 7^2 \times 11^2.$$

On aurait pu arriver au même résultat en remarquant qu'en vertu des égalités d'abord décrites, on a :

$$17787 = 3 \times 5929 = 3 \times (7 \times 847) = 3 \times 7 \times 847,$$
$$17787 = 3 \times 7 \times 847 = 3 \times 7 \times (7 \times 121) = 3 \times 7 \times 7 \times 121$$
$$= 3 \times 7 \times 7 \times (11 \times 11) = 3 \times 7 \times 7 \times 11 \times 11,$$
$$17787 = 3 \times 7^2 \times 11^2.$$

Dans la pratique, on écrit le nombre donné et on tire à sa droite un trait vertical, à la droite duquel on inscrit en descendant les différents diviseurs employés, et on écrit au-dessous du nombre les quotients successifs de façon que chaque dividende se trouve en face du diviseur correspondant. Dans l'exemple précédent, on a la disposition :

17787	3
5929	7
847	7
121	11
11	11
1	

$$17787 = 3 \times 7^2 \times 11^2.$$

Avec les diviseurs 3, 7, 7, il est commode de faire les divisions par la méthode la plus abrégée.

107. Théorème. — *Pour qu'un nombre soit divisible par un autre, il faut et il suffit qu'il contienne tous les facteurs premiers contenus dans cet autre, avec un exposant au moins égal.*

Si, par exemple, 720 est divisible par 60, la division donne un quotient exact, 12; donc $720 = 60 \times 12$, décomposons 60 et 12 en facteurs premiers, on a :

$$60 = 2^2 \times 3 \times 5, \quad 12 = 2^2 \times 3,$$

donc $\qquad 720 = 60 \times 12 = \underline{2^2 \times 3 \times 5 \times 2^2 \times 3},$

de cette manière, 720 est décomposé en facteurs premiers, et il contient évidemment tous ceux du diviseur avec un exposant au moins égal et d'après un théorème démontré (**105**), on trouvera toujours le même système de facteurs premiers, quelle que soit la marche suivie pour l'obtenir.

Maintenant, soit $720 = 2^4 \times 3^2 \times 5$, soit $60 = 2^2 \times 3 \times 5$, nous allons prouver que 720, qui contient tous les facteurs premiers contenus dans 60 avec un exposant au moins égal, est divisible par 60. En effet, $2^4 = 2^2 \times 2^2$, $3^2 = 3 \times 3$, on a :

$$720 = 2^2 \times 2^2 \times 3 \times 3 \times 5,$$

ou $\qquad 720 = 2^2 \times 3 \times 5 \times 2^2 \times 5,$
$$720 = (2^2 \times 3 \times 5) \times (2^2 \times 3)$$
$$720 = 60 \times (2^2 \times 3),$$

le quotient de 720 par 60 est exactement $(2^2 \times 3)$ ou 12.

108. D'après cela, pour avoir tous les diviseurs d'un nombre déjà décomposé en ses facteurs premiers, on prendra 1 et tous les produits différents obtenus en multipliant entre eux des facteurs premiers pris parmi ceux du nombre proposé.

Pour former tous les diviseurs d'un nombre, on écrit sur une ligne verticale tous les facteurs premiers dans l'ordre naturel donné par la règle de décomposition en facteurs premiers, on tire à la suite un trait vertical, puis à droite, en haut, on écrit le premier diviseur, qui est 1, et ensuite, en face de chaque facteur premier, en commençant par le haut, ses produits par tous les diviseurs précédents si le facteur apparaît pour la première fois, et ses produits par les diviseurs de la ligne précédente seule, si le facteur premier n'apparaît pas pour la première fois.

Par exemple, pour former tous les diviseurs de 17787, on aura la disposition suivante :

		1
17787	3	3
5929	7	7, 21
847	7	49, 147
121	11	11, 33, 77, 231, 539, 1617
11	11	121, 363, 847, 2541, 5929, 17787.
1		

Tous les nombres ainsi obtenus sont différents, ils sont tous diviseurs de 17787, d'après le théorème précédent, et aucun diviseur n'est omis; par exemple, $3 \times 7 \times 11^2$ s'y trouve, car 3×7 ou 21 se trouve dans la troisième ligne, $3 \times 7 \times 11$ ou 231 dans la cinquième ligne, et $3 \times 7 \times 11 \times 11$ ou 231×11 ou 2541 se trouve dans la sixième ligne.

109. On appelle *plus petit commun multiple de plusieurs nombres*, le plus petit nombre qui soit divisible exactement par chacun des nombres donnés.

Règle. — *Pour former le plus petit commun multiple de plusieurs nombres donnés, on décompose ces nombres en leurs facteurs premiers, et on fait le produit de tous les facteurs premiers différents, contenus dans ces nombres, chacun étant pris avec son plus haut exposant.*

Soient les trois nombres $375 = 3 \times 5^3$, $315 = 3^2 \times 5 \times 7$, $441 = 3^2 \times 7^2$. On sait que pour qu'un nombre soit divisible par un autre il faut et il suffit qu'il contienne tous les facteurs premiers de cet autre, avec un exposant au moins égal ; donc, pour qu'un nombre soit multiple commun à 375, 315, 441, il faut et il suffit qu'il contienne 3

avec l'exposant 2, 5 avec l'exposant 3, 7 avec l'exposant 2.
Le nombre $3^2 \times 5^3 \times 7^2 = 55125$ est un multiple commun
à 375, 315 et 441, et c'est le plus petit possible, car tous les
facteurs premiers qu'il contient sont nécessaires pour qu'il
soit divisible par les nombres donnés.

Corollaire I. — Tout multiple commun à 375, 315 et 441
devra être égal à $3^2 \times 5^3 \times 7^2$ multiplié par un produit
d'autres facteurs premiers, ou par 1, ce sera donc un multiple quelconque de 55125; donc *tout multiple commun à
plusieurs nombres est un multiple de leur plus petit commun multiple.*

Corollaire II. — *Si les nombres donnés n'ont deux à
deux aucuns facteurs premiers communs, c'est-à-dire s'ils
sont premiers entre eux deux à deux, leur plus petit commun multiple est égal à leur produit.*

Si, par exemple, les nombres sont $8 = 2^3$, $63 = 3^2 \times 7$,
$605 = 5 \times 11^2$, leur plus petit commun multiple est $2^3 \times 3^3$
$\times 5 \times 7 \times 11^2$ ou $2^3 \times 3^2 \times 7 \times 5 \times 11^2$ ou $(2^3) \times (3^2 \times 7)$
$\times (5 \times 11^2) = 8 \times 63 \times 605$.

Ce théorème résulte aussi d'un théorème démontré
(96).

110. Règle. — *Lorsque plusieurs nombres sont décom-
posés en leurs facteurs premiers, leur plus grand commun
diviseur est égal au produit des facteurs premiers communs
à tous les nombres, chacun étant pris avec son plus faible
exposant (et c'est 1, s'il n'y a aucun facteur premier commun à tous les nombres).*

Soient les nombres $375 = 3 \times 5^3$, $225 = 3^2 \times 5^2$, $525 = 3$
$\times 5^2 \times 7$. On sait que pour qu'un nombre soit divisible par
un autre, il faut et il suffit qu'il contienne tous les facteurs
premiers contenus dans cet autre, avec un exposant au
moins égal. Un diviseur commun aux trois nombres donnés ne pourra contenir que 3 au plus à la première puissance et 5 au plus à la deuxième puissance, sans quoi il ne

diviserait pas les trois nombres; 3×5^2 ou 75 sera le plus grand diviseur *possible* commun aux trois nombres, et comme il divise ces trois nombres, c'est leur plus grand commun diviseur.

Si les nombres donnés sont $20 = 2^2 \times 5$, $90 = 2 \times 3^2 \times 5$, $21 = 7 \times 3$, leur plus grand commun diviseur est 1, car, quels que soient les facteurs premiers que l'on prenne, aucun ne se trouvera dans les trois nombres à la fois.

★ **111. Théorème.** — *Le produit du plus petit commun multiple de deux nombres par leur plus grand commun diviseur est égal au produit des deux nombres.*

Soient les deux nombres $8100 = 2^2 \times 3^4 \times 5^2$ et $46305 = 3^3 \times 5 \times 7^3$; leur plus petit commun multiple est $M = 2^2 \times 3^4 \times 5^2 \times 7^3$; leur plus grand commun diviseur est $D = 3^3 \times 5$; on a par suite $M \times D = (2^2 \times 3^4 \times 5^2 \times 7^3) \times (3^3 \times 5) = 2^2 \times 3^4 \times 5^2 \times 7^3 \times 3^3 \times 5 = (2^2 \times 3^4 \times 5^2) \times (3^3 \times 5 \times 7^3) = 8100 \times 46305$.

Corollaire. — *Si l'on a trouvé le plus grand commun diviseur de deux nombres, par la méthode des divisions successives, on aura le plus petit commun multiple des deux nombres en divisant leur produit par leur plus grand commun diviseur.*

Par cette méthode, on pourra éviter des décompositions en facteurs premiers, qui sont quelquefois pénibles; on le pourra aussi dans le cas plus général de plusieurs nombres, d'après la règle suivante :

★ **112. Règle.** — *Pour trouver le plus petit commun multiple de plusieurs nombres, il suffit de chercher celui du premier et du deuxième, celui du nombre obtenu et du troisième, et ainsi de suite jusqu'à ce qu'on ait employé le dernier nombre donné; le dernier nombre obtenu sera le plus petit commun multiple des nombres donnés.*

Soient les nombres 45, 60, 80, 100. Le plus petit commun

multiple de 45 et 60 est $\dfrac{45 \times 60}{15} = 180$. Tout multiple commun à 45, 60, 80, 100, sera multiple commun de 45 et de 60, et, par consé quent, multiple de 180; il sera multiple commun à 180, 80, 100; d'autre part, tout multiple commun à 180, 80, 100, étant multiple de 180, le sera de 45 et 60 et sera multiple commun à 45, 60, 80, 100. De même, le plus petit commun multiple à 180 et 80 est $\dfrac{180 \times 80}{20} = 720$; tout multiple commun à 180, 80 et 100 sera multiple commun à 720 et 100, et tout multiple commun à 720 et 100 sera multiple commun à 180, 80 et 100. En résumé, le plus petit multiple commun des nombres 45, 60, 80, 100 sera le même que celui des nombres 180, 80, 100, qui sera aussi le même que celui des nombres 720 et 100, c'est-à-dire $\dfrac{720 \times 100}{20} = 3600.$

LIVRE II.

CHAPITRE PREMIER.

DES PROPRIÉTÉS DES FRACTIONS ET DES NOMBRES FRACTIONNAIRES.

113. Notions préliminaires. — Certaines unités, certains objets, comme une ligne droite limitée, un angle, etc., peuvent être partagés, ou du moins être conçus comme partagés, en un nombre entier de parties égales entre elles. Nous considérerons, d'une façon abstraite, des unités quelconques de cette nature.

114. On appelle *fraction* d'une certaine unité *une ou plusieurs parties de l'unité divisée en parties égales.* Par exemple, si l'unité est divisée en 8 parties égales et si l'on prend 5 de ces parties, on a ce qu'on appelle une *fraction.*

Le nombre qui indique en combien de parties égales l'unité est partagée s'appelle le *dénominateur* de la fraction ; le nombre qui indique combien on prend de ces parties s'appelle le *numérateur* de la fraction. Dans l'exemple précédent, le dénominateur est 8 et le numérateur est 15. Le numérateur et le dénominateur d'une fraction s'appellent les deux *termes* de la fraction.

115. Pour *écrire une fraction*, on .écrit d'abord le numérateur, on le souligne et l'on écrit au-dessous le dénominateur. La fraction considérée plus haut s'écrit $\frac{5}{8}$ et elle se lit *cinq huitièmes*, conformément à la règle suivante.

116. Pour *énoncer une fraction*, on énonce d'abord le numérateur, puis un mot formé du nom du dénominateur suivi de la terminaison *ième*. — Toutefois, si le dénominateur est 2, 3 ou 4, on dit *demi, tiers, quart,* pour deuxième, troisième, quatrième ; quand le dénominateur est terminé à droite par un chiffre 9, on dit neuvième au lieu de neufième, par exemple cinq vingt-neuvièmes au lieu de cinq vingt-neufièmes.

Pour énoncer une fraction, on peut aussi énoncer le numérateur, puis le mot *sur* et le dénominateur. Ainsi la fraction $\frac{5}{8}$ s'énonce aussi 5 sur 8, c'est comme si l'on disait : la fraction dont le numérateur est 5 et le dénominateur 8.

117. On peut supposer que plusieurs unités de même espèce aient été partagées en parties égales ou de même dénomination. La réunion d'un nombre quelconque de ces parties s'appelle encore une *fraction*, dans le sens le plus général du mot.

Si, dans une fraction, le numérateur est plus petit que le dénominateur, la fraction est plus petite que l'unité, c'est une *fraction proprement dite ;* si le numérateur est égal au dénominateur, on a une *fraction égale à l'unité ;* si le numérateur est plus grand que le dénominateur, la fraction est plus grande que l'unité, on peut alors l'appeler une *expression fractionnaire.*

Si l'on a un certain nombre d'unités de même espèce, et qu'on y joigne une fraction proprement dite d'unité de même espèce que les premières, on a ce qu'on appelle un

nombre fractionnaire ; exemple, neuf unités et cinq huitièmes, ou simplement, neuf unités cinq huitièmes, qu'on
écrit $9\frac{5}{8}$, ou, si l'on veut, $9 + \frac{5}{8}$, cet ensemble étant assimilé
à une somme.

118. Dorénavant, nous entendrons par *nombre,* soit un
nombre entier, comme ceux que nous avons considérés
dans le premier livre, soit *une fraction,* soit *un nombre
fractionnaire.*

Si une ligne droite contient juste, dans sa longueur, 9 fois
la longueur bien connue du mètre, on dira que la longueur
considérée vaut 9 mètres ; et si une droite contient, dans
sa longueur, juste 9 mètres et $\frac{5}{8}$ de mètres, on dira qu'elle

vaut 9 mètres $\frac{5}{8}$.

On voit qu'un nombre fractionnaire pourra, dans certains cas, servir à évaluer une *grandeur* (1) par rapport à
une autre de même espèce, et bien connue, dans des cas où
les nombres entiers auraient été insuffisants.

On appelle quelquefois *unité fractionnaire* d'une certaine
espèce, l'une des parties qu'on obtient en partageant l'unité
en un certain nombre de parties égales.

Ainsi, *un huitième* est une *unité fractionnaire.*

119. Règle. — *Pour convertir un nombre fractionnaire en une fraction équivalente, on multiplie le dénominateur de la fraction par la partie entière et l'on ajoute au
résultat le numérateur de la fraction ; la fraction demandée est une fraction ayant cette somme pour numérateur,
et le dénominateur de l'ancienne fraction pour dénominateur.*

(1) On entend par *grandeur* une propriété d'un objet qui est
susceptible d'augmenter ou de diminuer, l'objet conservant toutes
ses autres propriétés. Ex. : *la longueur* d'une ligne, *le poids*
d'un corps, etc.

Soit $9\frac{5}{8}$; une unité vaut 8 huitièmes; 9 unités vaudront
9 fois 8 huitièmes ou 72 huitièmes, puisque $8 \times 9 = 72$, et
9 unités 5 huitièmes vaudront 72 huitièmes plus 5 huitièmes, ou 77 huitièmes, puisque $72 + 5 = 77$; la fraction
demandée est donc $\frac{77}{8}$.

Corollaire. — *Tout nombre entier est égal à une fraction
ayant un dénominateur donné, et pour numérateur le produit de l'entier donné par ce dénominateur.*

Ainsi, 9 unités $= \dfrac{8 \times 9}{8}$, ou $\dfrac{9 \times 8}{8}$, ou $\dfrac{72}{8}$.

120. Règle. — *Pour remplacer une fraction plus
grande que l'unité par un entier suivi d'une fraction proprement dite, on divisera* (d'après la règle connue de la
division des nombres entiers) *le numérateur de la fraction
donnée par son dénominateur, le quotient entier sera l'entier cherché tandis que la fraction proprement dite aura
pour numérateur le reste et pour dénominateur l'ancien
dénominateur.*

Soit $\frac{77}{8}$; l'unité vaut $\frac{8}{8}$; il faut chercher combien de fois
8 huitièmes sont contenus dans 77 huitièmes. La divi-
sion de 77 par 8 donne 9 pour quotient et 5 pour reste;
elle nous apprend que 77 unités valent 9 fois 8 unités, plus
5 unités; par suite, 77 huitièmes valent neuf fois 8 huitièmes plus 5 huitièmes, ou 9 fois l'unité primitive, plus
5 huitièmes; donc $\frac{77}{8} = 9\frac{5}{8}$.

121. Nous dirons qu'un nombre est, par exemple,
3 fois plus grand qu'un autre, lorsqu'il est égal à trois fois
cet autre.

Nous dirons qu'un nombre est, par exemple, 3 fois plus

petit qu'un autre, lorsque le premier est contenu 3 fois juste dans le second; c'est-à-dire lorsque le second est 3 fois plus grand que le premier.

Lorsque le numérateur d'une fraction augmente, la fraction augmente.

Si $7 > 5$, $\frac{7}{8} > \frac{5}{8}$; cela est évident.

Lorsque le numérateur d'une fraction diminue, la fraction diminue.

Lorsque le dénominateur d'une fraction augmente, la fraction diminue.

Par exemple, $\frac{5}{8} < \frac{5}{6}$, car $\frac{1}{8} < \frac{1}{6}$; en effet, $\frac{8}{8} = 1$, et $1 < \frac{8}{6}$, donc $\frac{8}{8} < \frac{8}{6}$, et, par suite, $\frac{1}{8} < \frac{1}{6}$.

Lorsque le dénominateur d'une fraction diminue, la fraction augmente.

122. Théorème. — *Pour rendre une fraction un certain nombre de fois plus grande, il suffit de multiplier son numérateur par ce nombre.*

Ainsi, $\frac{15}{8}$ est 3 fois plus grand que $\frac{5}{8}$, car 3 fois 5 unités $= 5 \times 3 = 15$ unités, donc 3 fois 5 huitièmes $= 15$ huitièmes.

123. Théorème. — *Pour rendre une fraction un certain nombre de fois plus petite, il suffit, s'il est possible, de diviser exactement son numérateur par ce nombre.*

Ainsi, $\frac{4}{7}$ est 3 fois plus petit que $\frac{12}{7}$, parce que $12 : 4 = 3$ et que $12 = 3$ fois 4 ; dès lors, $\frac{12}{7} = 3$ fois $\frac{4}{7}$.

124. Théorème. — *Pour rendre une fraction un cer-*

tain nombre de fois plus petite, il suffit de multiplier son dénominateur par ce nombre.

Par exemple, $\frac{5}{12}$ est 3 fois plus petit que $\frac{5}{4}$; on sait que 3 fois 5 unités $=$ 15 unités; par conséquent, 3 fois 5 douzièmes $=$ 15 douzièmes $=$ 5 fois 3 douzièmes et 3 douzièmes sont contenus juste 4 fois dans 12 douzièmes ou l'unité; donc, 3 douzièmes valent un quart; alors, 5 fois 3 douzièmes valent 5 quarts, c'est-à-dire que $\frac{5}{4} = 3$ fois $\frac{5}{12}$.

125. Théorème. — *Pour rendre une fraction un certain nombre de fois plus grande, il suffit, s'il est possible, de diviser son dénominateur par ce nombre.*

Ainsi, $\frac{5}{4}$ est 3 fois plus grand que $\frac{5}{12}$ parce que $\frac{5}{12}$ est 3 fois plus petit que $\frac{5}{4}$, attendu que si $12 : 3 = 4$, $12 = 4 \times 3$.

En résumé, on a deux manières de rendre une fraction un certain nombre de fois plus grande; l'une, toujours possible, consiste à *multiplier son numérateur par ce nombre;* l'autre consiste à *diviser exactement*, s'il est possible, *le dénominateur par le nombre.*

On a aussi deux manières de rendre une fraction un certain nombre de fois plus petite; l'une, toujours possible, consiste à *multiplier son dénominateur par ce nombre;* l'autre consiste à *diviser*, s'il est possible, *le numérateur par le nombre.*

126. Théorème. — *Une fraction ne change pas de valeur lorsqu'on multiplie ses deux termes par un même nombre.*

Soit la fraction $\frac{5}{8}$; si l'on multiplie son numérateur par 3, on obtient $\frac{15}{8}$, fraction 3 fois plus grande que $\frac{5}{8}$; si l'on multiplie par 3 le dénominateur de $\frac{15}{8}$, on obtient $\frac{15}{24}$, fraction 3 fois plus petite que $\frac{15}{8}$, qui est elle-même 3 fois plus grande que $\frac{5}{8}$; donc $\frac{15}{24} = \frac{5}{8}$.

Application. — Pour transformer la fraction $\frac{17}{25}$ en une autre ayant pour dénominateur 100, qui est un multiple de 25, on remarque que 100 : 25 = 4, donc 100 = 25 × 4; la fraction demandée sera $\frac{17 \times 4}{25 \times 4}$ ou $\frac{68}{100}$.

127. Théorème. — *Une fraction ne change pas de valeur quand on divise exactement ses deux termes par un même nombre.*

Soit la fraction $\frac{21}{35}$; en divisant son numérateur par 7, on obtient $\frac{3}{35}$, fraction 7 fois plus petite que $\frac{21}{35}$; en divisant par 7 le dénominateur de $\frac{3}{35}$, on obtient $\frac{3}{5}$, fraction 7 fois plus grande que $\frac{3}{35}$, qui était 7 fois plus petite que $\frac{21}{35}$; donc $\frac{3}{5} = \frac{21}{35}$.

Ce théorème peut souvent servir à *simplifier* les fractions, ce qui permet de s'en faire une idée plus nette.

Ainsi, $\frac{285}{540} = \frac{57}{108} = \frac{19}{36}$.

De même, on a

$$\frac{84 \times 17 \times 36}{24 \times 13 \times 35 \times 27} = \frac{7 \times 17 \times 36}{2 \times 13 \times 35 \times 27} = \frac{17 \times 36}{2 \times 13 \times 5 \times 27}$$
$$= \frac{17 \times 4}{2 \times 13 \times 5 \times 3} = \frac{17 \times 2}{13 \times 5 \times 3} = \frac{34}{13 \times 15} = \frac{34}{195}.$$

5.

Par les deux théorèmes précédents, on voit qu'on peut altérer, d'une certaine manière, les termes d'une fraction sans changer sa valeur.

Quand on dit que les fractions $\frac{3}{4}$ et $\frac{15}{20}$ sont *équivalentes*, on entend qu'avec les $\frac{15}{20}$ d'une unité concrète, divisible en parties égales, on peut former un tout identique aux $\frac{3}{4}$ de la même unité.

128. **Théorème.** — *Si les deux termes d'une fraction sont premiers entre eux, toute fraction qui lui est équivalente a pour termes les termes de la fraction primitive multipliés par un même nombre, c'est-à-dire des équimultiples de ceux de la première.*

Soit la fraction $\frac{5}{8}$, dont les deux termes sont premiers entre eux; supposons qu'elle soit équivalente à la fraction $\frac{a}{b}$ (lisez a sur b), dont les deux termes sont les nombres entiers a et b; on a $\frac{5}{8} = \frac{a}{b}$. Multiplions les deux termes de la première fraction par b et ceux de la deuxième par 8, les fractions ne changent pas de valeur (**126**); elles sont encore égales, et l'on a $\frac{5 \times b}{8 \times b} = \frac{a \times 8}{b \times 8}$, les dénominateurs sont égaux, car $8 \times b = b \times 8$ (**31**), donc les numérateurs sont égaux aussi; par suite, $5 \times b = a \times 8$; or, 5 divise évidemment $5 \times b$, il divise le produit égal $a \times 8$, il est premier avec 8, par hypothèse, donc, d'après un théorème démontré (**95**), il divise a; soit $a : 5 = k$ (k étant entier), on a $a = 5 \times k$, donc $5 \times b = 5 \times k \times 8$, et par conséquent $b = k \times 8 = 8 \times k$. Il est ainsi prouvé que a et b sont les produits de 5 et 8 par un même entier k.

Corollaire. — a et b seront les plus petits, les plus simples possible, lorsque l'entier k sera le plus petit possible, c'est-à-dire lorsque $k = 1$; alors $a = 5$, $b = 8$; donc, *si une fraction a ses deux termes premiers entre eux, elle est écrite avec les termes les plus simples possible.*

129. On dit qu'une fraction est *réduite à sa plus simple expression* ou qu'elle est *irréductible*, lorsqu'elle est réduite à avoir des termes aussi simples que possible. D'après le théorème précédent,

Une fraction dont les deux termes sont premiers entre eux est irréductible.

Il est d'ailleurs évident que *si une fraction est irréductible, les deux termes sont premiers entre eux.*

En effet, s'ils n'étaient pas premiers entre eux, on pourrait les diviser exactement par un même nombre (autre que 1) et l'on obtiendrait une fraction équivalente plus simple, par suite la fraction proposée ne serait pas irréductible.

130. Règle. — *Pour réduire une fraction à sa plus simple expression, il suffit de diviser ses deux termes par leur plus grand commun diviseur.*

D'abord, les divisions indiquées se feront exactement et la fraction n'aura pas changé de valeur; d'autre part, les termes de la nouvelle fraction seront premiers entre eux, car on sait (**93**) que si l'on divise deux nombres par leur plus grand commun diviseur, les quotients sont premiers entre eux; la fraction obtenue sera donc irréductible (**129**).

Ainsi, $\dfrac{3627}{6840} = \dfrac{3627 : 9}{6840 : 9} = \dfrac{403}{760}$, fraction irréductible.

131. Règle. — *Pour amener plusieurs fractions à avoir le même dénominateur, ou, comme on dit, pour les réduire au même dénominateur, il suffit de multiplier les deux termes de chacune d'elles par le produit des dénominateurs des autres.*

En opérant ainsi, on n'altère pas la valeur de chaque

fraction, mais on les amène toutes à avoir pour dénominateur un même nombre, qui est le produit de tous les dénominateurs.

On peut se proposer de réduire plusieurs fractions à avoir un même dénominateur aussi simple que possible; c'est ce qu'on appelle *réduire les fractions au plus petit dénominateur commun.*

132. Règle. — *Pour réduire plusieurs fractions au plus petit dénominateur commun, on réduit d'abord chacune d'elles à sa plus simple expression; on cherche le plus petit commun multiple des dénominateurs des nouvelles fractions, et on les réduit à avoir ce dénominateur commun; il suffit, pour cela, de diviser ce nombre par le dénominateur de chaque fraction et de multiplier les deux termes de la fraction par le quotient obtenu.*

Soient les fractions $\frac{35}{75}$, $\frac{13}{40}$, $\frac{55}{108}$, qui, réduites à leur plus simple expression, deviennent $\frac{7}{15}$, $\frac{13}{40}$, $\frac{5}{18}$; le plus petit commun multiple des dénominateurs est 360; 360 : 15 = 24, 360 : 40 = 9, 360 : 18 = 20; je multiplie les deux termes de la première par 24, ceux de la deuxième par 9 et ceux de la troisième par 20; j'obtiens $\frac{7 \times 24}{15 \times 24}$, $\frac{13 \times 9}{40 \times 9}$, $\frac{5 \times 20}{18 \times 20}$; les fractions n'ont pas changé de valeur; le dénominateur de la première est 360, car si 360 : 15 = 24, 360 = 15 × 24, de même les dénominateurs des autres fractions sont aussi 360; elles sont donc réduites au même dénominateur; il reste à prouver que c'est *le plus petit possible.*

On sait (**128**) que pour qu'une fraction soit égale à la fraction $\frac{7}{15}$, dont les deux termes sont premiers entre eux, il faut que les termes de cette fraction soient les produits de 7 et de 15 par un même nombre entier; il faut donc choisir pour dénominateur commun un multiple de 15; de même on verrait, pour les deux autres fractions, qu'il faut choisir un multiple de 40 et de 18; c'est donc un multiple commun à 15, 40, 18; on a choisi le plus petit possible, c'est-à-dire leur plus petit commun multiple.

Il n'est pas toujours facile de dire, à première vue, laquelle est la plus grande de deux fractions données. Il suffira alors de les réduire au même dénominateur, celle qui aura le plus grand numérateur sera la plus grande.

Exemple, $\frac{5}{7} < \frac{51}{71}$, parce que $\frac{5}{7} = \frac{355}{7 \times 71}$ et que $\frac{51}{71} = \frac{357}{7 \times 71}$, or $\frac{355}{7 \times 71} < \frac{357}{7 \times 71}$.

★133. Théorème. — *Lorsqu'on ajoute un même nombre aux deux termes d'une fraction* (différente de l'unité), *la valeur de la fraction s'approche de l'unité.*

Soit la fraction $\frac{5}{7} < 1$; ajoutons 3 aux deux termes, nous obtenons $\frac{8}{10}$; l'unité vaut $\frac{7}{7}$ ou $\frac{10}{10}$; à la première, il manque 7 septièmes moins 5 septièmes ou 2 septièmes pour atteindre l'unité; à la seconde, il manque 10 dixièmes moins 8 dixièmes ou 2 dixièmes pour atteindre l'unité; donc la deuxième diffère moins de l'unité que la première.

Soit la fraction $\frac{9}{7}$; ajoutant 3 aux deux termes, on obtient $\frac{12}{10}$; la première surpasse l'unité de $\frac{2}{7}$, la seconde surpasse l'unité de $\frac{2}{10}$, donc elle diffère moins de l'unité que la première.

Remarque. — Si la fraction donnée est égale à l'unité, elle ne change pas quand on ajoute un même nombre à ses deux termes.

Ainsi, $\dfrac{7}{7} = \dfrac{9}{9}$, car $\dfrac{7}{7} = 1$ et $\dfrac{9}{9} = 1$.

Corollaire. — Si, aux deux termes de la fraction $\dfrac{5}{7}$, on ajoute un même nombre n, la fraction obtenue différera de l'unité de $\dfrac{2}{7+n}$, quantité qui deviendra aussi petite qu'on voudra si l'on fait croître n de plus en plus, on dira alors que $\dfrac{5+n}{7+n}$ a pour *limite* 1, lorsque n augmente indéfiniment.

★ **134.** **Théorème.** — *Si l'on diminue les deux termes d'une fraction d'un même nombre, la valeur de la fraction s'éloigne de l'unité,* ou reste égale à l'unité si la fraction donnée est égale à l'unité.

Ce théorème résulte du précédent; il peut aussi se démontrer directement, d'une manière analogue.

135. **Généralisation des quatre opérations fondamentales.** — Les quatre opérations fondamentales que l'on peut avoir à effectuer sur les nombres entiers ou sur les nombres fractionnaires sont l'addition, la soustraction, la multiplication et la division.

Dans le premier livre, nous avons traité des quatre opérations portant les mêmes noms, appliquées aux nombres entiers. Nous généraliserons les définitions de manière que ces définitions puissent s'appliquer désormais à des nombres quelconques, entiers ou fractionnaires. Nous conserverons les mêmes dénominations et les mêmes signes pour les mêmes opérations, et nous aurons soin que les définitions primitives rentrent dans les définitions nouvelles généralisées.

La plupart des théorèmes relatifs aux opérations sur les nombres entiers seront aussi généralisés.

Les usages des quatre opérations seront analogues, mais généralisés.

Les opérations sur les nombres fractionnaires se ramènent toujours à des opérations effectuées sur des nombres
entiers et dont on pourra faire les preuves successives,
d'après les règles connues.

CHAPITRE II.

ADDITION DES NOMBRES FRACTIONNAIRES.

136. **Définition générale de l'addition des nombres.**—
*L'addition de plusieurs nombres est une opération qui
a pour but de réunir en un seul nombre toutes les unités
et parties d'unités, contenues dans les nombres donnés.*

137. **Règle.** — *Pour faire la somme de plusieurs fractions, il suffit de réduire toutes ces fractions au même
dénominateur (le plus petit, en général, sera préférable),
de faire la somme des numérateurs et de donner à cette
somme le dénominateur commun.*

Soit la somme $\frac{7}{9} + \frac{5}{6} + \frac{17}{24}$; on réduit les fractions au

même dénominateur 72 et l'on obtient $\frac{56}{72}, \frac{60}{72}, \frac{51}{72}$; on sait que

$56 + 60 + 51 = 167$; donc 56 unités $+$ 60 unités $+$ 51 unités égalent 167 unités ; donc 56 soixante-douzièmes
$+$ 60 soixante-douzièmes $+$ 51 soixante-douzièmes éga-

lent 167 soixante-douzièmes ou $\frac{56}{72} + \frac{60}{72} + \frac{51}{72} = \frac{167}{72}$, tel est

le résultat demandé.

REMARQUE. — Il convient, si la fraction obtenue dépasse
l'unité, d'extraire les entiers, et de simplifier, s'il y a lieu;

le résultat $\frac{167}{72} = 2\frac{23}{72}$.

138. Règle. — *Pour faire la somme de plusieurs nom-*

*bres fractionnaires, ou de plusieurs nombres fraction-
naires et de plusieurs nombres entiers, on fait d'abord la
somme des fractions complémentaires; on met la fraction
obtenue, s'il y a lieu, sous la forme d'un entier et d'une
fraction proprement dite; on ajoute l'entier (et zéro s'il n'y
en a pas) à tous les autres entiers, et la somme définitive
se compose de la somme entière obtenue et de la fraction
restante.*

Soit la somme $8\frac{3}{4} + \frac{5}{6} + 7\frac{22}{33} + 11$; elle est égale à $\frac{3}{4}$

$+\frac{5}{6}+\frac{22}{33}+8+7+11$ ou à $\left(\frac{3}{4}+\frac{5}{6}+\frac{22}{33}\right)+8+7+11$;

or $\frac{3}{4}+\frac{5}{6}+\frac{22}{33}=\frac{3}{4}+\frac{5}{6}+\frac{2}{3}=\frac{9}{12}+\frac{10}{12}+\frac{8}{12}=\frac{9+10+8}{12}$

$=\frac{27}{12}=2\frac{3}{12}=2\frac{1}{4}$; donc la somme demandée égale $2\frac{1}{4}$

$+8+7+11=2+\frac{1}{4}+8+7+11=2+8+7+11+\frac{1}{4}$

$=(2+8+7+11)+\frac{1}{4}=28+\frac{1}{4}=28\frac{1}{4}.$

★139. Nous avons admis comme évidents les principes
suivants :

*Pour ajouter à un nombre donné la somme de plusieurs
nombres, il suffit d'ajouter au nombre donné, successivement, chacun des autres nombres.*

*La somme de plusieurs nombres ne change pas, quel
que soit l'ordre dans lequel on les ajoute.*

Pour que ces principes deviennent tout à fait évidents,
comme pour les nombres entiers, il suffit de concevoir
tous les nombres considérés comme convertis en fractions
de même dénominateur, ou en unités fractionnaires de
même espèce.

Si a, b, c, d, e désignent des nombres quelconques entiers ou fractionnaires, les deux principes énoncés s'expri-
meront brièvement par les égalités 1° $a+(b+c+d+e)$

$= a + b + c + d + e$, et 2° $b + c + e + d + a = a + b + c + d + e$.

140. **Usages de l'addition des nombres quelconques.** — Cette opération servira évidemment à trouver le nombre d'unités concrètes et de parties d'unité concrète contenues dans plusieurs nombres concrets, représentant des unités concrètes et des parties d'unité concrète de *même espèce*. On pourra dire encore que la somme des parties est de même nature que ces parties.

On apprendra, par exemple, en géométrie, que pour avoir le nombre (entier ou fractionnaire) de degrés de l'angle qu'on définit comme la somme de plusieurs angles donnés, il suffit de faire la somme des nombres (entiers ou fractionnaires) de degrés de chaque angle, et il en sera, en général, de même de toutes les grandeurs mesurables, quand elles seront exprimées en unités et parties d'unité de même espèce.

CHAPITRE III.

SOUSTRACTION DES NOMBRES FRACTIONNAIRES.

141. **Définition générale de la soustraction des nombres.** — *La soustraction est une opération qui a pour but, étant donnés deux nombres quelconques, de retrancher du plus grand toutes les unités et parties d'unité contenues dans le plus petit.*

142. Règle. — *Pour retrancher une fraction plus petite d'une autre plus grande, on réduit les deux fractions données au même dénominateur* (le plus petit, en général, sera préférable); *puis on retranche le numérateur de la plus petite de celui de la plus grande et l'on donne à la différence le dénominateur commun.*

Soit à calculer la différence $\frac{5}{6} - \frac{12}{27}$, ou $\frac{5}{6} - \frac{4}{9}$. Je ramène

les deux fractions données à avoir le même dénomina-
teur 18, la différence considérée sera $\frac{15}{18} - \frac{8}{18}$; or, 15 — 8
= 7, donc 15 unités moins 8 unités = 7 unités; par consé-
quent, 15 dix-huitièmes moins 8 dix-huitièmes = 7 dix-
huitièmes; la différence demandée est $\frac{7}{18}$.

REMARQUE. — Il convient de simplifier le résultat, s'il y a
lieu.

143. Règle. — *Pour retrancher un nombre fractionnaire d'un autre plus grand, on retranche, s'il est possible,
la fraction du plus petit nombre de celle du plus grand,
et l'entier du plus petit nombre de l'entier du plus grand;
le reste se composera de l'entier obtenu joint à la fraction
obtenue. — Si la fraction du plus petit nombre ne peut se
retrancher de celle du plus grand, on ajoutera à celle-ci
une fraction de même dénominateur, équivalente à l'unité,
et l'on ajoutera, par compensation, une unité à l'entier du
plus petit nombre ; on rentrera dans le cas précédent.*

1° Soit $23\frac{4}{5} - 6\frac{5}{8}$; réduisons $\frac{4}{5}$ et $\frac{5}{8}$ au même dénominateur,

nous obtenons $\frac{32}{40}$ et $\frac{25}{40}$; la différence demandée est $23\frac{32}{40}$

$- 6\frac{25}{40}$, ou $\left(23 + \frac{32}{40}\right) - \left(6 + \frac{25}{40}\right) = 23 + \frac{32}{40} - 6 - \frac{25}{40}$

$= 23 - 6 + \frac{32}{40} - \frac{25}{40} = (23 - 6) + \left(\frac{32}{40} - \frac{25}{40}\right) = 17 + \frac{7}{40}$.

2° Soit $23\frac{1}{6} - 6\frac{5}{8}$; cette différence égale $\left(23\frac{4}{24} - 6\frac{15}{24}\right)$,

ou $\left(23\frac{4}{24} + 1\right) - \left(6\frac{15}{24} + 1\right) = \left(23 + \frac{4}{24} + \frac{21}{24}\right) - \left(6 + 1\right.$

$\left. + \frac{15}{24}\right) = \left(23 + \frac{28}{24}\right) - \left(7 + \frac{15}{24}\right) = 16 + \frac{13}{24}$.

3° $23 - 6\frac{5}{8} = \left(23 + \frac{8}{8}\right) - \left(7 + \frac{5}{8}\right) = 16 + \frac{3}{8}$.

*144. Dans tout ce qui précède, nous avons admis quelques-uns des principes suivants : .

1° *Pour retrancher d'un nombre quelconque la somme de plusieurs nombres quelconques, il suffit de retrancher de ce nombre successivement chacune des parties de la somme.*

2° *La différence de deux nombres ne change pas lorsqu'on augmente chacun d'eux d'un même nombre.*

3° *Pour ajouter à un nombre la différence de deux autres, il suffit de lui ajouter d'abord le plus grand et de retrancher ensuite le plus petit.*

4° *Pour retrancher d'un nombre donné la différence de deux nombres, on ajoute au nombre donné le plus petit nombre et l'on retranche ensuite le plus grand.*

Ces propositions ont été établies pour des nombres entiers (**24**). Pour les étendre à des nombres quelconques, il suffit de les supposer convertis en unités fractionnaires de même espèce.

Par exemple, $2\frac{1}{3} + \left(5\frac{1}{4} - 2\frac{1}{2}\right) = 2\frac{1}{3} + 5\frac{1}{4} - 2\frac{1}{2}$; en

effet, $2\frac{1}{3} + \left(5\frac{1}{4} - 2\frac{1}{2}\right) = \frac{7}{3} + \left(\frac{21}{4} - \frac{3}{2}\right) = \frac{28}{12} + \left(\frac{63}{12} - \frac{18}{12}\right)$

$= \frac{28}{12} + \frac{63}{12} - \frac{18}{12}$, parce que $28 + (63 - 18) = 28 + 63 - 18$;

donc $2\frac{1}{3} + \left(5\frac{1}{4} - 2\frac{1}{2}\right) = \frac{28}{12} + \frac{63}{12} - \frac{18}{12} = \frac{7}{3} + \frac{21}{4} - \frac{3}{2} = 2\frac{1}{3}$

$+ 5\frac{1}{4} - 2\frac{1}{2}$.

Si a, b, c, d désignent des nombres quelconques, les propositions énoncées s'expriment :

1° $a - (b + c + d) = a - b - c - d$

2° $(a + b) - (c + b) = a - c$;

3° $a + (b - c) = a + b - c$;

4° $a - (b - c) = a + c - b$.

145. Usages de la soustraction des nombres quelcon-

ques. — La soustraction des nombres quelconques servira
à résoudre, quand les données sont des nombres *quelconques* (entiers ou fractionnaires), les problèmes que résout
la soustraction des nombres entiers, quand les données
sont des nombres entiers.

Par exemple, étant donné un nombre quelconque et l'une
de ses deux parties, si on la retranche du nombre donné,
on retrouve l'autre partie pour reste.

La soustraction est l'opération inverse de l'addition.

CHAPITRE IV.

MULTIPLICATION DES NOMBRES FRACTIONNAIRES.

146. Définition générale de la multiplication. — *La*
multiplication *est une opération qui a pour but, étant donnés deux nombres, l'un nommé* **multiplicande**, *et l'autre*
multiplicateur, *de former un troisième nombre, nommé*
produit, *qui soit composé avec le multiplicande, comme
le multiplicateur est composé avec l'*unité.

147. D'après cette définition :

Multiplier un nombre par 5, par exemple, c'est répéter
5 fois ce nombre, parce que 5 vaut 5 fois l'unité. On voit
que la définition générale de la multiplication concorde
avec celle de la multiplication des nombres entiers.

Multiplier un nombre par $\frac{1}{5}$, c'est en prendre le cinquième ;
en d'autres termes, c'est partager le multiplicande en 5 parties égales et prendre l'une de ces parties, parce que $\frac{1}{5}$ est
l'une des parties de l'unité divisée en 5 parties égales.

Multiplier un nombre par $\frac{3}{5}$, c'est prendre 3 fois la cinquième partie de ce nombre, parce que $\frac{3}{5}$ valent 3 fois la cinquième partie de l'unité.

Multiplier un nombre par $2\frac{3}{5}$ ou par $\frac{13}{5}$, c'est prendre 2 fois ce nombre plus les $\frac{3}{5}$ de ce nombre, ou les $\frac{13}{5}$ de ce nombre, parce que $2\frac{3}{5}$ ou $\frac{13}{5}$ valent 2 fois l'unité plus les $\frac{3}{5}$ de l'unité ou les $\frac{13}{5}$ de l'unité.

On voit, d'après la définition générale de la multiplication, que *le produit sera supérieur, égal ou inférieur au multiplicande, suivant que le multiplicateur est supérieur, égal ou inférieur à l'unité.*

148. Règle. — *Pour multiplier une fraction par un nombre entier, on multiplie le numérateur de la fraction par ce nombre.*

Soit $\frac{3}{5}$ à multiplier par 7; il faut prendre 7 fois $\frac{3}{5}$, ce qui donne (**122**) $\frac{21}{5}$. On peut extraire les unités entières et l'on a $4\frac{1}{5}$.

149. Règle. — *Le produit d'un nombre entier par une fraction est une fraction qui a pour numérateur le produit du nombre entier par le numérateur de la fraction, et pour dénominateur, le dénominateur de la fraction.*

Soit 7 à multiplier par $\frac{3}{5}$; il faut répéter 3 fois le cinquième de 7; or, le cinquième de 7 est $\frac{7}{5}$, car 5 fois $\frac{7}{5}$ font $\frac{7\times5}{5}$, ou $\frac{5\times7}{5}$, ou $\frac{5}{5}\times7$, ou 1×7, ou 7; les $\frac{3}{5}$ de 7 seront

3 fois $\frac{7}{5}$, ou (**122**) $\frac{7 \times 3}{5}$, ou $\frac{21}{5}$, qui est le produit demandé. On peut extraire les unités entières, on a $4\frac{1}{5}$.

Corollaire. — *Pour partager un nombre entier en un certain nombre de parties égales, on donne à cet entier, pour dénominateur, le nombre qui indique le nombre des parties.*

150. Règle. — *Le produit de deux fractions est une fraction qui a pour numérateur le produit des numérateurs, et pour dénominateur le produit des dénominateurs des fractions données.* — Plus brièvement : *Pour multiplier deux fractions entre elles, on multiplie les numérateurs entre eux et les dénominateurs entre eux.*

Soit $\frac{3}{4}$ à multiplier par $\frac{5}{7}$; il faut prendre les $\frac{5}{7}$ de $\frac{3}{4}$; le septième de $\frac{3}{4}$ est $\frac{3}{4 \times 7}$, parce que 7 fois cette fraction égale $\frac{3 \times 7}{4 \times 7}$, ou $\frac{3}{4}$; 5 fois le septième de $\frac{3}{4}$ vaudront 5 fois $\frac{3}{4 \times 7}$, ou $\frac{3 \times 5}{4 \times 7}$, qui est le produit demandé; en effectuant on obtient $\frac{15}{28}$; on simplifiera, lorsqu'il y aura lieu, avant d'effectuer.

* REMARQUE. — On peut considérer cette règle comme comprenant les trois cas précédents, si l'on convient d'écrire un entier sous la forme d'une fraction ayant pour dénominateur 1. Par exemple, si l'on écrit 7 sous la forme $\frac{7}{1}$, on aura $\frac{3}{5} \times 7 = \frac{3 \times 7}{5}$, ou $\frac{3}{5} \times \frac{7}{1} = \frac{3 \times 7}{5 \times 1}$; on aura $7 \times \frac{3}{5} = \frac{7 \times 3}{\cdot 5}$, ou $\frac{7}{1} \times \frac{3}{5} = \frac{7 \times 3}{1 \times 5}$, et même $7 \times 9 = \frac{7}{1} \times \frac{9}{1} = \frac{7 \times 9}{1 \times 1} = \frac{7 \times 9}{1}$ $= 7 \times 9$.

151. Règle. — *Pour multiplier un nombre fraction-naire par un autre, il suffit de réduire les deux nombres donnés en fractions, de multiplier ces fractions l'une par l'autre, et de mettre le produit sous la forme d'un nombre fractionnaire.*

Soit $6\frac{3}{4} \times 8\frac{5}{9}$; $6\frac{3}{4} = \frac{27}{4}$, $8\frac{5}{9} = \frac{77}{9}$; le produit demandé

égale $\frac{27}{4} \times \frac{77}{9} = \frac{27 \times 77}{4 \times 9} = \frac{3 \times 77}{4} = \frac{231}{4} = 57.\frac{3}{4}$.

REMARQUE. — Si l'un des facteurs est entier, on le lais-sera sous cette forme.

Ainsi, $6\frac{3}{4} \times 8 = \frac{27}{4} \times 8 = \frac{27 \times 8}{4} = \frac{27 \times 4}{2} = 54$.

152. Comme dans les nombres entiers, on peut consi-dérer un produit de plusieurs facteurs.

Il est facile de généraliser les théorèmes et corollaires relatifs à l'interversion des facteurs, ou qui en sont des conséquences; il suffit, pour cela, de faire voir que les deux premiers théorèmes sont entièrement généraux.

★ **153**. Théorème. — *Un produit de deux facteurs quel-conques ne change pas quand on intervertit l'ordre des facteurs.*

Nous allons prouver, par exemple, que $\frac{5}{7} \times 3\frac{3}{4} = 3\frac{3}{4}$

$\times \frac{5}{7}$; en effet, on sait qu'un produit de deux facteurs en-tiers ne change pas quand on intervertit l'ordre des fac-teurs; si d'ailleurs on remarque que $3\frac{3}{4} = \frac{15}{4}$, on aura :

$\frac{5}{7} \times 3\frac{3}{4} = \frac{5}{7} \times \frac{15}{4} = \frac{5 \times 15}{7 \times 4} = \frac{15 \times 5}{4 \times 7} = \frac{15}{4} \times \frac{5}{7} = 3\frac{3}{4} \times \frac{5}{7}$;
le théorème est démontré.

★154. Théorème. — *Un produit de trois facteurs ne change pas quand on intervertit l'ordre des deux derniers.*

Ainsi, $\dfrac{56}{8} \times \dfrac{9}{7} \times \dfrac{3}{4} = \dfrac{56}{8} \times \dfrac{3}{4} \times \dfrac{9}{7}$; car ces deux produits sont respectivement égaux à

$$\frac{56 \times 9 \times 3}{8 \times 7 \times 4} \quad \text{et} \quad \frac{56 \times 3 \times 9}{8 \times 4 \times 7},$$

or, d'après un théorème démontré, $56 \times 9 \times 3 = 56 \times 3 \times 9$, $8 \times 7 \times 4 = 8 \times 4 \times 7$.

Dès lors, on peut considérer comme généralisées les propositions exprimées par les égalités suivantes, dans lesquelles a, b, c, d, e, f sont des nombres quelconques (entiers ou fractionnaires).

1° $a \times b = b \times a$;

2° $a \times b \times c = a \times c \times b$;

3° $a \times b \times c \times d \times e = a \times b \times c \times e \times d$;

4° $a \times b \times c \times d \times e = a \times b \times d \times c \times e$;

5° $a \times b \times c \times d \times e = d \times c \times e \times a \times b$;

6° $a \times b \times c \times d \times e \times f = a \times d \times (b \times e \times c) \times f$

7° $a \times d \times (b \times e \times c) \times f = a \times b \times c \times d \times e \times f$;

8° $(a \times b \times c) \times d = a \times (b \times d) \times c$;

9° $a \times (b \times c \times d) = [(a \times b) \times c] \times d$.

★155. Théorème. — *Pour multiplier l'un par l'autre deux facteurs dont l'un est une somme de plusieurs parties, il suffit de multiplier chacune des parties de la somme par l'autre facteur, et de faire la somme des résultats.*

1° Soit $\left(3 + \dfrac{5}{7} + 2\dfrac{1}{4}\right) \times 7$; il est clair que ce produit égale 7 fois $\left(3 + \dfrac{5}{7} + 2\dfrac{1}{4}\right)$ ou 7 fois 3, plus 7 fois $\dfrac{5}{7}$, plus 7 fois $2\dfrac{1}{4}$, c'est-à-dire $3 \times 7 + \dfrac{5}{7} \times 7 + 2\dfrac{1}{4} \times 7$.

2° Soit $\left(3 + \frac{5}{7} + 2\frac{1}{4}\right) \times \frac{1}{5}$; le résultat est $\frac{1}{5}$ de $\left(3 + \frac{5}{7}\right.$ $\left. + 2\frac{1}{4}\right)$ ou $\frac{1}{5}$ de $3 + \frac{1}{5}$ de $\frac{5}{7} + \frac{1}{5}$ de $2\frac{1}{4}$, ou $3 \times \frac{1}{5} + \frac{5}{7} \times \frac{1}{5}$ $+ 2\frac{1}{4} \times \frac{1}{5}$.

3° Soit $\left(3 + \frac{5}{7} + 2\frac{1}{4}\right) \times \frac{14}{5}$; ce produit $= 14$ fois $\frac{1}{5}$ de $\left(3 + \frac{5}{7} + 2\frac{1}{4}\right) = 14$ fois $\left(\frac{1}{5} \text{ de } 3 + \frac{1}{5} \text{ de } \frac{5}{7} + \frac{1}{5} \text{ de } 2\frac{1}{4}\right) = \frac{14}{5}$ de $3 + \frac{14}{5}$ de $\frac{5}{7} + \frac{14}{5}$ de $2\frac{1}{4} = 3 \times \frac{14}{5} + \frac{5}{7} \times \frac{14}{5} + 2\frac{1}{4} \times \frac{14}{5}$.

Enfin, soit $2\frac{4}{5} \times \left(3 + \frac{5}{7} + 2\frac{1}{4}\right)$; ce produit égale $\left(3 + \frac{5}{7}\right.$ $\left. + 2\frac{1}{4}\right) \times 2\frac{4}{5} = 3 \times 2\frac{4}{5} + \frac{5}{7} \times 2\frac{4}{5} + 2\frac{1}{4} \times 2\frac{4}{5}$.

*156. **Théorème.** — *Le produit de la différence de deux nombres par un certain facteur est égal à la différence des produits de ces deux nombres par ce facteur.*

Soit $\left(13\frac{1}{4} - 7\frac{1}{2}\right) \times \frac{3}{7}$. Désignons par a la différence $13\frac{1}{4}$ $- 7\frac{1}{2}$; alors $13\frac{1}{4} = 7\frac{1}{2} + a$, $13\frac{1}{4} \times \frac{3}{7} = \left(7\frac{1}{2} + a\right) \times \frac{3}{7} = 7\frac{1}{2}$ $\times \frac{3}{7} + a \times \frac{3}{7}$; par conséquent, $13\frac{1}{4} \times \frac{3}{7} - 7\frac{1}{2} \times \frac{3}{7} = a \times \frac{3}{7}$ $= \left(13\frac{1}{4} - 7\frac{1}{2}\right) \times \frac{3}{7}$.

Les deux derniers théorèmes donnent lieu aux égalités suivantes :

1° $(a + b + c) \times d = a \times d + b \times d + c \times d$;
2° $d \times (a + b + c) = a \times d + b \times d + c \times d = d \times a + d \times b + d \times c$;
3° $(a - b) \times c = a \times c - b \times c$;
4° $a \times (b - c) = (b - c) \times a = b \times a - c \times a$.

6

157. *Applications.* — $5\frac{1}{4} \times 4\frac{8}{15} = \left(5 + \frac{1}{4}\right) \times \left(4 + \frac{8}{15}\right)$

$= \left(5 + \frac{1}{4}\right) \times 4 + \left(5 + \frac{1}{4}\right) \times \frac{8}{15} = 5 \times 4 + \frac{1}{4} \times 4 + 5 \times \frac{8}{15}$

$+ \frac{1}{4} \times \frac{8}{15}$.

On voit *que le produit de deux nombres fractionnaires est aussi égal à la somme des produits suivants : le produit des deux entiers, le produit du premier entier par la deuxième fraction, le produit du deuxième entier par la première fraction, le produit des deux fractions.*

158. Usages de la multiplication des nombres quelconques. — La multiplication des nombres quelconques sert à résoudre, quand les données sont quelconques, les problèmes de même nature que ceux que résout la multiplication des entiers, quand les données sont des entiers.

1° *Quel est le prix de* 7 m. $\frac{2}{3}$ *d'étoffe, si chaque mètre coûte* 6 fr. $\frac{3}{4}$?

Il est clair que 7 m. $\frac{2}{3}$ ou $\frac{23}{3}$ de mètre valent les $\frac{23}{3}$ de 6 $\frac{3}{4}$; ou, d'après la définition générale de la multiplication, $6\frac{3}{4}$ $\times \frac{23}{3}$ ou $6\frac{3}{4} \times 7\frac{2}{3}$; c'est-à-dire $\frac{27}{4} \times \frac{23}{3} = \frac{27 \times 23}{4 \times 3} = \frac{9 \times 23}{4}$ $= \frac{167}{4} = 41$ fr. $\frac{3}{4}$.

Connaissant le prix d'une unité, pour avoir le prix d'un certain nombre (entier ou fractionnaire) d'unités, on multiplie le prix d'une unité par le nombre d'unités.

2° *Combien* 3 h. $\frac{5}{12}$ *valent-elles de minutes?*

Une heure vaut 60 minutes, 3 h. $\frac{5}{12}$ ou $\frac{41}{12}$ valent les $\frac{41}{12}$ de 60, ou $60 \times \frac{41}{12}$, ou $60 \times 3\frac{5}{12} = 205$ minutes.

159. Fractions de fractions. — On appelle *fraction d'une fraction* une ou plusieurs parties égales de cette fraction divisée en parties égales; exemple, $\frac{3}{4}$ de $\frac{5}{7}$ est une fraction de fraction; $\frac{3}{4}$ de $\frac{5}{7} = \frac{5}{7} \times \frac{3}{4}$, d'après la définition de la multiplication; $\frac{3}{4}$ de $\frac{5}{7} = \frac{5 \times 3}{7 \times 4} = \frac{15}{28}$ de l'unité.

De même, $\frac{3}{4}$ de $\frac{5}{7}$ de $\frac{8}{9} = \frac{3}{4}$ de $\left(\frac{8}{9} \times \frac{5}{7}\right) = \left(\frac{8}{9} \times \frac{5}{7}\right) \times \frac{3}{4} = \frac{8}{9}$ $\times \frac{5}{7} \times \frac{3}{4}$, ou, si l'on veut, $\frac{3}{4} \times \frac{5}{7} \times \frac{8}{9} = \frac{3 \times 5 \times 8}{4 \times 7 \times 9} = \frac{5 \times 2}{7 \times 3}$ $= \frac{10}{21}$ d'unité.

D'où la règle :

Pour convertir une fraction de fraction en fraction d'unité, on multiplie l'une par l'autre les fractions partielles qui servent à énoncer la fraction de fraction.

160. Puissances des nombres quelconques. — Les définitions et les manières d'écrire seront les mêmes que celles adoptées pour les nombres entiers; mais les exposants seront toujours des nombres entiers.

Les théorèmes démontrés relativement aux puissances des nombres entiers subsistent comme conséquences de théorèmes sur les nombres quelconques qui ont été généralisés.

161. *Pour élever une fraction à une certaine puissance, il suffira d'élever chaque terme de la fraction à la même puissance.*

Ainsi, $\left(\dfrac{3}{7}\right)^2 = \dfrac{3}{7} \times \dfrac{3}{7} = \dfrac{3 \times 3}{7 \times 7} = \dfrac{3^2}{7^2}, \left(\dfrac{3}{7}\right)^4 = \dfrac{3}{7} \times \dfrac{3}{7} \times \dfrac{3}{7} \times \dfrac{3}{7}$

$= \dfrac{3 \times 3 \times 3 \times 3}{7 \times 7 \times 7 \times 7} = \dfrac{3^4}{7^4}.$

162. Théorème. — *Le carré de la somme de deux nombres est égal à la somme des carrés des deux nombres, plus leur double produit.*

En effet, $(a+b)^2 = (a+b) \times (a+b) = (a+b) \times a + (a + b) \times b = a \times a + b \times a + a \times b + b \times b = a^2 + a \times b + a \times b + b^2 = a^2 + 2 \times a \times b + b^2.$

★ **163.** Théorème. — *Le carré de la différence de deux nombres est égal à la somme des carrés des deux nombres, moins leur double produit.*

En effet, $(a-b)^2 = (a-b) \times (a-b) = (a-b) \times a - (a - b) \times b = (a \times a - a \times b) - (a \times b - b \times b) = a \times a - a \times b + b \times b - a \times b = a \times a + b \times b - a \times b - a \times b = a^2 + b^2 - 2 \times a \times b.$

★ **164.** Théorème. — *La somme de deux nombres, multipliée par leur différence, donne pour produit la différence de leurs carrés.*

En effet, $(a+b) \times (a-b) = (a+b) \times a - (a+b) \times b = (a \times a + b \times a) - (a \times b + b \times b) = a \times a + b \times a - b \times a - b \times b = a \times a - b \times b = a^2 - b^2.$

CHAPITRE V.

DIVISION DES NOMBRES FRACTIONNAIRES.

165. **Définition générale de la division des nombres.** — *La division est une opération qui a pour but, étant donnés deux nombres, l'un nommé* **dividende**, *l'autre nommé* **divi-**

seur, *de trouver un troisième nombre nommé* **quotient,** *qui, multiplié par le diviseur, donne pour produit le dividende.*

166. *Trouver le quotient exact d'un nombre entier divisé par un autre.* — Soit à diviser 357 par 16. Il suffit, pour avoir le quotient, de partager 357 en 16 parties égales et l'on sait (**149**) que le résultat est $\frac{357}{16}$. En effet, il est facile de voir que c'est là le quotient, car

$$16 \times \frac{357}{16} = \frac{16 \times 357}{16} = \frac{16}{16} \times 357 = 1 \times 357 = 357.$$

Donc *le quotient exact d'un nombre entier par un autre est égal à une fraction ayant pour numérateur le dividende et pour dénominateur le diviseur.*

Inversement, une fraction peut être considérée comme le quotient exact du numérateur divisé par le dénominateur.

Reprenons la fraction $\frac{357}{16}$; pour extraire les entiers, on cherchera combien de fois 16 est contenu dans 357; on reconnaît, par l'opération appelée dans le Livre premier *Division des entiers,* que 357 contient 22 fois 16 plus 5, d'où l'on voit que $\frac{357}{16} = 22$ fois $\frac{16}{16} + \frac{5}{16}$, ou 22 fois $1 + \frac{5}{16}$. En résumé, 357 : 16 $= \frac{357}{16} = 22 + \frac{5}{16}$. *Dorénavant, pour avoir le quotient exact de deux entiers l'un par l'autre, on divisera le premier nombre par le second,* d'après la règle du premier livre, *on obtiendra pour quotient ce que nous nommerons désormais la partie entière du quotient. Le quotient exact se composera de cette partie entière, plus une fraction ayant pour numérateur le reste et pour dénominateur le diviseur.*

167. **Règle.** — *Pour diviser une fraction par un entier, on multiplie le dénominateur de la fraction par l'entier.*

6.

Ainsi $\frac{3}{7} : 4 = \frac{3}{7 \times 4}$, parce que $\frac{3}{7 \times 4} \times 4 = \frac{3 \times 4}{7 \times 4} = \frac{3}{7}$.

168. Règle. — *Pour diviser une fraction par un entier, il suffit de multiplier l'entier par la fraction renversée.*

Soit $8 : \frac{3}{4}$; il faut, d'après la définition de la division, trouver un quotient qui, multiplié par $\frac{3}{4}$, reproduise 8, ou, en d'autres termes, il faut, d'après la définition de la multiplication, que les $\frac{3}{4}$ du quotient égalent 8; $\frac{1}{4}$ du quotient vaudra 3 fois moins ou $\frac{1}{3}$ de 8 ou $\frac{8}{3}$ et les $\frac{4}{4}$ du quotient, ou le quotient vaudra 4 fois $\frac{8}{3}$ ou $\frac{8 \times 4}{3}$, résultat qu'on peut considérer comme égal à $8 \times \frac{4}{3}$.

169. Règle. — *Pour diviser une fraction par une fraction, on multiplie la fraction dividende par la fraction diviseur renversée.*

Soit $\frac{5}{7} : \frac{3}{4}$; il faut trouver un quotient qui, multiplié par $\frac{3}{4}$, reproduise $\frac{5}{7}$, ou, en d'autres termes, il faut que les $\frac{3}{4}$ du quotient égalent $\frac{5}{7}$; $\frac{1}{4}$ du quotient vaudra 3 fois moins, ou $\frac{5}{7 \times 3}$, et les $\frac{4}{4}$ du quotient vaudront 4 fois plus, ou $\frac{5 \times 4}{7 \times 3}$; le quotient $\frac{5 \times 4}{7 \times 3}$ peut être considéré comme égal à $\frac{5}{7} \times \frac{4}{3}$.

★ Remarque. — Les trois cas précédents et le cas de la division des entiers rentreront dans la dernière règle, si l'on

considère un nombre entier comme une fraction ayant pour
dénominateur 1.

Ainsi, $57 : 8 = \dfrac{57}{1} : \dfrac{8}{1} = \dfrac{57 \times 1}{1 \times 8} = \dfrac{57}{8}$;

$\dfrac{3}{4} : 8 = \dfrac{3}{4} : \dfrac{8}{1} = \dfrac{3 \times 1}{4 \times 8} = \dfrac{3}{4 \times 8}$;

$8 : \dfrac{3}{4} = \dfrac{8}{1} : \dfrac{3}{4} = \dfrac{8 \times 4}{1 \times 3} = \dfrac{8 \times 4}{3}$;

$\dfrac{5}{7} : \dfrac{3}{4} = \dfrac{5 \times 4}{7 \times 3}$;

résultats tous conformes aux règles particulières qui les
fournissent.

170. Règle. — *Pour diviser un nombre fractionnaire
par un autre, il suffit de mettre chaque nombre fractionnaire sous la forme d'une fraction et l'on retombe sur le cas
précedent.*

Ainsi, $5\dfrac{2}{3} : 1\dfrac{1}{4} = \dfrac{17}{3} : \dfrac{5}{4} = \dfrac{17 \times 4}{3 \times 5} = \dfrac{68}{15} = 4\dfrac{8}{15}$.

Dans tous les cas où la fraction obtenue dépassera l'unité,
il conviendra d'extraire les unités entières.

★ **171**. On appelle *nombre inverse d'un autre le quotient
de l'unité par cet autre*; si cet autre nombre est mis sous
forme de fraction, on obtient son inverse en renversant la
fraction.

Ainsi, l'inverse de 8 ou de $\dfrac{8}{1}$ est $1 : 8$ ou $\dfrac{1}{8}$, l'inverse de $\dfrac{1}{9}$

est $1 : \dfrac{1}{9}$ ou $\dfrac{9}{1}$ ou 9, l'inverse de $\dfrac{3}{4}$ est $1 : \dfrac{3}{4} = \dfrac{4}{3}$, l'inverse de

$2\dfrac{1}{3}$ ou de $\dfrac{7}{3}$ est $\dfrac{3}{7}$.

On peut dire que *pour diviser un nombre par un autre,
il suffit de multiplier ce nombre par l'inverse de cet autre.*

★ **172.** L'inverse d'un nombre est inférieur, égal ou supérieur à l'unité, suivant que ce nombre est supérieur, égal ou inférieur à l'unité. D'après cela, *le quotient d'une division sera inférieur, égal ou supérieur au dividende, suivant que le diviseur sera supérieur, égal ou inférieur à l'unité,* car le dividende sera multiplié par l'inverse du diviseur, qui sera inférieur, égal ou supérieur à l'unité (**147**).

173. On sait que $57 : 8 = \dfrac{57}{8}$, $57 : 8$ est une *division indiquée*, $\dfrac{57}{8}$ est une forme du *quotient effectué*. A cause de l'équivalence que nous venons d'indiquer, on s'est habitué à assimiler les deux formes $57 : 8$ et $\dfrac{57}{8}$; puis, par esprit de généralisation, on en est arrivé à considérer *la barre de fraction* comme pouvant remplacer le signe de la division, de sorte que l'on écrit indifféremment $\dfrac{5\frac{2}{3}}{1\frac{1}{4}}$ ou $5\frac{2}{3} : 1\frac{1}{4}$.

Nous adopterons cette nouvelle manière d'indiquer une division, et nous donnerons désormais le nom de *fraction composée* à une division indiquée sous la forme d'une fraction ayant pour numérateur le dividende et pour dénominateur le diviseur. Ce n'est que lorsque le dividende et le diviseur sont entiers que l'assimilation est complète.

Nous allons établir un certain nombre de théorèmes concernant ces fractions composées; il ne faudra pas perdre de vue que ces théorèmes sont, en réalité, relatifs à des divisions indiquées.

Ce que nous appellerons valeur d'une fraction composée, ce sera le quotient effectué de la division indiquée.

174. On appelle aussi *rapport indiqué* d'un nombre à un autre le quotient indiqué du premier divisé par le second, et *valeur effectuée du rapport* le quotient effectué.

Le premier terme du rapport ou dividende s'appelle, par analogie, le numérateur du rapport ou de la fraction composée, et le diviseur s'appelle le dénominateur du rapport ou de la fraction composée.

D'après la définition de la division, *le numérateur d'un rapport indiqué est égal à son dénominateur multiplié par la valeur effectuée du rapport.*

175. Théorème. — *Une fraction composée ne change pas de valeur quand on multiplie ses deux termes par un même nombre.*

Soient a le numérateur et b le dénominateur d'une fraction composée; soit c un nombre quelconque, soit q le quotient effectué de a divisé par b, on a $\frac{a}{b} = q$, d'où l'on tire $a = b \times q$; multiplions les deux membres de cette égalité par c, nous aurons $a \times c = b \times q \times c$, ou en intervertissant (**154**) $a \times c = b \times c \times q$, ou $(a \times c) = (b \times c) \times q$; donc $\frac{a \times c}{b \times c} = q = \frac{a}{b}$.

176. Théorème. — *Une fraction composée ne change pas de valeur quand on divise ses deux termes par un même nombre.*

Soit $\frac{a}{b} = q$; soit $\frac{a : c}{b : c} = q'$ (lisez q prime), on aura $\frac{(a : c)c}{(b : c)c} = q'$ ou $\frac{a}{b} = q'$, donc $q' = q$, donc $\frac{a : c}{b : c} = \frac{a}{b}$.

177. Règle. — *Pour réduire plusieurs fractions composées au même dénominateur, il suffira de multiplier les deux termes de chacune d'elles par le produit des dénominateurs de toutes les autres.*

En effet, en opérant ainsi, on ne change pas la valeur de chaque fraction composée et l'on amène toutes les fractions à avoir pour dénominateurs les produits des dénominateurs primitifs.

★ **178.** — *On pourra simplifier une fraction composée en divisant ses deux termes par un même nombre.*

Par exemple, lorsque les deux termes seront des produits indiqués contenant un facteur commun, on s'appuiera sur le théorème suivant.

★ **179.** Théorème. — *Pour diviser le produit indiqué de plusieurs facteurs par l'un de ces facteurs, il suffit de supprimer ce facteur.*

Ainsi : $(a \times b \times c) : b = a \times c,$

parce que $a \times c \times b = a \times b \times c.$

Application, $\dfrac{a \times b \times c}{b \times d \times c} = \dfrac{a \times c}{d \times c} = \dfrac{a}{d}.$

★ **180.** Règle. — *Pour ajouter ou retrancher plusieurs fractions composées ayant même dénominateur, on ajoute ou on retranche dans le même ordre les numérateurs et on donne au résultat le dénominateur commun.*

Ainsi, $\dfrac{a}{b} + \dfrac{c}{b} + \dfrac{d}{b} = \dfrac{a + c + d}{b}$; en effet, soit $\dfrac{a}{c} = q, \dfrac{c}{b} = q',$ $\dfrac{d}{b} = q''$ (lisez q seconde), on aura $a = b \times q, c = b \times q',$ $d = b \times q''$; donc $a + c + d = b \times q + b \times q' + b \times q''$, ou $a + c + d = b \times (q + q' + q'')$; donc $q + q' + q'' = \dfrac{a + c + d}{b}$; on verrait de même que

$$\frac{a}{b} - \frac{c}{b} = \frac{a - c}{b}.$$

★ **181.** Règle. — *Pour multiplier deux fractions compo-*

sées l'une par l'autre, il suffit de multiplier les numérateurs entre eux et les dénominateurs entre eux.

Soient $\dfrac{a}{b} = q$ et $\dfrac{c}{d} = q'$;

on a $\qquad\qquad a = b \times q$ et $e = d \times q'$;

donc $\qquad\qquad a \times c = (b \times q) \times (d \times q')$,

ou $\qquad a \times c = b \times q \times d \times q' = b \times d \times q \times q'$

ou $\qquad\qquad a \times c = (b \times d) \times (q \times q')$;

donc $\qquad q \times q' = \dfrac{a \times c}{b \times d}$; donc $\dfrac{a}{b} \times \dfrac{c}{d} = \dfrac{a \times c}{b \times d}$.

* **182. Corollaire.** — *Pour multiplier une fraction composée par un certain nombre, il suffit de multiplier son
numérateur par ce nombre, ou de diviser son dénominateur
par le même nombre.*

En effet, d'après le théorème précédent,

$$\frac{a}{b} \times c = \frac{a}{b} \times \frac{c}{1} = \frac{a \times c}{b \times 1} = \frac{a \times c}{b},$$

ou, en divisant les deux termes de ce résultat par c, ce qui

ne change pas sa valeur, $\dfrac{a}{b : c}$; donc $\dfrac{a}{b} \times c = \dfrac{a}{b : c}$.

* **183. Théorème.** — *Pour diviser une fraction composée
par une autre, il suffit de multiplier la fraction dividende
par la fraction diviseur renversée.*

Ainsi $\dfrac{a}{b} : \dfrac{c}{d} = \dfrac{a \times d}{b \times c}$; en effet $\dfrac{a \times d}{b \times c} \times \dfrac{c}{d} = \dfrac{a \times d \times c}{b \times c \times d}$

$= \dfrac{a \times d}{b \times d} = \dfrac{a}{b}$.

* **184. Corollaire.** — *Pour diviser une fraction composée
par un certain nombre, il suffit de multiplier son dénomi-*

nateur par ce nombre ou de diviser le numérateur par le
même nombre.

Ainsi, $\dfrac{a}{b} : c = \dfrac{a}{b} : \dfrac{c}{1} = \dfrac{a \times 1}{b \times c} = \dfrac{a}{b \times c}$, ou, en divisant les

deux termes par c, $\dfrac{a}{b} : c = \dfrac{a : c}{b}$.

On a, d'après ce corollaire,

$$\dfrac{a}{b} : c = \dfrac{a}{b \times c} \text{ ou } a : (b \times c) = (a : b) : c;$$

de même $a : (b \times c \times d) = [a : (b \times c)] : d = [(a : b) : c] : d$.
Donc, *pour diviser un nombre par le produit indiqué de plusieurs facteurs, il suffit de diviser ce nombre par le premier facteur, le quotient obtenu par le deuxième facteur, et
ainsi de suite, jusqu'à ce qu'on ait divisé par le dernier
facteur.*

★**185.** Quelques-uns des théorèmes ou corollaires précédents peuvent s'énoncer ainsi :

*Le quotient de deux nombres ne change pas lorsqu'on
multiplie ces deux nombres par un même nombre, ou lorsqu'on divise ces deux nombres par un même nombre.*

*Pour multiplier un quotient par un certain nombre, il
suffit de multiplier le dividende par ce nombre ou de diviser
le diviseur par ce nombre.*

*Pour diviser un quotient par un certain nombre, il suffit
de multiplier le diviseur par ce nombre, ou de diviser le
dividende par ce nombre.*

186. Usages de la division des nombres quelconques. —
La division des nombres quelconques sert à résoudre
presque tous les problèmes qu'on résout par la division
des nombres entiers quand celle-ci se fait exactement.

Exemple 1. — *Un mètre d'étoffe coûte 4 fr.* $\dfrac{3}{4}$. *Combien
aura-t-on de mètres de cette étoffe pour 28 fr.* $\dfrac{2}{5}$?

Si l'on connaissait ce nombre (entier ou fractionnaire) de mètres, en multipliant (**158**) le prix d'un mètre ou $4\frac{3}{4}$ par ce nombre de mètres, on obtiendrait $28\frac{2}{5}$; donc le nombre de mètres est le nombre qui, multiplié par $4\frac{3}{4}$, reproduit $28\frac{2}{5}$; c'est donc le quotient $28\frac{2}{5} : 4\frac{3}{4}$ ou $\frac{142}{5} : \frac{19}{4} = \frac{142 \times 4}{5 \times 19}$ $= \frac{568}{95} = 5\frac{93}{95}$; on aura donc 5 m. $\frac{93}{95}$ d'étoffe pour 28 fr. $\frac{2}{5}$.

Exemple 2. — *On a acheté 3 m. $\frac{2}{3}$ d'étoffe pour 55 fr. Quel est le prix du mètre?*

Si l'on connaissait le nombre de francs que coûte un mètre, en le multipliant par le nombre de mètres, qui est $3\frac{2}{3}$, on devrait obtenir 55 fr. Donc le prix d'un mètre est le quotient de $55 : 3\frac{2}{3} = 55 : \frac{11}{3} = \frac{55 \times 3}{11} = 5 \times 3 = 15$ fr.

Exemple 3. — *Partager 2 fr. $\frac{17}{20}$ en 19 parties égales.*

L'une des parties multipliée par 19 doit donner $2\frac{17}{20}$; donc le nombre cherché est égal à $2\frac{17}{20} : 19 = \frac{57}{20} : 19 = \frac{57}{20 \times 19}$ $= \frac{3}{20}$; chaque partie sera $\frac{3}{20}$ de franc.

Exemple 4.— *Un produit de deux facteurs est $57\frac{3}{4}$, l'un des facteurs est $15\frac{3}{5}$; trouver l'autre facteur?*

L'autre facteur est le nombre qui, multiplié par $15\frac{3}{5}$, reproduit $57 \frac{3}{4}$; c'est donc le quotient $57 \frac{3}{4} : 15 \frac{3}{5} = \frac{231}{4} : \frac{78}{5}$

$= \frac{231 \times 5}{4 \times 78} = \frac{77 \times 5}{4 \times 26} = \frac{385}{104} = 3 \frac{73}{104}$.

Exemple 5. — *Combien y a-t-il d'heures dans* 700 *minutes?*

On sait qu'une heure vaut 60 minutes; si l'on connaissait le nombre d'heures, pour le convertir en minutes, il suffirait de multiplier 60 minutes par ce nombre; le nombre cherché sera le quotient de $700 : 60 = \frac{700}{60} = \frac{70}{6} = 11 \frac{4}{6}$;

700 minutes valent donc 11 h. $\frac{2}{3}$.

* **187.** **Problème.** — *Trouver le plus grand nombre de septièmes contenus dans* $\frac{100}{9}$.

$\frac{100}{9}$ représentent le quotient de $100 : 9$; il suffit de trouver le plus grand nombre entier de septièmes contenus dans le quotient, c'est-à-dire le plus grand nombre entier de septièmes dont le produit par 9 soit contenu dans 100. Soit n ce nombre entier de septièmes; il faut qu'on ait $\frac{n}{7} \times 9 \lessgtr 100$ et $\frac{n+1}{7} \times 9 > 100$; ou, en multipliant les deux membres de chaque égalité ou inégalité par 7, il faut que l'on ait $n \times 9 \lessgtr 100 \times 7$ et $(n+1) \times 9 > 100 \times 7$, c'est-à-dire $n \times 9 \lessgtr 700$ et $(n+1) \times 9 > 700$; on voit ainsi que l'entier n est le plus grand entier dont le produit par 9 est contenu dans 700; c'est le quotient entier de 700 par 9 ou 77; la réponse est $\frac{77}{7}$ ou 11 unités.

Ce résultat s'appelle le quotient de $100 : 9$ à moins d'un septième près *par défaut;* le quotient de $100 : 9$ à moins d'un septième près *par excès* serat $11 \frac{1}{7}$. Ces deux résultats différent du quotient exact de moins de $\frac{1}{7}$; le premier lui est inférieur et le deuxième supérieur.

*188. **Problème.** — *Calculer à moins d'un septième près par défaut le quotient de* $53\frac{1}{2}$ *par* $3\frac{1}{4}$.

Le quotient exact est

$$\frac{107}{2} : \frac{13}{4} = \frac{107 \times 4}{2 \times 13} = \frac{107 \times 2}{13} = \frac{214}{13}$$

ou le quotient exact de 214 : 13.

Évaluons ce quotient à moins de $\frac{1}{7}$ près par défaut; il faut trouver un entier n tel qu'on ait

$\frac{n}{7} \times 13 \leqq 214$ et $\frac{n+1}{7} \times 13 > 214$ ou $n \times 13 \leqq 214 \times 7$ et

$(n+1) \times 13 > 214 \times 7$ ou $n \times 13 \leqq 1498$ et $(n+1)$

$\times 13 > 1498$; n est donc le quotient entier de 1498 par 13 ou 115; la réponse est $\frac{115}{13} = 8\frac{11}{13}$.

CHAPITRE VI.

FRACTIONS DÉCIMALES ; NOMBRES DÉCIMAUX.

189. On appelle fraction *décimale* une fraction dont le dénominateur est l'un des nombres 10, 100, 1000, etc., c'est-à-dire une puissance de 10.

On appelle nombre *décimal* un nombre fractionnaire formé d'un entier augmenté d'une fraction décimale plus petite que l'unité.

190. Toute fraction décimale plus petite que l'unité

peut se mettre sous la forme d'une somme de fractions décimales simples, dont les dénominateurs sont des puissances croissantes de 10, tandis que les numérateurs, tous moindres que 10, sont, dans leur ordre à partir de la gauche, les chiffres du numérateur de la fraction donnée.

Ainsi, on sait que $863 = 800 + 60 + 3$; par conséquent, $\dfrac{863}{10000} = \dfrac{800}{10000} + \dfrac{60}{10000} + \dfrac{3}{10000}$, ou en simplifiant :
$$\dfrac{8}{100} + \dfrac{6}{1000} + \dfrac{3}{10000}.$$

De même, $\dfrac{80203}{100000} = \dfrac{8}{10} + \dfrac{2}{1000} + \dfrac{3}{100000} = \dfrac{8}{10} + \dfrac{0}{100}$
$$+ \dfrac{2}{1000} + \dfrac{0}{10000} + \dfrac{3}{100000}.$$

Si la fraction décimale donnée était plus grande que l'unité, on obtiendrait facilement les unités.

Ainsi, $\dfrac{87638}{1000} = \dfrac{87000}{1000} + \dfrac{638}{1000} = 87 + \dfrac{6}{10} + \dfrac{3}{100} + \dfrac{8}{1000}.$

191. Inversement, une somme de fractions décimales dont les dénominateurs sont tous différents et dont les numérateurs sont tous plus petits que 10 est une fraction décimale plus petite que l'unité.

Par exemple, $\dfrac{8}{100} + \dfrac{6}{1000} + \dfrac{3}{10000} = \dfrac{800}{10000} + \dfrac{60}{10000} + \dfrac{3}{10000}$
$= \dfrac{863}{10000}$; de même, $\dfrac{8}{10} + \dfrac{2}{1000} + \dfrac{3}{100000} = \dfrac{80000}{100000} + \dfrac{200}{100000}$
$+ \dfrac{3}{100000} = \dfrac{80203}{100000}.$

Enfin, un nombre tel que $87 + \dfrac{6}{10} + \dfrac{3}{100} + \dfrac{8}{1000} = \dfrac{87000}{1000}$
$+ \dfrac{600}{1000} + \dfrac{30}{1000} + \dfrac{8}{1000} = \dfrac{87638}{1000}.$

192. $\dfrac{1}{10}$, $\dfrac{1}{100}$, $\dfrac{1}{1000}$ ..., etc., s'appellent chacun une unité décimale; la première est du 1er ordre, la deuxième du 2e ordre, etc. Chaque unité décimale vaut 10 unités décimales de l'ordre suivant, $\dfrac{1}{10} = \dfrac{10}{100}$, $\dfrac{1}{100} = \dfrac{10}{1000}$, etc.

193. On pourra simplifier l'écriture des nombres décimaux en généralisant le principe de la numération décimale des nombres entiers.

Tout chiffre placé à la droite d'un autre représente des unités 10 fois plus petites que celles que représente cet autre.

194. Règle. — *Pour écrire un nombre décimal, on écrira d'abord la partie entière (et 0 s'il n'y a pas d'entiers), puis à la suite on placera une virgule pour indiquer la place des unités simples, et enfin successivement les chiffres représentant les dixièmes, les centièmes, etc., en marquant par un zéro la place de chaque ordre décimal manquant.*

Dans la pratique, *on écrira, après l'entier et la virgule, le numérateur de la fraction décimale, et on intercalera, s'il le faut, entre la virgule et le premier chiffre à gauche, assez de zéros pour que le dernier chiffre à droite représente des unités de l'ordre décimal énoncé.*

Ainsi, le nombre 387 unités $\dfrac{578}{10000}$ ou 387 unités $+ \dfrac{5}{100}$ $+ \dfrac{7}{1000} + \dfrac{8}{10000}$ s'écrit 387,0578.

195. Règle. — *Pour lire un nombre décimal écrit, on lira d'abord la partie entière, puis le nombre formé par la partie décimale, en lui faisant exprimer des unités décimales de l'ordre du dernier chiffre à droite.*

Ainsi, 387,0578 est équivalent à 387 unités, 0 dixième, $\dfrac{5}{100}$, $\dfrac{7}{1000}$, $\dfrac{8}{10000}$, ou 387 unités 578 dix-millièmes.

REMARQUE. — *On peut aussi lire le nombre sans s'occuper de la virgule et lui faire exprimer des unités décimales de l'ordre du dernier chiffre à droite.*

Ainsi, 387,0578 peut se lire 3870578 dix-millièmes,
parce que $387 + \dfrac{578}{10000} = \dfrac{3870000}{10000} + \dfrac{578}{10000} = \dfrac{3870578}{10000}$.

196. *Un nombre décimal ne change pas de valeur lorsqu'on écrit ou lorsqu'on supprime des zéros sur sa droite ou sur sa gauche.*

Ainsi, 38,57 = 38,5700 = 0038,57, parce que dans chacun de ces trois nombres, la valeur absolue de chaque chiffre est restée la même, ainsi que sa valeur relative, qui dépend seulement de son rang à droite ou à gauche de la virgule.

197. *Pour multiplier un nombre décimal par 10, 100, 1000, etc., il suffit de déplacer la virgule de un, deux, trois rangs, etc., vers la droite (en écrivant des zéros à droite, s'il est nécessaire).*

Par exemple, le nombre 3746,2 est 100 fois plus grand que 37,462, parce que, dans le premier nombre, la valeur relative de chaque chiffre est 100 fois plus grande que dans le second. Toutes les parties du deuxième nombre ayant ainsi été multipliées par 100, le nombre lui-même est multiplié par 100.

198. *Pour diviser un nombre décimal par 10, 100, 1000, etc., on déplace la virgule de un, deux, trois rangs, etc., vers la gauche (en écrivant des zéros à gauche s'il est nécessaire).*

Ainsi, 7,34 : 1000 = 0,00734, parce que 0,00734 $\times$ 1000 = 0007,34 = 7,34.

★ **199.** Supposons que, au lieu du nombre 3,4006, on prenne le nombre 3,4, on commettra une erreur qui est évidemment égale à 0,0006. Le nombre 3,4006 sera le nombre *exact*, et 3,4 sera un nombre *approché*. L'erreur est 0,0006 < 0,001 ; le nombre 3,4 sera dit *approché par défaut*, parce qu'il est inférieur au nombre exact; on dira que 3,4 est une valeur approchée par défaut, à moins de un *millième près*, de 3,4006. Si le nombre approché surpasse le nombre exact, on dit qu'il est *approché par excès*. Ainsi, 3,42 est une valeur *approchée par excès*, à moins d'un *centième près*, de 3,4169, parce qu'il le dépasse de 0,0031, qui est moindre que 0,01.

★**200.** *Lorsque dans un nombre décimal, on ne conserve qu'un certain nombre des premiers chiffres décimaux, on a une valeur approchée à moins d'une unité du dernier ordre conservé.*

Ainsi, 3,14 est une valeur approchée par défaut, à moins d'un centième près, de 3,14159, parce que 3,14 < 3,14159 et que l'erreur est 0,00159 < 0,01.

Si l'on force d'une unité le dernier chiffre conservé, la valeur est approchée par excès.

Ainsi, 3,15 est une valeur approchée par excès, à moins de 0,01 près, de 3,141592; 3,1416 est une valeur approchée par excès à moins d'un dix-millième, et même 3,14160 est approché à moins de 0,00001 par excès.

Si la première décimale supprimée est inférieure à 5, l'erreur du nombre approché par défaut sera moindre qu'une demi-unité du dernier ordre conservé; au contraire, si la première décimale supprimée est supérieure à 5 (et le plus souvent quand elle est 5), le nombre approché par excès aura une erreur moindre qu'une demi-unité de l'ordre du dernier chiffre décimal conservé.

Si l'on prend 5,37 pour 5,3748, l'erreur est 0,0048 < 0,0050.

Si l'on prend 5,69 pour 5,6873, l'erreur 0,0037 est < 0,0050.

Si l'on prend 5,69 pour 5,68507, l'erreur 0,00493 est < 0,005.

Pour avoir une approximation moindre qu'une demi-

unité du dernier ordre décimal conservé, on forcera d'une unité ou l'on ne forcera pas, selon que le chiffre suivant sera $\geqq$ 5 ou $<$ 5.

201. *Dans une division de nombres entiers, le quotient entier sera une valeur approchée par défaut, à moins d'une unité, du quotient exact.*

Par exemple, quand on divise 58 par 7, on a pour quotient entier 8 et pour reste 2; $58 : 7 = 8\frac{2}{7}$; 8 est une valeur approchée par défaut à moins d'une unité près.

REMARQUE. — L'erreur sera moindre qu'une demi-unité si le reste obtenu est plus petit que la moitié du diviseur.
En effet, la fraction exprimant l'erreur sera plus petite que $\frac{1}{2}$ si le numérateur, qui est le reste, est plus petit que la moitié du dénominateur, qui est le diviseur.

202. *Dans une division de nombres entiers, on forcera ou l'on ne forcera pas d'une unité le quotient entier obtenu, suivant que le reste sera supérieur ou inférieur à la moitié du diviseur; de cette manière, on aura un quotient fautif de moins d'une demi-unité.*

203. Nous aurons bientôt l'occasion de considérer des nombres décimaux illimités. Un tel nombre est considéré comme connu quand on connaît la loi de succession des chiffres, tel est 0,373737....., où les chiffres décimaux sont alternativement 3 et 7; si l'on prend, au lieu du nombre donné, 0,3737, on dira qu'il représente le nombre considéré avec une erreur moindre que 0,0001.

CHAPITRE VII.

ADDITION, SOUSTRACTION, MULTIPLICATION DES NOMBRES
DÉCIMAUX.

204. Addition. — Règle. — *Pour additionner plusieurs nombres décimaux, on les écrit les uns au-dessous des autres, de manière que les unités de même ordre soient dans une même colonne; les virgules sont alors dans une même colonne. Commençant par la droite, on opère comme pour l'addition des nombres entiers, et l'on place la virgule du résultat au-dessous de la colonne des virgules.*

Soit $3,57 + 13,9 + 84,733$, cette somme égale $\dfrac{3570}{1000} + \dfrac{13900}{1000}$ $+ \dfrac{84733}{1000} = \dfrac{3570 + 13900 + 84733}{1000} = \dfrac{102203}{1000} = 102,203$. C'est précisément ce que donnera l'application de la règle; on aura la disposition suivante

$$
\begin{array}{ccc}
3,570 & & 3,57 \\
13,900 & \text{ou} & 13,9 \\
84,733 & & 84,733 \\
\hline
102,203 & & 102,203
\end{array}
$$

★ **205.** — Il est facile de voir que si chacun des nombres précédents était diminué de 0,001, le résultat serait diminué de 0,003. *Si l'on ajoute moins de dix nombres approchés chacun à moins d'une unité décimale donnée, le résultat sera approché à moins de dix unités décimales du même ordre.*

206. Soustraction. — Règle. — *Pour retrancher un nombre décimal d'un autre, on l'écrit au-dessous du premier, de manière que les unités de même ordre se correspon-*

7.

dent; on complète par des zéros (écrits ou supposés), s'il est nécessaire, les décimales, pour que le nombre de chiffres décimaux soit le même dans les deux nombres. On fait alors la soustraction comme celle des entiers, sans tenir compte des virgules, puis, dans le résultat, on écrit la virgule au-dessous des virgules.

Soit $23,57 - 8,3897$. Cette différence est la même que $23,5700 - 8,3897$ ou $\dfrac{235700}{10000} - \dfrac{83897}{10000} = \dfrac{235700 - 83897}{10000}$

$= \dfrac{151803}{10000} = 15,1803$, résultat conforme à ce que donne la règle; on aura l'une des deux dispositions suivantes

$$
\begin{array}{ccc}
23,5700 & & 23,57 \\
8,3897 & \text{ou} & 8,3897 \\
\hline
15,1803 & & 15,1803
\end{array}
$$

★**207.** Il est facile de voir que si, dans l'exemple précédent, on augmentait le nombre supérieur de 0,001 et si l'on diminuait le nombre inférieur de 0,001, le reste augmenterait de 0,002. *Si l'on fait la différence de deux nombres approchés chacun à moins d'une certaine unité décimale, l'erreur du reste sera moindre que deux unités décimales du même ordre.*

208. Multiplication. — Règle. — *Pour multiplier deux nombres décimaux l'un par l'autre, on fait d'abord la multiplication sans tenir compte des virgules, comme s'il s'agissait de nombres entiers, et, sur la droite du produit, on sépare par une virgule autant de chiffres décimaux qu'il y en a dans les deux facteurs.*

Soit $13,04 \times 120,7$; ce produit est égal à $\dfrac{1304}{100} \times \dfrac{1207}{10}$

$= \dfrac{1304 \times 1207}{100 \times 10} = \dfrac{1573928}{1000} = 1573,928.$

La règle donnée convient évidemment au cas où l'un des facteurs est entier.

*209. On a démontré que $(a + b) \times c = a \times c + b \times c$, par là, on reconnaîtra facilement que *si dans un produit, on remplace l'un des facteurs par un nombre approché, l'erreur du produit est égale à l'erreur du facteur approché multipliée par l'autre facteur.*

Par exemple, si au lieu de $3,144592 \times 37$ on prend $3,144 \times 37$ l'erreur sera $0,000592 \times 37 < 0,001 \times 37$; l'erreur sera moindre que $0,037$, ou moindre que $0,100$, c'est-à-dire moindre que $0,1$.

CHAPITRE VIII.

DIVISION DES NOMBRES DÉCIMAUX.

210. Soit à diviser 383,58 par 7,6. Le *quotient exact* sera égal à $\dfrac{38358}{100} : \dfrac{76}{10}$ ou $\dfrac{38358 \times 10}{100 \times 76} = \dfrac{38358}{760} = 50 + \dfrac{358}{760} = 50 + \dfrac{179}{380}$.

Nous nous proposerons, dans ce chapitre, d'obtenir le quotient avec une *approximation décimale donnée.* Le quotient de deux nombres, à moins d'un centième près, par défaut, sera le plus grand nombre entier de centièmes contenus dans le quotient exact, et comme le dividende est égal au produit du quotient exact par le diviseur, on cherchera le plus grand nombre entier de centièmes qui, multiplié par le diviseur, donne un résultat contenu dans le dividende.

211. Règle. — *Pour obtenir, avec une approximation décimale donnée, le quotient d'un nombre décimal par un nombre entier, on conserve dans le dividende (en ajoutant*

des zéros à droite, s'il est nécessaire) *autánt de chiffres décimaux qu'on en veut obtenir au quotient ; on supprime les décimales qui suivent, s'il y en a ; on fait alors, sans tenir compte de la virgule, la division du dividende par le diviseur,* d'après la règle de la division des nombres entiers, *puis, sur la droite du quotient entier obtenu, on sépare autant de décimales qu'on en voulait obtenir.*

Soit à trouver, à moins de 0,01 près par défaut, le quotient de 383,527 par 14. Il faut trouver le plus grand nombre entier de centièmes qui, multiplié par 14, donne un résultat contenu dans 383,527, soit n ce nombre entier de centièmes ; il faut que $\frac{n}{100} \times 14 \leqq 383,527$ et que $\frac{(n+1)}{100} \times 14 > 383,527$ ou en multipliant les deux membres de chaque inégalité par 100, il faut que $n \times 14 \equiv 38352,7$ et $(n+1) \times 14 > 38352,7$. Il suffit pour avoir n de calculer le quotient entier de 38352 par 14. Nous avons pour quotient 2739 et pour reste 6 ; donc $2739 \times 14 < 38352$ et $2740 \times 14 > 38352$; donc $2739 \times 14 < 38352,7$ et $2740 \times 14 \geqq 38353$, et par conséquent $2740 \times 14 > 38352,7$; donc $n = 2739$; le quotient approché demandé sera $\frac{2739}{100}$ ou 27,39.

★212. REMARQUE. — Cette opération revient à partager 383,527 en 14 parties égales : 383,52 égalent 14 fois 27,39 + 0.06, donc $383,527 = 14$ fois $27,39 + 0,067$; 0,067 est le reste complet, et, pour avoir le quotient exact, il faudrait diviser 6 centièmes 7 dixièmes de centièmes en 14 parties égales ; or, $6,7 < \frac{14}{2}$, donc $6,7 < \frac{1}{2} \times 14$; donc la fraction de centième complétant le quotient est $\frac{6,7}{14} < \frac{1}{2}$. Le quotient obtenu est fautif de moins de $\frac{1}{2}$ centième et 27,40 serait le quotient par excès, fautif de moins de 1 centième, mais de plus que $\frac{1}{2}$ centième ; donc, *suivant que le reste obtenu suivi d'une* *virgule et des décimales négligées est supérieur ou inférieur à la moitié du diviseur, on devra forcer le dernier chiffre d'une unité, ou ne pas forcer, pour obtenir le quotient avec une erreur moindre qu'une demi-unité du dernier ordre décimal.*

213. La règle donnée plus haut (**211**) pour la division d'un nombre décimal par un entier, permettra d'avoir, avec une approximation décimale donnée, le quotient d'un entier par un entier; il suffira de faire suivre le dividende d'une virgule et d'un nombre suffisant de zéros.

214. Règle. — *Pour diviser un nombre décimal par un nombre décimal, on avancera la virgule du diviseur d'assez de rangs vers la droite pour que le diviseur devienne entier, et on avancera la virgule du dividende d'un même nombre de rangs vers la droite* (en ajoutant des zéros, s'il est nécessaire); *le quotient ne sera pas changé et l'on sera ramené au cas précédent.*

Soit à trouver le quotient de 23,6789 par 3,06, à moins de 0,1 près par défaut.

On sait (**175**) que le quotient *exact* d'une division ne change pas quand on multiplie le dividende et le diviseur par 100; donc 23,6789 : 3,06 = 2367,89 : 306. On peut aussi dire que le produit du quotient exact par le diviseur étant égal au dividende, le produit du quotient exact par 100 fois le diviseur donnera 100 fois le dividende. Si le quotient exact ne change pas, le plus grand nombre de dixièmes qu'il contient, ou le quotient approché par défaut à moins d'un dixième près, ne change pas non plus.

⋆215. On a $\dfrac{a+b}{c} = \dfrac{a}{c} + \dfrac{b}{c}$; d'où l'on voit facilement que *si dans une division, on emploie un dividende approché et un diviseur exact, l'erreur du quotient exact sera égale à l'erreur du dividende divisée par le diviseur.*

Si l'on se contente, en outre, d'une certaine approximation

décimale, l'erreur provenant de ce fait pourra s'ajouter (où se retrancher, suivant le sens) à l'erreur indiquée plus haut.

CHAPITRE IX.

CONVERSION DES FRACTIONS ORDINAIRES EN FRACTIONS DÉCIMALES ET RÉCIPROQUEMENT.

216. *Convertir une fraction ordinaire en fraction décimale, c'est trouver, s'il est possible, une fraction décimale équivalente. — Si la chose n'est pas possible, on se contentera d'évaluer, avec une approximation décimale donnée, la valeur de la fraction proposée.*

On sait qu'une fraction quelconque représente le quotien exact de son numérateur divisé par son dénominateur on pourra, d'après la règle indiquée au chapitre précédent, calculer ce quotient avec une approximation décimale donnée. Pour avoir les nombres de dixièmes, de centièmes, de millièmes, etc., contenus dans le quotient exact, il suffit de diviser par le dénominateur les produits du numérateur par 10, 100, 1000, etc.

Si l'une de ces divisions fournit un reste 0, le quotient correspondant sera exact au lieu d'être approché, et il donnera une fraction décimale équivalente à la fraction donnée.

Ainsi, $\frac{3}{8} = 3 : 8$; le quotient de $3 : 8$, à moins d'un millième près, est 0,375. C'est le quotient exact, parce que l'on a 0 pour reste correspondant, le nombre entier 3000 étant exactement divisible par 8.

217. **Théorème.** — *Pour qu'une fraction ordinaire soit exactement réductible en décimales, il faut et il suffit que tous les facteurs premiers du dénominateur, autres que 2* *et 5, se trouvent au numérateur avec un exposant au moins égal.*

En effet, on sait que pour qu'un nombre soit divisible exactement par un autre, il faut et il suffit qu'il contienne tous les facteurs premiers contenus dans cet autre, avec un exposant au moins égal. D'ailleurs, quand on multiplie ce numérateur par 10 ou 2×5, on y introduit un facteur 2 et un facteur 5, et si on le multiplie par 10^α ou $2^\alpha \times 5^\alpha$, on y introduit α facteurs 2 et α facteurs 5.

D'après cela, $\dfrac{126}{210} = \dfrac{7 \times 3^2 \times 2}{2^4 \times 3 \times 5}$ sera exactement réductible en décimales, parce que 126×10^3 ou $7 \times 3^2 \times 2^4 \times 5^3$ sera divisible par 240 ou $2^4 \times 3 \times 5$; le résultat sera exprimé en millièmes; il ne pourrait pas l'être en centièmes, parce que 126×100 ou 126×10^2 ou $7 \times 3^2 \times 2^3 \times 5^2$ ne serait pas divisible par 240 ou $2^4 \times 3 \times 5$.

D'autre part, $\dfrac{315}{462} = \dfrac{3^2 \times 7 \times 5}{3 \times 7 \times 11 \times 2}$ ne sera pas exactement réductible en décimales, parce que, quel que soit l'entier α, $315 \times 10^\alpha$ ou $3^2 \times 7 \times 2^\alpha \times 5^{\alpha+1}$ ne sera jamais divisible par 462 ou $3 \times 7 \times 11 \times 2$, contenant le facteur premier 11, qui n'est pas contenu dans $3^2 \times 7 \times 2^\alpha \times 5^{\alpha+1}$.

218. Corollaire. — *Pour qu'une fraction dont les deux termes sont premiers entre eux soit exactement réductible en décimales, il faut et il suffit que son dénominateur ne contienne pas d'autres facteurs premiers que 2 et 5.*

La fraction irréductible $\dfrac{44}{63} = \dfrac{2^2 \times 11}{3^2 \times 7}$ ne sera pas exactement réductible en décimales, parce que le facteur 7, par exemple, n'est pas contenu au numérateur.

La fraction $\dfrac{21}{40} = \dfrac{7 \times 3}{2^3 \times 5}$ sera exactement réductible en décimales, car $7 \times 3 \times 2^\alpha \times 5^\alpha$ sera divisible par $2^3 \times 5$ si $\alpha \gtreqless 3$. On voit que, dans ce cas, le quotient aura 3 chiffres décimaux. Il résulte de là que:

219. *Si une fraction irréductible peut se convertir exactement en décimales, le nombre des chiffres décimaux du résultat sera égal au plus fort des deux exposants de 2 ou de 5 dans le dénominateur, ou à leur valeur commune s'ils sont égaux.*

On peut encore démontrer la proposition précédente en s'appuyant sur ce théorème démontré : Si une fraction est égale à une autre dont les deux termes sont premiers entre eux, elle a pour termes des équimultiples des termes de l'autre (**128**).

220. Problème. — *Étant donnée une fraction qui peut se convertir exactement en décimales, obtenir la fraction décimale équivalente sans effectuer la division du numérateur par le dénominateur.*

Soit la fraction $\dfrac{63}{840} = \dfrac{3^2 \times 7}{3 \times 7 \times 2^3 \times 5}$, qui, réduite à sa plus simple expression, devient $\dfrac{3}{2^3 \times 5}$; multiplions ses deux termes par 5^2, nous obtiendrons $\dfrac{3 \times 5^2}{2^3 \times 5^3} = \dfrac{3 \times 25}{10^3} = \dfrac{75}{1000} = 0,075$.

221. Considérons la fraction $\dfrac{315}{462}$, qui n'est pas exactement réductible en décimales; si l'on commence la division, on obtient, après le dividende partiel 3150, les restes 378, 84, etc., qui donnent les dividendes partiels 3780, 840, etc. Aucun des restes ne sera 0, et ils seront tous inférieurs au diviseur 462; on obtiendra au plus 461 restes différents, et la 462° division partielle donnera nécessairement un reste déjà obtenu, qui, suivi d'un zéro, donnera un dividende partiel déjà obtenu, lequel fournira au quotient un chiffre déjà obtenu. A partir de ce moment au plus tard, les restes et les dividendes déjà obtenus se reproduiront dans l'ordre où ils se sont présentés, en fournissant des chiffres déjà obtenus aussi dans l'ordre où ils se sont présentés, et cela indéfiniment. Le quotient obtenu sera dit *périodique*. La périodicité pourra d'ailleurs se manifester au quotient avant la 462ᵉ division partielle; elle ne sera certaine que si elle s'est manifestée dans les restes successifs. — Si les chiffres du quotient se reproduisent périodiquement à partir de la virgule, le quotient est dit *périodique simple;* dans le cas contraire, il est dit *périodique mixte*. L'ensemble des chiffres qui se reproduisent périodiquement s'appelle la *période;* l'ensemble des chiffres qui, dans une fraction périodique mixte, suivent la virgule et ne se reproduisent pas périodiquement s'appellent la *partie non périodique*. Dans l'exemple cité plus haut, on obtient au quotient 0,68181 ...; la période est **81**, et la partie non périodique est **6**.

La fraction décimale périodique 0,108108103 ... est périodique simple, et la période est **108**.

La fraction décimale périodique 0,00038038 ... est périodique mixte, la période est **0,38** et la partie non périodique **00**.

REMARQUE. — Jamais le dernier chiffre à droite de la période n'est le même que le dernier chiffre à droite non périodique; ainsi une fraction décimale périodique ne peut avoir pour période 327 et pour partie non périodique 57, car la fraction décimale serait alors 0,57327327327 ..., dont la période est véritablement **732** et la partie non périodique **5**. La période commence, en réalité, un rang plus tôt qu'on ne l'avait supposé.

Lorsqu'on convertit une fraction ordinaire en décimales, la fraction ordinaire s'appelle la *fraction génératrice* et la fraction décimale obtenue s'appelle la *fraction engendrée*.

222. **Théorème.** — *On obtient une fraction équivalente à une fraction périodique simple en prenant une fraction ayant pour numérateur la période et pour dénominateur un nombre formé d'autant de chiffres 9 qu'il y a de chiffres dans la période.*

Soit la fraction périodique F = 0,4545 .... On doit en-

tendre par *valeur* de cette expression le nombre (s'il en
existe un) qui est *la limite* vers laquelle tendent les différents nombres 0,45, 0,4545, 0,454545, etc., lorsqu'on prend
dans F, à partir de la virgule, un nombre de plus en
plus grand de périodes. Soit d'abord la fraction décimale finie
$F' = 0,454545$; on aura $F' \times 100 = 45,4545$; donc on aura
$F' \times 100 - F' = 45,4545 - 0,454545$ ou $= (45 + 0,4545)$
$- (0,4545 + 0,000045) = 45 + 0,4545 - 0,4545 - 0,000045$
ou $F' \times 99 = 45 - 0,000045$; de même, si $F'' = 0,45454545$,
on aura $F'' \times 99 = 45 - 0,00000045$, et ainsi de suite; toutes
les quantités telles que $F' \times 99$, $F'' \times 99$, etc., seront plus
petites que 45, et leur différence avec 45 pourra devenir
plus petite que toute quantité donnée, si l'on prend un
nombre assez grand de périodes. Donc $F \times 99 = 45$, *rigoureusement*, et par suite $F = \dfrac{45}{99}$; le théorème est démontré.

223. Corollaire I. — *Si l'on réduit à sa plus simple expression la fraction ordinaire fournie par la règle précédente, le dénominateur ne contiendra ni le facteur premier 2, ni le facteur premier 5.*

En effet, un nombre qui n'est formé que de chiffres 9, ne
peut être divisible ni par 2 ni par 5; si donc on simplifie
la fraction $\dfrac{45}{99}$, par exemple, le dénominateur de la fraction
obtenue, qui sera un diviseur de 99, ne contiendra ni le facteur 2, ni le facteur 5.

224. Corollaire II. — *La fraction obtenue par la règle
du théorème précédent est équivalente à la fraction ordinaire qui a engendré la fraction décimale considérée.*

D'abord $\dfrac{45}{99}$, convertie en décimales, engendrera la fraction
décimale périodique 0,4545..., car la fraction décimale engendrée devra contenir les mêmes nombres de dixièmes,
de centièmes, de millièmes, etc., que ceux qu'il y a dans

0,4545..., et il en sera de même de toute fraction équivalente à $\frac{45}{99}$.

225. Théorème. — *Une fraction décimale périodique mixte est équivalente à une fraction ordinaire ayant pour numérateur la différence des entiers obtenus en portant successivement la virgule à droite et à gauche de la première période, et pour dénominateur, un nombre formé d'autant de chiffres 9 qu'il y a de chiffres dans la période, suivis d'autant de zéros qu'il y a de chiffres non périodiques.*

Soit la fraction décimale périodique mixte $F = 0,3244545...$ Considérons d'abord la fraction décimale finie $F' = 0,324454545$; portant successivement la virgule à droite et à gauche de la première période, on a $F' \times 100000 = 32445,4545$ et $F' \times 1000 = 324,454545$; donc on a :

$$F' \times 100000 - F' \times 1000 = 32445,4545 - 324,454545$$

ou $\qquad F' \times (100000 - 1000) = 32445 - 324 - 0,000045$

ou $\qquad F' \times 99000 = 32445 - 324 - 0,000045;$

de même si $F'' = 0,32445454545$, on a :

$$F'' \times 99000 = 32445 - 324 - 0,00000045$$

et ainsi de suite; le produit par 99000 des fractions décimales successives que l'on considère diffère de $32445 - 324$, de quantités qui sont de plus en plus petites, et qui ont 0 pour limite, lorsque le nombre des périodes que l'on prend augmente indéfiniment; donc on a, rigoureusement, l'égalité $F \times 99000 = 32445 - 324$; et, par suite,

$$F = \frac{32445 - 324}{99000} = \frac{32121}{99000};$$

le théorème est démontré.

226. Corollaire I. — *Si l'on réduit à sa plus simple expression la fraction ordinaire fournie par la règle précédente, elle contiendra toujours à son dénominateur, soit autant de facteurs 2, soit autant de facteurs 5, qu'il y avait primitivement de zéros, c'est-à-dire autant qu'il y avait de chiffres non périodiques dans la fraction donnée.*

En effet, nous avons vu que dans une fraction décimale périodique mixte, le dernier chiffre de la période n'est jamais le même que le dernier chiffre non périodique, à droite; le numérateur de la fraction fournie par la règle précédente ne sera jamais terminé par 0; il ne pourra donc pas contenir en même temps le facteur 2 et le facteur 5; en simplifiant cette fraction, on ne pourra pas supprimer en même temps des facteurs 2 et des facteurs 5; dans l'exemple cité plus haut, la fraction $\dfrac{32121}{99000}$ contient à son dénominateur trois facteurs 2 et trois facteurs 5; donc, après simplification, il doit rester au dénominateur, soit trois facteurs 2, soit trois facteurs 5.

227. Corollaire II. — *La règle donnée plus haut sert à trouver une fraction équivalente à la fraction génératrice d'une fraction décimale périodique mixte.*

En effet, la fraction $\dfrac{32121}{99000}$ doit contenir autant de dixièmes, de centièmes, de millièmes, etc., que la fraction décimale 0,3244545..., et il en sera de même de toute fraction équivalente à $\dfrac{32121}{99000}$.

228. Théorème. — *Si l'on convertit en décimales une fraction irréductible dont le dénominateur ne contient ni le facteur 2 ni le facteur 5, la fraction décimale engendrée est périodique simple.*

D'abord, la fraction décimale engendrée est périodique (**221**). Elle ne peut être périodique mixte, car la fraction irréductible équivalente à une telle fraction décimale contient toujours au moins un facteur 2 ou un facteur 5 à son dénominateur; donc la fraction décimale engendrée est périodique simple.

229. Théorème. — *Si l'on convertit en décimales une fraction irréductible dont le dénominateur contient des facteurs 2 ou des facteurs 5 et d'autres facteurs premiers, on obtient une fraction décimale périodique mixte.*

D'abord, la fraction décimale engendrée est périodique (**221**). Elle ne peut être périodique simple, car la fraction irréductible équivalente à une telle fraction ne contient ni facteur 2, ni facteur 5 à son dénominateur; donc la fraction décimale engendrée sera périodique mixte.

230. Corollaire. — *La fraction décimale périodique mixte engendrée aura un nombre de chiffres non périodiques égal au plus fort des deux exposants de 2 ou de 5 dans le dénominateur.*

Soit la fraction $\dfrac{117}{440} = \dfrac{117}{11 \times 2^3 \times 5}$ qui est irréductible; si la fraction périodique mixte engendrée avait moins de trois chiffres non périodiques, d'après un corollaire précédent, la fraction irréductible équivalente aurait moins de trois facteurs 2 et moins de trois facteurs 5 à son dénominateur, elle ne pourrait être égale à $\dfrac{117}{11 \times 2^3 \times 5}$; de même si la fraction périodique mixte engendrée avait plus de trois chiffres non périodiques, d'après un corollaire démontré, la fraction irréductible équivalente aurait soit plus de 3 facteurs 2, soit plus de trois facteurs 5 à son dénominateur, et elle ne pourrait être égale à $\dfrac{117}{11 \times 2^3 \times 5}$. Donc la fraction périodique mixte engendrée aura précisément trois chiffres non périodiques.

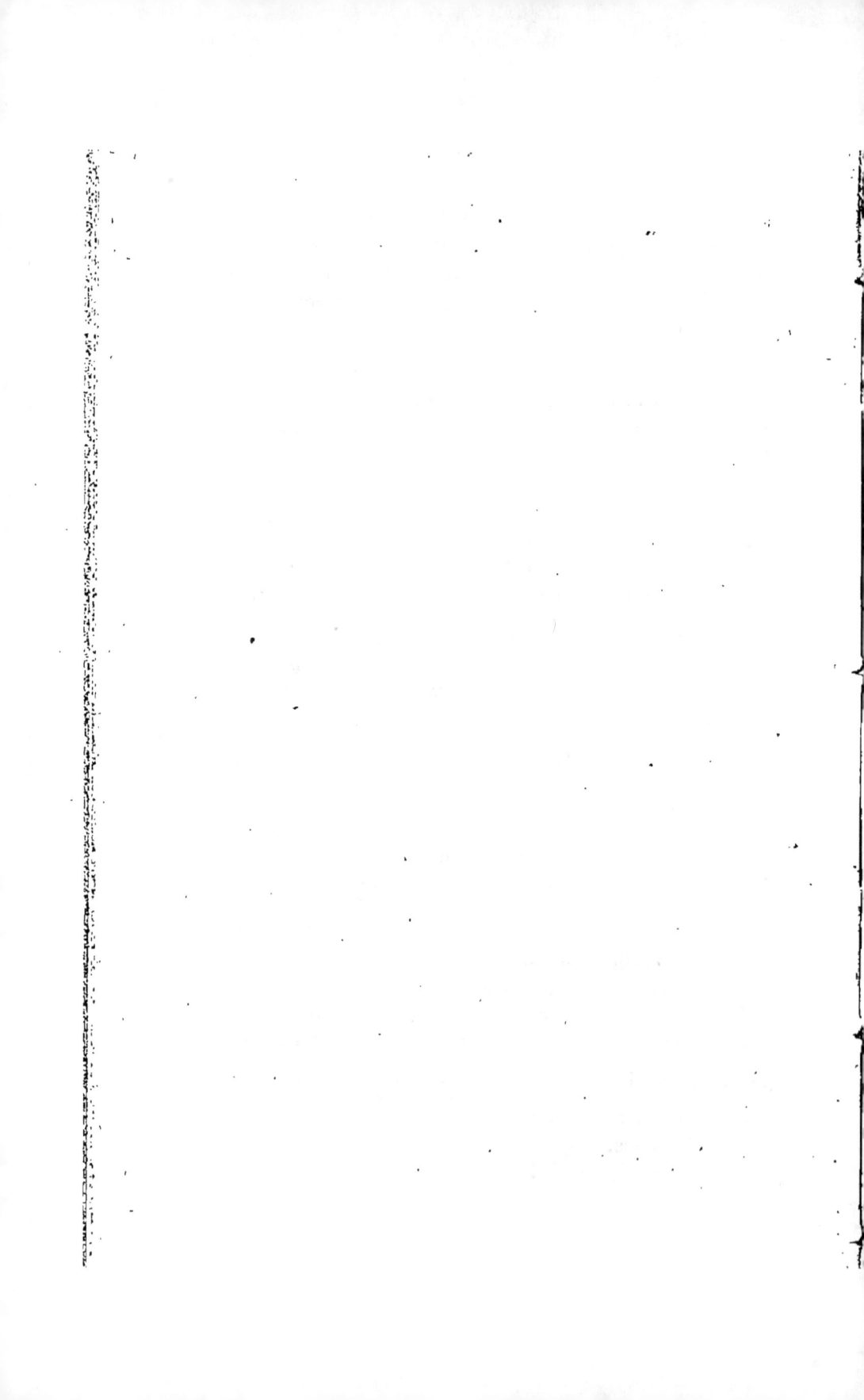

LIVRE III.

DES RAPPORTS DES GRANDEURS ENTRE ELLES.

CHAPITRE PREMIER.

RAPPORT DE DEUX GRANDEURS DE MÊME ESPÈCE. — MESURE D'UNE GRANDEUR.

231. On appelle *grandeur* ou *quantité* ce qui peut être augmenté ou diminué. Exemples : une longueur, un angle, etc.

Nous supposons que toutes les grandeurs que nous considérerons soient telles que si l'on a deux grandeurs de même espèce, on sache bien ce que l'on entend, en disant qu'elles sont égales, que l'une est plus grande ou plus petite que l'autre ; que l'on sache bien ce qu'on appelle la somme ou la différence de ces deux grandeurs ; que l'on sache ce qu'on entend par une grandeur deux, trois, quatre fois, etc., plus grande qu'une autre, et ce que c'est qu'une grandeur deux, trois, quatre fois, etc., plus petite qu'une autre de même espèce. Tels sont : les longueurs, les poids, les temps, les angles, etc.

Nous appellerons *partie aliquote* d'une grandeur, la grandeur qu'on obtient en partageant cette grandeur en un nombre entier de parties égales ; la partie aliquote considérée sera alors deux, trois, quatre fois, etc., plus petite que la grandeur donnée.

232. Si une grandeur en contient une seconde de même espèce sept fois exactement, par exemple, on dira que le *rapport* de la première grandeur à la seconde est 7; de même, si une première grandeur contient 7 fois une deuxième grandeur, plus les $\frac{3}{11}$ de cette grandeur, on dira que le *rapport* de la première grandeur à la seconde est $7\frac{3}{11}$ ou $\frac{80}{11}$; la première grandeur vaudra ainsi les $\frac{80}{11}$ de la seconde.

Étant données deux grandeurs de même espèce, nous appellerons **rapport** *d'une grandeur à l'autre le nombre entier ou fractionnaire (s'il en existe un) qui exprime combien de fois la première grandeur contient la deuxième, ou combien elle contient de parties aliquotes de la deuxième.*

233. *On appelle* **mesure** *d'une grandeur le nombre entier ou fractionnaire (s'il en existe un) qui exprime combien de fois la grandeur en contient une autre de même espèce, bien connue, nommée* **unité**, *ou qui exprime combien elle contient de parties aliquotes de l'unité.*

Par exemple, si l'on prend pour unité de longueur une certaine longueur appelée le *mètre*, et si une longueur contient 7 mètres et $\frac{3}{11}$ de mètre, ou $\frac{80}{11}$ de mètre, on dira que la mesure de cette longueur est exprimée par $7\frac{3}{11}$ ou par $\frac{80}{11}$.

On voit que la mesure d'une grandeur n'est autre chose que le rapport de cette grandeur à la grandeur de même espèce prise pour *unité*.

234. Le rapport de deux grandeurs A et B de même espèce sera connu, si l'on connaît une troisième grandeur C de même espèce, qui soit contenue un nombre exact de fois dans chacune d'elles, et si l'on connaît le nombre de fois que C est contenue dans A et B.

Supposons que C soit contenu 160 fois dans A et 22 fois dans B; C sera $\frac{1}{22}$ de B et, par conséquent, A sera les $\frac{160}{22}$ de B; le rapport de A à B sera $\frac{160}{22}$ ou $7\frac{6}{22}$. — Je remarque que toute partie aliquote de C pourrait servir au même objet; si $C' = \frac{1}{10}$ de C, C = 10 fois C', et alors 160 fois C = 160 fois 10 fois C' = 1600 fois C'; 22 fois C = 22 fois 10 fois C' = 220 C', donc A = 1600 C' (lisez 1600 fois C'), B = 220 C'; donc le rapport de A à B = $\frac{1600}{220}$. Il est à remarquer que $\frac{1600}{220}$ = $\frac{160 \times 10}{22 \times 10}$ = $\frac{160}{22}$. D'autre part, si l'on a C" = 2 C, on aura A = 160 C = 80 fois 2 C = 80 C' et B = 22 C = 11 fois 2 C = 11 C'; donc le rapport de A à B est aussi $\frac{80}{11}$ = $\frac{160 : 2}{22 : 2}$ = $\frac{160}{22}$.

235. *On appelle commune mesure de deux grandeurs de même espèce une troisième grandeur de même espèce, qui est contenue un nombre exact de fois dans chacune des deux grandeurs.*

D'après ce qui précède, on voit que si deux grandeurs ont une commune mesure, elles en ont une infinité. La plus grande de toutes les communes mesures de deux grandeurs s'appelle *leur plus grande commune mesure.*

★ 236. Règle. — *Pour trouver la plus grande commune mesure de deux grandeurs simples (comme deux longueurs, deux angles), on porte la plus petite sur la plus grande autant de fois que possible, puis le reste sur la plus petite autant de fois que possible, puis le deuxième reste sur le*

8

*premier reste autant de fois que possible, et ainsi de suite
jusqu'à ce qu'on arrive (s'il est possible) à un reste contenu un nombre exact de fois dans le reste précédent, ce
dernier reste sera la plus grande commune mesure
cherchée.*

Supposons que A contienne 3 fois B plus un reste R,
que B contienne 5 fois R plus un reste R', que R contienne
2 fois R' plus un reste R'', que R' contienne exactement
7 fois R''; on a

$$A = 3 B + R$$
$$B = 5 R + R'$$
$$R = 2 R' + R''$$
$$R' = 7 R'';$$

donc $$R = 14 R'' + R'' = 15 R'',$$

$$B = 5 \text{ fois } 15 R'' + 7 R'' = 75 R'' + 7 R'' = 82 R'',$$
$$A = 3 \text{ fois } 82 R'' + 15 R'' = 246 R'' + 15 R'' = 261 R'';$$

on voit bien ainsi que R'' est une commune mesure à A et B.
Nous allons prouver que c'est la plus grande. En effet,
toute commune mesure à A et à B est contenue exactement
dans A et 3 B et aussi dans leur différence R; de même,
toute commune mesure à B et à R est contenue un nombre
exact de fois dans 3 B et dans R et aussi dans leur somme A.
La plus grande commune mesure de A et de B est donc
la même que celle de B et R; elle sera la même que celle
de R et R', de R' et de R''; or celle de R' et R'' est évidemment R''; donc R'' est la plus grande commune mesure de
A et B.

★**237**. Dans la pratique toute matérielle, il arrive toujours un moment où l'opération indiquée plus haut se termine. Toutes les fois que l'opération se termine, les deux
grandeurs sont dites *commensurables entre elles* et leur
rapport s'exprime par un nombre entier ou par un nombre

fractionnaire. Ainsi on a trouvé $A = 261 R''$, $B = 82 R''$; donc le rapport de A à B est égal $\frac{261}{82}$.

Cette fraction est même irréductible, car si elle pouvait s'exprimer par des termes plus simples, il y aurait une commune mesure C, contenue moins de 82 fois dans B et qui, par conséquent, serait plus grande que R''; R'' ne serait donc pas la plus grande commune mesure.

★ **238.** Il peut arriver dans certains cas, en se plaçant à un point de vue théorique pur, que les quantités A et B, sur lesquelles on opère la recherche de la plus grande commune mesure, soient telles que l'opération ne se termine jamais; on dit alors que les quantités A et B sont *incommensurables entre elles*, c'est-à-dire qu'elles n'ont pas de commune mesure; on ne peut alors exprimer leur rapport ni par un nombre fractionnaire, ni par un nombre entier.

On prouve, par exemple, en géométrie pure, que le cas peut se présenter :

La diagonale d'un carré est incommensurable avec le côté de ce carré.

★ **239.** Si deux quantités de même espèce A et B sont incommensurables entre elles, il existe toujours une quantité A' différant d'aussi peu qu'on voudra de A et qui soit commensurable avec B.

Si, par exemple, on veut que A' diffère de A de moins que de $\frac{1}{1000}$ de B, soit $C = \frac{1}{1000}$ de B, C ne sera pas contenu exactement dans A; supposons que $1414\,C < A$ et $1415\,C > A$, prenons $A' = 1414\,C$, A' sera commensurable avec B et différera de A de moins que de $\frac{1}{1000}$ de B. Le rapport de A' à B sera $\frac{1414}{1000}$ ou 1,414; on dira qu'il représente à moins de $\frac{1}{1000}$ près par défaut, le rapport incommensurable de A à B, parce que $A' < A$ et $A - A' < \frac{1}{1000}$ de B; la quantité $A'' = \frac{1115}{1000}$ de B différera de A de moins que $\frac{1}{1000}$ de B et $A'' > A$; $\frac{1115}{1000}$ représentera par excès, à moins d'un millième près, le rapport de A à B.

Nous ne considérerons, dans tout ce qui va suivre, que des rapports de deux quantités commensurables entre elles, ou supposées telles. Cela suffira pour la pratique.

240. **Théorème.** — *Si deux grandeurs ont été mesurées avec une même unité, le rapport de ces deux grandeurs est égal au quotient des nombres qui expriment leurs mesures.*

Supposons que deux longueurs A et B soient respectivement égales à 17 m. $\frac{1}{4}$ et 5 m. $\frac{5}{6}$; $17\frac{1}{4} : 5\frac{5}{6} = 2\frac{67}{70}$ ou $\frac{207}{70}$; donc $5\frac{5}{6} \times 2\frac{67}{70} = 17\frac{1}{4}$ ou $17\frac{1}{4} = 5\frac{5}{6} \times \frac{207}{70}$ ou enfin $17\frac{1}{4} = \frac{207}{70}$ de $5\frac{5}{6}$ et alors 17 m. $\frac{1}{4} = \frac{207}{70}$ de 5 m. $\frac{5}{6}$; donc $A = \frac{207}{70}$ de B ou 2 fois B, plus $\frac{67}{70}$ de B; donc le rapport de A à B est $2\frac{67}{70}$.

C'est pour cette raison que, dans un chapitre précédent (**174**), nous avons défini le *rapport d'un nombre à un autre* comme étant le quotient du premier, divisé par le second. Pour indiquer le rapport de A à B, on écrira $\frac{A}{B}$ et ce rapport sera toujours égal au rapport des nombres qui expriment les mesures de A et de B, pourvu que A et B aient été mesurés avec une même unité, d'ailleurs quelconque.

CHAPITRE II.

241. Les principales grandeurs que l'on a à mesurer
sont les *longueurs*, les *aires* ou *surfaces* ou *superficies*, les
volumes des corps, les *capacités* des vases et les *volumes* des
liquides, des graines, des matières pulvérulentes, les *poids*,
enfin les *valeurs* qui s'expriment à l'aide des *monnaies*.

A chacune de ces sortes de grandeurs correspond une
unité, et toutes ces unités dérivent de l'unité de longueur
appelée *mètre*, qui s'appelle pour cette raison l'*unité fonda-
mentale* ou la *base* du système légal des mesures nommé
aussi système *métrique*.

242. Les fractions d'unités, s'expriment ordinairemen
en décimales; les sous-multiples décimaux de l'unité, tels
que dixièmes, centièmes, millièmes, s'expriment par les
mots *déci, centi, milli*, suivis du nom de l'unité. Ainsi, la
millième partie du mètre s'appelle un *millimètre*.

On considère aussi les multiples décimaux de l'unité qui
s'expriment en faisant précéder l'unité des mots *déca, hecto,
kilo, myria*, qui signifient 10, 100, 1000, 10000. Ainsit
kilomètre signifie *mille mètres*.

243. On distingue les *mesures de compte*, c'est-à-dire
servant à *énoncer* les mesures des grandeurs et les *mesures
effectives* qui sont employées effectivement pour *opérer* les
mesures.

244. Mesures de longueur. — L'*unité des mesures de
longueur* est le *mètre* : c'est la dix-millionième partie de
la longueur du quart du méridien terrestre. Un étalon de

8.

cette mesure est déposé aux Archives nationales. Ses sous-multiples sont le *décimètre*, le *centimètre*, le *millimètre;* ses multiples sont le *décamètre*, l'*hectomètre*, le *kilomètre*, le *myriamètre*.

245. Les mesures *itinéraires* ou mesures de chemins sont le *myriamètre*, le *kilomètre*, l'*hectomètre*, puis la *lieue de poste nouvelle* qui vaut 4 kilomètres. La longueur du méridien terrestre est de 40000 kilomètres ou 10000 lieues de poste.

246. Les *mesures effectives de longueur* sont, pour les étoffes, le mètre et le demi-mètre en bois, divisés en centimètres; pour les métrés de bâtiments, le mètre articulé et le double-mètre; dans certains métiers, on emploie le mètre divisé en millimètres; le dessinateur se sert du décimètre et du double-décimètre divisés en millimètres ou demi-millimètres. Enfin l'*arpenteur* se sert d'une *chaîne* ayant un décamètre de long divisée en chaînons de deux décimètres; les poignées sont comprises dans la longueur de la chaîne; on emploie aussi un ruban flexible d'acier divisé en décimètres, et le décamètre à roulette, formé d'un ruban de toile divisé en centimètres.

247. Mesures de superficie. — L'*unité des mesures de superficie* est le *mètre carré*. C'est un carré ayant un mètre de côté.

248. On appelle *décamètre carré, hectomètre carré*, etc., des carrés ayant respectivement un décamètre, un hectomètre, etc., de côté. D'après des notions géométriques connues, le décamètre carré vaut 10×10 ou 100 mètres carrés; on peut le voir de la manière suivante : 10 mètres carrés placés bout à bout forment une bande longue de 10 mètres, large d'un mètre, avec 10 bandes semblables contenant chacune 10 mètres carrés, on formera un décamètre carré contenant 10×10 ou 100 mètres carrés. De même, l'hectomètre carré vaut 100×100 ou 10000 mètres carrés, etc.

249. On appelle *décimètre carré, centimètre carré, millimètre carré*, des carrés ayant respectivement un décimètre, un centimètre, un millimètre de côté. On reconnaît facilement que le mètre carré vaut 100 décimètres carrés, 10000 centimètres carrés, 1000000 millimètres carrés.

250. Dans un nombre décimal de mètres carrés, les centièmes représentent des décimètres carrés, les dix-millièmes, des centimètres carrés, les millionièmes, des millimètres carrés; de même, les centaines représentent des décamètres carrés, les dizaines de mille, des hectomètres carrés, etc.

251. L'unité des mesures de terrains ou *mesures agraires* est l'*are* qui équivaut au décamètre carré; le mètre carré en est la centième partie et s'appelle *centiare;* l'hectomètre carré vaut 100 décamètres carrés ou 100 ares; il s'appelle *hectare.* Le kilomètre carré vaut 100 hectares.

252. Il n'y a pas de mesures effectives de superficie. La géométrie fournit le moyen d'obtenir la mesure d'une superficie quand on a mesuré les longueurs de certaines dimensions; ainsi la superficie d'un rectangle est égale au produit de ses deux dimensions.

253. Mesures de volumes. — *L'unité des mesures de volume* est le *mètre cube.* C'est un *cube* (ou volume terminé par six carrés égaux) qui a un mètre de côté.

254. On appelle *décimètre cube, centimètre cube, millimètre cube*, des cubes ayant respectivement un décimètre, un centimètre, un millimètre de côté. On a vu, dans les notions de géométrie, que le mètre cube vaut 1000 décimètres cubes. On peut le reconnaître de la manière suivante: dans une caisse cubique ayant intérieurement un mètre de côté, on peut recouvrir le fond qui est un mètre carré contenant 100 décimètres carrés avec 100 décimètres cubes, on a ainsi une première couche qui a un décimètre de haut; 10 couches semblables s'élèveront à 1 mètre de haut, et rempliront la caisse qui contiendra 100 × 10 ou 1000 décimètres cubes; de même le mètre cube vaut 1000000 centimètres cubes, etc.

255. Dans un nombre décimal de mètres cubes, les millièmes représentent des décimètres cubes; les millionièmes, des centimètres cubes, etc.

256. Pour la mesure du bois de chauffage, le mètre cube prend le nom de *stère; le décastère* vaut 10 stères; la dixième partie du stère s'appelle *décistère; le* décistère vaut 100 décimètres cubes.

257. La géométrie fournit le moyen d'obtenir la mesure d'un volume quand on a mesuré certaines de ses dimensions. Ainsi, le volume d'un parallélipipède rectangle, comme une caisse à faces rectangulaires, est égal au produit de ses trois dimensions. Pour mesurer le bois, il est commode d'empiler les bûches dans un cadre en bois ayant les dimensions convenables pour que, d'après la longueur commune des bûches, le volume remplissant le cadre soit d'un stère, par exemple.

258. Les volumes de certaines substances, comme les liquides, peuvent se mesurer directement à l'aide de vases ayant un volume ou une capacité connue et nommés mesures de capacité.

259. Mesures de capacité. — *L'unité des mesures de capacité* est le *litre*. Le litre est un vase cylindrique ayant une capacité équivalente à un décimètre cube. Les multiples décimaux du litre sont: le *kilolitre, l'hectolitre,* le *décalitre;* les sous-multiples décimaux du litre sont: le *décilitre*, le *centilitre* et le *millilitre*. Le kilolitre, qui équivaut au mètre cube, et le millilitre, qui équivaut au centimètre cube, sont des mesures de compte, du reste, peu employées. Toutes les autres sont des *mesures effectives;* on emploie, en outre, comme mesures effectives, des mesures qui sont le double ou la moitié de chacune des précédentes, à l'exception du double hectolitre et du demi-centilitre.

260. Celles de ces mesures qui servent pour les liquides, tels que le vin, le vinaigre, l'eau-de-vie, ont la hauteur double du diamètre; elles sont en étain (avec une faible proportion de plomb). Toutes les autres ont le diamètre égal à la hauteur, ce qui rend facile leur vérification; les unes pour les liquides gras, tels que l'huile, le lait, sont en fer-blanc; les autres sont en bois.

261. Mesures de poids. — *L'unité de poids* est le *gramme*. Le gramme est le poids d'un centimètre cube ou d'un millilitre d'eau distillée prise à son maximum de densité, à la température de 4 degrés au-dessus de zéro, ce poids étant ramené à ce qu'il serait dans le vide.

262. Les multiples décimaux du gramme sont le *décagramme*, l'*hectogramme*, le *kilogramme* ou simplement le *kilo*, le *myriagramme*, et enfin le *quintal métrique* qui vaut 100 kilogrammes, et la *tonne* ou *tonneau de mer* qui vaut 1000 kilogrammes. Les sous-multiples décimaux du gramme sont le *décigramme*, le *centigramme*, le *milligramme*. Le tonneau de mer et le quintal métrique sont des mesures de compte; le demi-quintal et tous les autres poids cités plus haut sont des mesures effectives, ainsi que le double et la moitié de chacun d'eux, à l'exception du demi-milligramme. Une série complète doit contenir en double les poids d'un gramme, et chacun de ses multiples et sous-multiples décimaux.

263. Pour déterminer le poids d'un corps, on se sert

d'instruments nommés *balances* décrits dans les cours de physique ou de mécanique et de poids effectifs.

264. Les plus gros poids sont ordinairement en fonte avec une cavité contenant du plomb; les moyens sont en laiton ou cuivre jaune, de forme cylindrique, et les plus petits, inférieurs au gramme, ont la forme de lames en cuivre. — Le kilogramme est souvent pris dans le commerce comme unité principale de poids. — Un mètre cube d'eau pèse une tonne; un litre d'eau pèse un kilogramme; un millimètre cube d'eau pèse un milligramme.

265. Monnaies. — *L'unité des monnaies est le franc.* C'est une pièce de monnaie pesant 5 grammes et formée d'un alliage d'argent et de cuivre dans un rapport déterminé, qui, lors de la création du système actuel des monnaies, était de $\frac{9}{10}$ en poids d'argent et $\frac{1}{10}$ de cuivre.

Les multiples décimaux du franc sont la pièce de 10 francs et la pièce de 100 francs; les sous-multiples décimaux sont le *centime* ou centième partie du franc, le *décime* ou pièce de 10 *centimes*, qui est la dixième partie du franc. Les autres pièces de monnaie sont la pièce de 50 francs, qui vaut la moitié de celle de 100 francs; la pièce de 20 francs et la pièce de 5 francs, qui valent le double et la moitié de la pièce de 10 francs; la pièce de 2 francs et la pièce de 50 centimes, qui valent le double et la moitié de la pièce de 1 franc; la pièce de 20 centimes et la pièce de 5 centimes, qui valent le double et la moitié du décime; la pièce de 2 centimes, double de celle de 1 centime.

266. On appelle *titre* d'un alliage d'un métal précieux (or ou argent) et d'un métal commun (cuivre) le rapport du poids du métal précieux au poids total de l'alliage. Le titre s'évalue ordinairement en millièmes.

267. Les pièces de monnaies dites *pièces d'argent* sont la pièce de 5 francs en argent, les pièces de 2 francs, 1 franc, 50 centimes, 20 centimes; les pièces de 5 francs en argent sont au titre ancien de 0,900, avec une *tolérance* sur le titre de 0,002; les autres, dites pièces divisionnaires, sont au titre de 0,835, avec une tolérance sur le titre de 0,003. Les poids de toutes les pièces d'argent sont comptés à raison de 5 grammes par franc. La tolérance pour le poids est de:

$\dfrac{3}{1000}$ du poids de la pièce pour les pièces de 5 francs;

$\dfrac{5}{1000}$ — — pour les pièces de 2 francs et 1 franc;

$\dfrac{7}{1000}$ — — pour les pièces de 50 centimes;

$\dfrac{10}{1000}$ — — pour les pièces de 20 centimes.

268. Les monnaies dites *pièces d'or* sont les pièces de 100 francs, de 50 francs, de 20 francs, de 10 francs et la pièce de 5 francs en or; elles sont formées d'un alliage d'or et de cuivre, au titre uniforme de 0,900, la tolérance étant de 0,001. Le poids de ces pièces est établi d'après cette règle, que, *à poids égal, la monnaie d'or vaut 15 fois 1/2 plus que la monnaie d'argent*. 1 gramme d'or monnayé vaut $\dfrac{1^{\mathrm{r}}}{5} \times 15,5 = 3^{\mathrm{r}},10$. La tolérance pour le poids est de

$\dfrac{1}{1000}$ du poids de la pièce pour les pièces de 100 et 50 francs;

$\dfrac{2}{1000}$ — — pour les pièces de 20 et 10 francs;

$\dfrac{3}{1000}$ — — pour la pièce de 5 francs en or.

269. Les pièces de monnaies dites de *bronze* sont les pièces de 10 centimes, 5 centimes, 2 centimes, 1 centime; elles sont formées d'un alliage de 95 parties en poids de cuivre, 4 d'étain, 1 de zinc, avec une tolérance de $\dfrac{1}{100}$ du poids total sur le cuivre et $\frac{1}{2}$ centième sur l'étain et le zinc.

Le poids de ces pièces est réglé d'après ce principe, que, à *poids égal, la monnaie de bronze vaut 20 fois moins que la monnaie d'argent*. Une pièce de 1 centime pèse autant que la pièce d'argent de 20 centimes, c'est-à-dire 1 gramme.

La tolérance sur le poids est de

$\frac{10}{1000}$ du poids de la pièce pour les pièces de 10 et 5 centimes;

$\frac{15}{1000}$ — — pour les pièces de 2 et 1 centimes.

Pour avoir de plus amples détails sur les monnaies, consulter l'*Annuaire du Bureau des longitudes*.

270. Pour la *mesure du temps*, on n'a pas adopté la division décimale. On peut prendre pour unité le *jour solaire moyen*, qui sera défini dans le cours de cosmographie; il se divise en 24 heures, l'heure se divise en 60 minutes, la minute en 60 secondes; les fractions de secondes s'évaluent ordinairement en décimales. Dans les questions de mécanique, on prend souvent la *seconde* pour unité de temps.

271. Le temps qui s'énonce 8 heures 13 minutes 18 secondes 27 centièmes de seconde, s'écrit $8^h 13^m 18^s,27$, en employant les initiales *h, m, s*, qui signifient heures, minutes, secondes.

272. Pour la mesure des *angles*, on prend souvent pour unité l'angle droit; la 90ᵉ partie de cet angle est l'angle de *un degré*; la 60ᵉ partie de un degré s'appelle *minute* et la 60ᵉ partie d'une minute s'appelle *seconde;* les fractions de seconde s'évaluent en décimales. Un angle de 53 degrés 18 minutes 20 secondes 7 centièmes de seconde, s'écrit 53° 18′ 20″,07, le signe ° signifiant *degré*, le signe ′ s'énonçant *minute* (de degré), le signe ″ s'énonçant *seconde* (de degré).

273. Toute circonférence, petite ou grande, se divise

aussi en 360 parties égales appelées *degrés*, le degré en 60 parties égales appelées *minutes* et enfin la minute en 60 parties égales appelées *secondes*. Dans une circonférence quelconque, les arcs d'un degré, d'une minute, d'une seconde, correspondent précisément à des angles au centre de un degré, une minute, une seconde.

274. L'angle ayant un nombre donné de degrés a toujours la même grandeur, le même écartement, tandis qu'un arc d'un nombre donné de degrés a une longueur plus ou moins grande, suivant la circonférence à laquelle il appartient.

275. Le quart du méridien terrestre comprend 90° et a une longueur de 10000000 de mètres, l'arc de 1° a par suite une longueur de $\dfrac{10000000^m}{90}$ et l'arc d'une minute

$$\frac{10000000}{90 \times 60} = \frac{100000}{54} = 1851^m,8,$$

c'est ce qu'on appelle le *mille marin*. — La *lieue marine*, ou de 20 au degré, vaut 3 milles marins ou 5555^m,5. — La lieue géographique, de 25 au degré, vaut

$$\frac{10000000}{90 \times 25} = \frac{40000000}{9000} = \frac{40000^m}{9} = 4444^m,44.$$

CHAPITRE III.

DES PRINCIPALES MESURES FRANÇAISES ANCIENNES.

276. Avant 1789, l'ensemble des poids et mesures était loin d'être uniforme pour toute la France, ce qui rendait difficiles les transactions commerciales. D'autre part, les multiples et sous-multiples de chaque unité principale étaient

9

formés d'après des règles variables, ce qui donnait lieu à des
calculs pénibles ; tandis que le système actuel, étant en har-
monie avec la numération décimale, les calculs d'aires, de
volumes et de prix des denrées se font avec la plus grande
facilité ; d'ailleurs, le *mètre*, base du système actuel, est
fixé d'une façon aussi invariable que la grandeur de la terre
elle-même.

Ces simples considérations justifient la réforme à laquelle nous devons *le système métrique*.

277. Mesures anciennes de longueur. — L'unité princi-
pale était la *toise*. La *toise* valait 6 *pieds*, le *pied* 12 *pouces*, le
pouce 12 *lignes*, et la *ligne* 12 *points*. La commission chargée
de l'établissement du système métrique avait trouvé 5130740
toises pour la longueur du quart du méridien terrestre. Le
mètre vaut par suite $\dfrac{5130740}{10000000}$ de toise ou 3 pieds 0 pouce
11 lignes $\dfrac{296}{1000}$ de ligne environ. La toise vaut

$$\frac{10000000^{m}}{5130740} = 1^{m},94904.$$

L'*Annuaire du Bureau des longitudes* contient des tableaux de conversion des toises, pieds, pouces en mètres
et décimales du mètre, puis des lignes en millimètres et
fractions décimales du millimètre. Il contient aussi des tableaux de conversion des mètres, décimètres, centimètres,
millimètres en toises, pieds, pouces, lignes.

L'usage de ces tableaux est facile, et toute conversion se
ramène à une addition. A l'aide de ces tableaux, on reconnaît facilement que l'*aune*, mesure employée pour les étoffes
et valant 526 lignes $\dfrac{10}{12}$, valait $1^{m},188454$; que le *mille*, mesure de chemin de 1000 toises, valait $1949^{m},03659$; que la
lieue de poste ancienne, de 2 *milles*, valait $3898^{m},07318$.

278. Unités de superficie. — On employait la toise carrée, le pied carré, etc., qui étaient des carrés ayant une toise, un pied, etc., de côté. — Pour les mesures agraires, les plus officiellement reconnues étaient la *perche des eaux et forêts* (dite de 22 pieds), elle valait $22 \times 22 = 484$ *pieds carrés*, parce que c'était un carré ayant 22 pieds de côté; la *perche de Paris* (dite de 18 pieds), valant $18 \times 18 = 324$ pieds carrés. L'*arpent des eaux et forêts* valait 100 perches des eaux et forêts, et l'*arpent de Paris* valait 100 perches de Paris.

L'arpent des eaux et forêts valait $51^{ares},07$ et l'arpent de Paris $34^{ares},19$.

279. **Mesures de volume.** — On employait la *toise cube*, le *pied cube*, etc., ou cubes ayant une toise, un pied, etc., de côté. Pour le bois de chauffage, on employait la *voie*, valant 56 pieds cubes, la *corde*, valant 2 voies. Pour les bois de charpente, on employait la *solive*, de 3 pieds cubes; la voie valait un nombre de mètres cubes marqué par $1^{mc},920$ ou $56 \times 0,32484^3$ ($0^m,32484$ étant égal au pied).

280. **Mesures de capacité.** — Pour les liquides, on employait la *pinte*, valant $0^{lit},9313$; la *velte*, valant 8 *pintes*; le *quartaut*, valant 9 *veltes*; la *feuillette*, valant 2 *quartauts*; le *muid*, valant 2 *feuillettes*. Pour les matières sèches, on employait le *litron* équivalant à $0^{lit},8130$; le *boisseau*, valant 16 *litrons*; le *setier*, valant 12 *boisseaux*.

281. **Mesures de poids.** — L'unité était la *livre poids*, valant 2 *marcs* et pesant $0^{kg},489506$ ou 16 *onces*; l'*once* valait 3 *deniers poids* ou 72 *grains*.

282. **Monnaies.** — L'unité des monnaies était la *livre tournois*, valant 20 *sous*; le *sou* valait 4 *liards* ou 12 *deniers*; 81 livres tournois valaient 80 francs.

L'*Annuaire du Bureau des longitudes* donne des Tables de conversion pour les mesures agraires, les mesures de capacité et les poids.

Dans la période de transition entre l'ancien et le nouveau système, on employait le pied métrique, valant $0^m,333$; la livre poids, valant 500 grammes, etc.

CHAPITRE IV.

DE QUELQUES MESURES ET MONNAIES ÉTRANGÈRES.

283. Longueurs. — *Angleterre.*

Yard impérial (unité)	$=$	$0^m,91438348$
Foot (pied)	$=\frac{1}{3}$ de yard $=$	$0^m,3048$
Inch (pouce)	$=\frac{1}{12}$ du pied $=$	$0^m,0254$
Mile	$=1760$ yards $=$	$1609^m,3149$
Russie. Sagène (toise)	$=$	7 pieds anglais
Turquie. Archinne	$=$	$0^m,75774$
Pour les étoffes, *pic*	$=$	$0^m,68$
Belgique. Mètre	$=$	$1^m,00$
Hollande. El	$=$	$1^m,00$
Allemagne. Pied du Rhin	$=$	$0^m314.$

284. Mesures itinéraires.

Belgique. Mille métrique	$=$	1000 mètres
Hollande. Mijl	$=$	1000 —
Italie. Mille métrique	$=$	1000 —
Suisse. Lieue	$=$	4800 —
Angleterre. Mile	$=$	$1609^m,3149$

285. Mesures agraires. — *Angleterre.*

Acre (4840 yards carrés) $= 4046^{m.\,q.},71.$

286. Mesures de capacité. — *Angleterre.*

Gallon impérial $= 4^l,543$

Quart $=\frac{1}{4}$ de gallon

Pint $=\frac{1}{8}$ de gallon

Bushel $=8$ gallons

Sack $=3$ bushels $=109^{l},043$.

287. Mesures de poids. — *Angleterre.*

1º *Livre troy impériale* $=373^{gr},242$

$Ounce=\frac{1}{12}$ de livre troy $=31^{gr},103$

2º *Livre avoir-du-poids* $=453^{gr},592$

$Ounce=\frac{1}{16}$ de livre avoir-du-poids $=28^{gr},35$

$Quintal=112$ livres $=50^{kg},802$

$Ton=20$ quintaux $=1016^{kg}.048$

288. Monnaies.

Allemagne. Mark $=100$ pfennigs	$=1^{f},11$	
— 20 marks	$=24^{f},62$	
Monnaie de compte : reichs-mark	$=1^{f},2345$	
Angleterre. Schilling $=12$ pence	$=1^{f},15$	
— Souverain $=20$ schillings	$=25^{f},2213$	
Monnaie de compte : livre sterling	$=25^{f},2213$	
Autriche. Florin $=100$ kreutzers	$=2^{f},47$	
— 8 florins	$=20^{f},00$	
Espagne. Peseta	$=0^{f},93$	
— Duro	$=5^{f},19$	
— Doublon	$=26^{f},00$	
Empire ottoman. Piastre	$=0^{f},22$	
—. 20 piastres	$=4^{f},40$	
— Livre turque $=100$ pias-tres.	$=22^{f},69$	
Turquie. Rouble $=100$ kopecks	$=3^{f},99$	
Roumanie. Ley	$=0^{f},93$	
États-Unis. Dollar $=100$ cents	$=5^{f},34$	
Monnaie de compte : Dollar de 100 cents	$=5^{f},1825$.	

289. Pour de plus amples détails sur les monnaies étrangères, on peut consulter l'*Annuaire du Bureau des longitudes.*

Nous ajouterons que la Suisse, la Belgique, la Grèce et l'Italie ont signé avec la France une convention monétaire par laquelle elles adoptent le système des monnaies françaises. Chacune des parties contractantes ne peut frapper de monnaie divisionnaire d'argent que jusqu'à concurrence de 6 francs par habitant.

★CHAPITRE V.

CALCUL DES NOMBRES COMPLEXES.

290. On appelle *nombre complexe* une indication, telle que 48°53'17″, exprimant la mesure d'une grandeur par la somme de plusieurs nombres d'unités différentes dont les unes sont des parties aliquotes des autres. Un tel nombre peut toujours être exprimé à l'aide d'une seule unité.

291. Soit l'angle exprimé par le nombre complexe 48°53'17″. Proposons-nous de le remplacer par un nombre de degrés. On sait que le degré vaut 60 minutes; une minute vaut $\frac{1}{60}$ de degré et 53' valent $\frac{53}{60}$ de degré; de même $1'' = \frac{1}{60}$ de minute ou $\frac{1}{60}$ de $\frac{1}{60}$ de degré, ou $\frac{1}{60 \times 60}$ ou $\frac{1}{3600}$ de degré. Le nombre de degrés sera donc $48 + \frac{53}{60} + \frac{17}{3600}$ ou $48 + \frac{53 \times 60}{3600} + \frac{17}{3600} = 48 + \frac{3180}{3600} + \frac{17}{3600} = 48\frac{3197}{3600}$, ou $\frac{175997}{3600}$.

292. De même, on trouve que 48°53'17″ équivalent

à $2933' + \dfrac{17}{60}$. Il est souvent commode de prendre pour unité principale l'unité la plus petite. Ainsi, on sait que $1°$ vaut $60'$; donc, $48°$ valent $60' \times 48 = 2880$; $48° + 53'$ valent $2880' + 53' = 2933'$; une minute vaut $60''$; donc, $2933'$ valent $60'' \times 2933 = 175980''$; donc $48°53'$ valent $175980''$, et, par suite, $48°53'17''$ valent $175980'' + 17'' = 175997''$ ou $\dfrac{175997}{3600}$ de degré, comme on a trouvé précédemment; il est clair que si $48°53'17''$ valent $175997''$, $48°53'17'',37$ valent $175997'',37$.

293. Inversement, proposons-nous d'exprimer $175997'',37$ en degrés, minutes et secondes; la division de 175997 par 60 donne 2933 pour quotient et 17 pour reste; donc $175997''$ $= 2933$ fois $60'' + 17''$ ou $2933' + 17''$; de même, la division de 2933 par 60 donne 48 pour quotient et 53 pour reste; donc $2933' = 48$ fois $60' + 53'$ ou $48°53'$, alors $175997''$ $= 48°53'17''$, et, enfin, $175997'',37 = 48°53'17'',37$.

294. Soit à exprimer $\dfrac{8657}{348}$ de degré en degrés, minutes, secondes et fraction décimale de seconde, à moins d'un centième de seconde près.

En considérant $\dfrac{8657}{348}$ de degré comme le résultat du partage de $8657°$ en 348 parties égales, on pourra écrire $\dfrac{8657°}{348} = 24° + \dfrac{305}{348}$; $\dfrac{305}{348}$ de degré valent $\dfrac{305}{348}$ de $60'$ ou $60' \times \dfrac{305}{348}$ $= \dfrac{60 \times 305}{348}$ de minute, ou $\dfrac{18300'}{348} = 52'\dfrac{204}{348}$; $\dfrac{204}{348}$ de minute valent $\dfrac{204}{348}$ de $60''$ ou $\dfrac{60 \times 204}{348}$ de seconde, ou $\dfrac{12240''}{348} = 35'',17$ à moins de $0,01$ près; en résumé, $\dfrac{8657°}{348} = 24°52'35'',17$. On dispose les opérations successives de la manière suivante:

$$
\begin{array}{r|l}
8657 & 348 \\
1697 & \overline{24^\circ} \\
305 & \\
60 & \\
\hline
\end{array}
\qquad\qquad
\begin{array}{r|l}
8657 & 348 \\
1697 & \overline{24^\circ 52' 35'',17} \\
305 & \\
60 & \\
\hline
\end{array}
$$

$$
\begin{array}{r|l}
18300 & 348 \\
900 & \overline{52'} \\
204 & \\
60 & \\
\hline
\end{array}
\qquad\text{ou simplement}\qquad
\begin{array}{r}
18300 \\
900 \\
204 \\
60 \\
\hline
\end{array}
$$

$$
\begin{array}{r|l}
12240,00 & 348 \\
1800 & \overline{35'',17} \\
60,0 & \\
25,20 & \\
0,84 & \\
\end{array}
\qquad\qquad
\begin{array}{r}
12240,00 \\
1800 \\
60,0 \\
25,20 \\
0,84 \\
\end{array}
$$

De même, $17^\circ,364 = 17^\circ + \dfrac{364}{1000}, \dfrac{364^\circ}{1000} = \dfrac{364 \times 60}{1000} = \dfrac{21840}{1000}$

$= 21',84; \dfrac{84}{100}$ de minute $= \dfrac{84 \times 60}{100} = \dfrac{5040''}{100} = 50'',4$; donc

$17^\circ,364 = 17^\circ 21' 50'',4$; on fera les opérations suivantes :

$$
\begin{array}{r}
0,364 \\
60 \\
\hline
21',840
\end{array}
\qquad\qquad
\begin{array}{r}
0,84 \\
60 \\
\hline
50'',40
\end{array}
$$

295. Règle. — *Pour exprimer un nombre complexe en unités d'une espèce donnée et fraction décimale de cette unité, on le convertira d'abord en nombre fraction- naire, puis la fraction complémentaire en fraction déci- male.* Ainsi $48^\circ 53' 17'' = 48^\circ \dfrac{3197}{3600} = 48^\circ,88805$, et $48^\circ 53' 17'',37$

$= 48^\circ + \dfrac{3197,37}{3600} = 48^\circ, 88816.$

On voit que les opérations sur des nombres complexes se ramènent à des opérations sur des nombres entiers, frac- tionnaires ou décimaux.

Dans beaucoup de cas, on peut opérer directement:

296. Règle. — Pour faire la somme de plusieurs angles exprimés par des nombres complexes, on écrit les nombres les uns au-dessous des autres, de manière que les unités de même ordre se correspondent ; commençant par la gauche, on opère à peu près comme à l'ordinaire, sauf que sur la somme partielle, pour la colonne des dizaines de secondes, ou des dizaines de minutes, on retient autant d'unités pour la colonne suivante qu'il y a de fois 6 dans la somme partielle, et l'on n'écrit au-dessous de cette colonne que le reste de la somme partielle par rapport au diviseur 6.

Cette règle se justifie facilement, si l'on observe que 1° vaut 6 dizaines de minutes, que 1' vaut 6 dizaines de secondes. Exemples :

$$38° 03' 00'',63$$
$$59° 56' 27'',38$$
$$43° 49' 53'',3$$
$$54° 37' 07''$$

$$38° 13' 28'',7$$
$$46° 06' 17''$$
$$15° 32' 13'',25$$
$$\overline{99° 51' 58'',95}$$

$$\overline{196° 26' 28'',31}$$

297. Règle. — Pour retrancher un angle d'un autre, on écrit, comme à l'ordinaire, le plus petit nombre complexe au-dessous du plus grand, on opère selon l'usage, sauf que si une soustraction partielle est impossible dans la colonne des dizaines de secondes ou des dizaines de minutes, on augmente le chiffre supérieur de 6, et l'on ajoute une unité au chiffre inférieur suivant. Exemples :

$$138° 43' 27'',5$$
$$39° 15' 09'',37$$
$$\overline{99° 28' 18'',13}$$

$$138° 43' 27'',5$$
$$39° 54' 53'',37$$
$$\overline{98° 48' 34'',13}$$

$$180° 00' 00''$$
$$47° 36' 27'',33$$
$$\overline{132° 23' 32'',67}$$

298. Règle. — Pour multiplier un nombre complexe de degrés, minutes et secondes par un nombre d'un seul chiffre, on opérera comme à l'ordinaire, sauf que dans les produits partiels fournis par les dizaines de minutes, ou par les dizaines de secondes, on retiendra autant d'unités

9.

pour les reporter au produit suivant, qu'il y a de fois 6 dans le produit partiel obtenu et l'on n'écrira que le reste moindre que 6.

Exemple : soit $36^\cdot 28' 09'',8 \times 7$, on trouve $255^\circ 17' 08'',6$ en opérant d'après la règle.

$$36^\circ 28' 09'',8$$
$$7$$
$$\overline{255^\circ 17' 08'',6}$$

299. Pour la division par un nombre entier d'un seul chiffre, on pourra opérer comme dans l'exemple suivant:

$255^\circ 17' 08'',6$

$\frac{1}{7}$ $36^\circ 28' 09'', 8.$

Le 7ᵉ de 25 est 3 pour 21; je retiens 4; le 7ᵉ de 45° est 6° pour 42°, je retiens 3° ou 18 dizaines de minutes, qui ajoutées à 1 dizaine de minutes, donnent 19 dizaines de minutes; le 7ᵉ de 19 dizaines de minutes est 2 pour 14, je retiens 5 dizaines de minutes; le 7ᵉ de 57' est 8' pour 56', je retiens 1' ou 6 dizaines de secondes; le 7ᵉ de 6 dizaines de secondes est 0 dizaine de secondes, je retiens 6 dizaines de secondes; le 7ᵉ de 68'' est 9'' pour 63'', je retiens 5''; le 7ᵉ de 56 dixièmes de secondes est 8 dixièmes de secondes exactement.

300. Dans des cas plus compliqués que les précédents, il sera facile de trouver la voie la plus courte. Dans les cas difficiles, on convertira, s'il le faut, les nombres complexes donnés en nombres entiers ou fractionnaires, ou encore en unités de l'espèce la plus petite.

Exemple : Une roue tourne en 1 h. de $17^\circ 43' 28'',25$; de combien de degrés tourne-t-elle en 5 h. 28 m. 32 s. ?

5 h. 28 m. 32 secondes valent $\frac{19712}{3600}$ d'heure; et $17^\circ 43' 28'',25$

valent $\dfrac{63808,25}{3600}$ ou $\dfrac{6380825}{360000}$ de degré; dans le temps donné,

la roue tourne des $\dfrac{19712}{3600}$ de $\dfrac{6380825}{360000}$ de degré,

ou $\qquad \dfrac{6380825 \times 19712}{3600 \times 360000} = \dfrac{125778822400}{1296000000}$,

ou 97° 3' 5″,61 à 0″,01 près.

301. Les calculs des autres nombres complexes pourront se traiter d'une manière analogue.

Par exemple : 5 toises 4 pieds 8 pouces 11 lignes $\times$ 4

ou $\qquad 5^T\ 4^P\ 8^P\ 11^L \times 4 = 23^T\ 0^P\ 11^P\ 8^L,$

parce que $11^L \times 4 = 44^L = 3^P 8^L$, $8^P \times 4 = 32^P$, $32^P + 3^P = 35^P$, $35^P = 2^P 11^P$, $4^P \times 4 = 16^P$, $16^P + 2^P = 18^P$, $18^P = 3^T$, $5^T \times 4 = 20^T$, $20^T + 3^T = 23^T$.

CHAPITRE VI.

DES PROPORTIONS.

302. On appelle *proportion géométrique*, ou *proportion par quotient*, ou simplement *proportion*, l'expression de l'égalité de deux rapports.

Si, par exemple, le rapport d'une *longueur* A à une *longueur* B est $3\frac{2}{5}$, et si le rapport d'une *valeur* C à une *valeur* D est aussi $3\frac{2}{5}$, le rapport $\frac{A}{B}$ est égal au rapport $\frac{C}{D}$; par suite on peut écrire $\frac{A}{B} = \frac{C}{D}$ et cette égalité est une proportion. — Supposons que les longueurs A et B ayant été mesurées avec une même unité de longueur, les nombres qui expriment leurs mesures soient a et b, le rapport de A à B sera, d'après une proposition démontrée, égal au quotient $a : b$ ou $\dfrac{a}{b}$, qui s'appelle aussi un rapport (**174**), et l'on aura $\dfrac{a}{b} = 3\,\dfrac{2}{5}$; de même, si c et d expriment les mesures des valeurs C et D mesurées avec une même unité de valeur, on aura $\dfrac{c}{d} = 3\,\dfrac{2}{5}$; on aura donc l'égalité $\dfrac{a}{b} = \dfrac{c}{d}$, qui a lieu entre des nombres; c'est une proportion *numérique*. Nous ne considérerons, dans tout ce qui va suivre, que des proportions de ce genre.

303. La proportion $\dfrac{a}{b} = \dfrac{c}{d}$ se lit a divisé par b égale c divisé par d, ou a sur b égale c sur d, ou a est à b comme c est à d.

Les premiers termes a et c de chaque rapport s'appellent les *numérateurs* ou *antécédents*, les deuxièmes termes de chaque rapport s'appellent les *dénominateurs* ou *conséquents.*

Dans une proportion, le premier et le dernier terme énoncés s'appellent les *extrêmes;* les deux autres termes s'appellent les *moyens.*

Ainsi, dans la proportion $\dfrac{13\frac{1}{2}}{5\frac{2}{5}} = \dfrac{1\frac{1}{4}}{\frac{1}{2}}$, les extrêmes sont $13\,\dfrac{1}{2}$ et $\dfrac{1}{2}$, les moyens sont $5\,\dfrac{2}{5}$ et $1\,\dfrac{1}{4}$; dans la proportion $\dfrac{a}{b} = \dfrac{c}{d}$, a et d sont les extrêmes, b et c sont les moyens.

304. Théorème. — *Dans toute proportion, le produit des extrêmes est égal au produit des moyens.*

Soit la proportion $\dfrac{a}{b} = \dfrac{c}{d}$; on sait que la valeur effectuée d'un rapport ne change pas, si l'on multiplie ses deux termes par un même nombre (**175**). Multiplions les deux termes du premier rapport par d, les deux termes du second par b, nous aurons encore la proportion $\dfrac{a \times d}{b \times d} = \dfrac{c \times b}{d \times b}$. Les dénominateurs des deux rapports sont égaux, il faut que les numérateurs soient aussi égaux, puisqu'ils sont les produits des dénominateurs par la valeur effectuée des deux rapports; donc $a \times d = c \times b$, ce qu'il fallait démontrer.

Ainsi les deux rapports $\dfrac{13\frac{1}{2}}{5\frac{2}{5}}$ et $\dfrac{1\frac{1}{4}}{\frac{1}{2}}$, qui ont chacun pour valeur effectuée $\dfrac{5}{2}$ ou $2\frac{1}{2}$, forment la proportion $\dfrac{13\frac{1}{2}}{5\frac{1}{2}} = \dfrac{1\frac{1}{4}}{\frac{1}{2}}$;

on doit avoir l'égalité $13\frac{1}{2} \times \frac{1}{2} = 5\frac{2}{5} \times 1\frac{1}{4}$, qu'il est facile de vérifier.

305. Réciproquement, *si le produit de deux nombres est égal au produit de deux autres nombres, on peut former avec ces quatre nombres une proportion dont les deux premiers nombres sont les extrêmes et les deux autres les moyens.*

Supposons que $a \times b = e \times f$; divisons les deux membres de cette égalité par le produit $b \times e$, nous aurons l'égalité $\dfrac{a \times b}{b \times e} = \dfrac{e \times f}{b \times e}$ ou, en simplifiant chaque rapport, $\dfrac{a}{e} = \dfrac{f}{b}$, c'est bien la proportion annoncée.

REMARQUE. — De $a \times b = e \times f$, on a déduit la proportion $\dfrac{a}{e} = \dfrac{f}{b}$; de l'égalité identique $b \times a = e \times f$, on déduit $\dfrac{b}{e} = \dfrac{f}{a}$; de l'égalité $b \times a = f \times e$, on déduit $\dfrac{b}{f} = \dfrac{e}{a}$; de l'égalité $a \times b = f \times e$, on déduit $\dfrac{a}{f} = \dfrac{e}{b}$.

Lorsque le produit de deux nombres est égal au produit de deux autres, pour former une proportion avec ces quatre nombres, il suffira que le produit des extrêmes soit égal au produit des moyens, en vertu de l'égalité admise.

306. Il résulte aussi de ce qui précède, que, *dans toute proportion, on peut intervertir soit l'ordre des moyens, soit l'ordre des extrêmes.*

307. *Dans toute proportion, on peut écrire les extrêmes à la place des moyens et les moyens à la place des extrêmes.*

En effet, si l'on a $\dfrac{a}{b} = \dfrac{c}{d}$, on aura aussi $\dfrac{c}{d} = \dfrac{a}{b}$.

308. *Dans une proportion, on peut renverser chaque rapport.*

En effet, si $\dfrac{a}{b} = \dfrac{c}{d}$, on aura $\dfrac{d}{b} = \dfrac{c}{a}$, puis $\dfrac{d}{c} = \dfrac{b}{a}$, puis $\dfrac{b}{a} = \dfrac{d}{c}$.

★**Corollaire**. — *Si la valeur effectuée d'un rapport est mise sous forme de fraction, la valeur effectuée du rapport renversé sera la fraction inverse.*

Si l'on a $\dfrac{a}{b} = \dfrac{2}{5}$, on peut considérer cette égalité comme une proportion, et l'on en conclut $\dfrac{b}{a} = \dfrac{5}{2}$.

309. On appelle *moyenne géométrique* ou *moyenne proportionnelle* entre deux nombres, un nombre formant la valeur commune des moyens d'une proportion, dont les deux autres nombres sont les extrêmes.

Ainsi, ayant $\dfrac{a}{b} = \dfrac{b}{c}$, b est moyenne proportionnelle entre a et c, alors $b^2 = a \times c$; de même, si l'on a $\dfrac{b}{c} = \dfrac{a}{b}$, on pourra

écrire $\dfrac{a}{b} = \dfrac{b}{c}$ ou $b^2 = a \times c$; b sera encore moyenne proportionnelle entre a et c. On voit que *si un nombre est une
moyenne proportionnelle entre deux nombres, le produit
des deux nombres est égal au carré de leur moyenne proportionnelle.*

Inversement, si $b^2 = a \times c$, on aura $\dfrac{a}{b} = \dfrac{b}{c}$ ou $\dfrac{b}{c} = \dfrac{a}{b}$.

310. *Si l'un des extrêmes d'une proportion est inconnu,
on l'obtiendra en faisant le produit des moyens et le divisant par l'extrême connu.*

Soit $\dfrac{3\frac{1}{4}}{5} = \dfrac{2\frac{3}{5}}{x}$, où le terme inconnu est désigné par x; le
produit des extrêmes est égal au produit des moyens; donc
$3\frac{1}{4} \times x = 2\frac{3}{5} \times 5$; x est un nombre qui, multiplié par $3\frac{1}{4}$,
reproduit $2\frac{3}{5} \times 5$, donc $x = \left(2\frac{3}{5} \times 5\right) : 3\frac{1}{4}$, ou, en effectuant, $x = \left(\dfrac{13}{5} \times 5\right) : \dfrac{13}{4} = 13 : \dfrac{13}{4} = \dfrac{13 \times 4}{13} = 4$.

311. De même, *si l'un des moyens d'une proportion est
inconnu, on l'obtient en divisant le produit des extrêmes
par le moyen connu.*

312. Théorème. — *Si l'on a deux proportions, on peut
les multiplier terme à terme, et l'on obtient une nouvelle
proportion.*

Soit $\dfrac{a}{b} = \dfrac{c}{d}$ et $\dfrac{a'}{b'} = \dfrac{c'}{d'}$. Si deux rapports sont égaux, leurs
produits respectifs par deux rapports égaux seront égaux;
donc $\dfrac{a}{b} \times \dfrac{a'}{b'} = \dfrac{c}{d} \times \dfrac{c'}{d'}$ et en multipliant les rapports par la

règle connue (**181**), $\dfrac{a \times a'}{b \times b'} = \dfrac{c \times c'}{d \times d'}$, qui est une nouvelle proportion.

Corollaire. — *Si l'on élève tous les termes d'une proportion à une même puissance, la proportion subsiste.*

Soit $\dfrac{a}{b} = \dfrac{c}{d}$, multiplions cette proportion terme à terme par elle-même, on a $\dfrac{a \times a}{b \times b} = \dfrac{c \times c}{d \times d}$ ou $\dfrac{a^2}{b^2} = \dfrac{c^2}{d^2}$; en multipliant cette proportion terme à terme par la première, on a $\dfrac{a^2 \times a}{b^2 \times b} = \dfrac{c^2 \times c}{d^2 \times d}$ ou $\dfrac{a^3}{b^3} = \dfrac{c^3}{d^3}$, etc.

313. **Théorème.** — *Dans une proportion, on peut remplacer en même temps chaque numérateur par la somme du numérateur et du dénominateur correspondant, en d'autres termes, on peut ajouter à chaque numérateur son dénominateur.*

En effet, si l'on a $\dfrac{a}{b} = \dfrac{c}{d}$, on aura $\dfrac{a}{b} + 1 = \dfrac{c}{d} + 1$, ou $\dfrac{a}{b} + \dfrac{b}{b} = \dfrac{c}{d} + \dfrac{d}{d}$, ou $\dfrac{a+b}{b} = \dfrac{c+d}{d}$.

314. **Théorème.** — *Dans une proportion, on peut remplacer simultanément chaque numérateur par la différence de ce numérateur et du dénominateur correspondant.*

Si l'on a $\dfrac{a}{b} = \dfrac{c}{d}$ et si $a > b$, on aura $c > d$; par suite $\dfrac{a}{b} - 1 = \dfrac{c}{d} - 1$, ou $\dfrac{a}{b} - \dfrac{b}{b} = \dfrac{c}{d} - \dfrac{d}{d}$, ou $\dfrac{a-b}{b} = \dfrac{c-d}{d}$. Si $a < b$, on aura $c < d$ et $1 - \dfrac{a}{b} = 1 - \dfrac{c}{d}$, ou $\dfrac{b}{b} - \dfrac{a}{b} = \dfrac{d}{d} - \dfrac{c}{d}$ ou $\dfrac{b-a}{b} = \dfrac{d-c}{d}$.

315. Théoreme. — *Dans toute proportion, la somme des deux premiers termes est à leur différence comme la somme des deux derniers est à leur différence.*

Soit $\dfrac{a}{b} = \dfrac{c}{d}$; supposons $a > b$, on a

$$\frac{a+b}{b} = \frac{c+d}{d}$$

et

$$\frac{a-b}{b} = \frac{c-d}{d};$$

divisons ces égalités membre à membre, en appliquant la règle connue (**183**) de la division des rapports, il vient

$$\frac{(a+b)\,b}{b\,(a-b)} = \frac{(c+d)\,d}{d\,(c-d)},$$

ou, en simplifiant,

$$\frac{a+b}{a-b} = \frac{c+d}{c-d}.$$

316. Les théorèmes précédents combinés avec les théorèmes d'après lesquels on peut renverser une proportion, on peut changer l'ordre des moyens, etc., donnent beaucoup d'autres propositions.

Par exemple, si l'on a $\dfrac{a}{b} = \dfrac{c}{d}$, on aura $\dfrac{a}{a+b} = \dfrac{c}{c+d}$, $\dfrac{a+c}{b+d}$ $= \dfrac{a-c}{b-d}$ (si $a > c$), etc.

Ces propositions sont toutes faciles à démontrer.

317. Si plusieurs rapports sont égaux, ces rapports, écrits les uns à la suite des autres et séparés par le signe =, forment ce qu'on appelle une *suite de rapports égaux*. Une proportion est le cas particulier où la suite ne comprend que deux rapports.

318. **Théorème.** — *Si l'on a une suite de rapports égaux, chacun d'eux est égal au rapport de la somme des numérateurs à la somme des dénominateurs.*

Considérons la suite $\dfrac{a}{b} = \dfrac{c}{d} = \dfrac{e}{f}$; soit, par exemple, $\dfrac{13}{5}$ la valeur effectuée de chaque rapport; si $\dfrac{a}{b} = \dfrac{13}{5}$, on a $a = \dfrac{13}{5}$ de b; de même, $c = \dfrac{13}{5}$ de d, $e = \dfrac{13}{5}$ de f. Par conséquent, $a + c + e = \dfrac{13}{5}$ de $b + \dfrac{13}{5}$ de $d + \dfrac{13}{5}$ de f, ou $(a + c + e) = \dfrac{13}{5}$ de $(b + d + f)$; donc $\dfrac{a + c + e}{b + d + f} = \dfrac{13}{5}$; on peut donc écrire

$$\frac{a}{b} = \frac{c}{d} = \frac{e}{f} = \frac{a + c + e}{b + d + f}$$

Corollaire. — On aura aussi, dans l'exemple précédent, $a - c + e = \dfrac{13}{5}$ de $b - \dfrac{13}{5}$ de $d + \dfrac{13}{5}$ de $f = b \times \dfrac{13}{5} - d \times \dfrac{13}{5} + f \times \dfrac{13}{5} = (b - d + f) \times \dfrac{13}{5}$; donc $a - c + e = \dfrac{13}{5}$ de $(b - d + f)$ et $\dfrac{a - c + e}{b - d + f} = \dfrac{13}{5}$, donc on peut écrire

$$\frac{a}{b} = \frac{c}{d} = \frac{e}{f} = \frac{a - c + e}{b - d + f}$$

Applications. — 1° Si $\dfrac{a}{b} = \dfrac{c}{d}$, on aura $\dfrac{a}{b} = \dfrac{c}{d} = \dfrac{a + c}{b + d}$, $\dfrac{a}{b} = \dfrac{c}{d} = \dfrac{a - c}{b - d}$, et par suite $\dfrac{a + c}{b + d} = \dfrac{a - c}{b - d}$.

2° Si l'on a $\dfrac{a}{b} = \dfrac{c}{d} = \dfrac{e}{f}$, on a

$$\frac{a}{b} = \frac{a \times m}{b \times m} = \frac{c \times n}{d \times n} = \frac{e \times p}{f \times p} = \frac{a \times m + c \times n + e \times p}{b \times m + d \times n + f \times p},$$

et aussi $\quad \dfrac{a}{b} = \dfrac{a \times m - c \times n + e \times p}{b \times m - d \times n + f \times p}$, etc.

319. *Partager un nombre en parties proportionnelles à des nombres donnés.*

1° Soit, par exemple, à partager 420 en trois parties proportionnelles aux nombres 9, 8, 18; il faut trouver trois nombres, x, y, z, dont la somme soit 420, et tels qu'on ait $\dfrac{x}{9} = \dfrac{y}{8} = \dfrac{z}{18}$; d'après le théorème précédent, en remarquant que $x + y + z = 420$, on a

$$\frac{x}{9} = \frac{y}{8} = \frac{z}{18} = \frac{x + y + z}{9 + 8 + 18} = \frac{420}{35};$$

donc $\dfrac{x}{9} = \dfrac{420}{35}$; par conséquent $x = \dfrac{420 \times 9}{35}$; de même, on trouve $y = \dfrac{420 \times 8}{35}$, et $z = \dfrac{420 \times 18}{35}$ ou $x = 108$, $y = 96$, $z = 216$.

Vérification, $108 + 96 + 216 = 420$.

2° Soit à partager 420 en parties proportionnelles à $1\dfrac{14}{40}$, $\dfrac{5}{6}$, 2,7; ces trois nombres sont égaux à $\dfrac{27}{20}$, $\dfrac{6}{5}$, $\dfrac{27}{10}$, ou en réduisant ces fractions au plus petit dénominateur commun $\dfrac{27}{20}$, $\dfrac{24}{20}$, $\dfrac{54}{20}$, on devra avoir

$$x + y + z = 420 \text{ et } \frac{x}{\left(\frac{27}{20}\right)} = \frac{y}{\left(\frac{24}{20}\right)} = \frac{z}{\left(\frac{54}{20}\right)};$$

si l'on multiplie les dénominateurs de chaque rapport par 20, ce qui divise chaque rapport par 20, les nouveaux rapports sont encore égaux, et l'on a $\dfrac{x}{27} = \dfrac{y}{24} = \dfrac{z}{54}$; on est ainsi ramené à partager 420 en parties proportionnelles aux entiers 27, 24, 54. On peut encore, dans l'exemple, multiplier chaque rapport par 3, en divisant chaque dénominateur par 3; on a alors $\dfrac{x}{9} = \dfrac{y}{8} = \dfrac{z}{18} = \dfrac{x+y+z}{9+8+28} = \dfrac{420}{35}$;

d'où, comme précédemment,

$$x = \frac{420 \times 9}{35} = 108;$$

$$y = \frac{420 \times 8}{35} = 96;$$

$$z = \frac{420 \times 18}{35} = 216;$$

$$x + y + z = \qquad\qquad 420, \text{ vérification.}$$

★ **320.** Dans la pratique, on se contente souvent, pour ces sortes de questions, d'une approximation décimale donnée.

Exemple : Partager 52370 en parties proportionnelles aux nombres 257, 329, 428; on demande les résultats à moins d'un centième près par défaut.

On a

$$\frac{x}{257} = \frac{y}{329} = \frac{z}{428} = \frac{x+y+z}{257+329+428} = \frac{52370}{1014};$$

d'où

$$x = \frac{52370 \times 257}{1014},$$

$$y = \frac{52370 \times 329}{1014},$$

$$z = \frac{52370 \times 428}{1014},$$

ou enfin

$$x = \frac{13459090}{1014} = 13273,26,$$

$$y = \frac{17229730}{1014} = 16991,84,$$

$$z = \frac{22414360}{1014} = 22104,89,$$

on vérifie qu'on a :

$$x + y + z = 52369,99;$$

les trois nombres étant approchés à moins de 0,01 par défaut, l'erreur de la somme sera moindre que 0,03; elle est, en effet, 0,01.

Le calcul a nécessité trois multiplications et trois divisions; on peut le restreindre à une division et trois multiplications; en effet, on peut écrire x, y, z, sous les formes suivantes

$$x = \frac{52370}{1014} \times 257,$$

$$y = \frac{52370}{1014} \times 329,$$

$$z = \frac{52370}{1014} \times 428.$$

Il suffit évidemment de calculer le quotient $\frac{52370}{1014}$ et de le multiplier successivement par 257, 329, 428; mais, rappelons (**209**) que dans une multiplication où le multiplicande n'est qu'approché, l'erreur du produit est égale à l'erreur du multiplicande multipliée par le multiplicateur; si l'erreur du quotient $\frac{52370}{1014}$ était de 0,01, l'erreur de x serait de $0,01 \times 257$ ou 2,57; il faudra une approximation plus grande. Observons que les trois multiplicateurs étant chacun moindres que 1000, il suffira que l'erreur de $\frac{52370}{1014}$ soit moindre que $\frac{1}{1000}$ de 0,01 ou un cent-millième; on trouve

$$\frac{52370}{1014} = 51,64694,$$

à moins de 0,00001; on a

$$x = 51,64694 \times 257 = 13273,26358,$$
$$y = 51,64694 \times 329 = 16991,84326,$$
$$z = 51,64694 \times 428 = 22104,89032,$$

x sera fautif de moins que $0,00001 \times 257$, ou de moins que $0,00257$, ou de moins que $0,01$; de même pour y et z.

On peut prendre :

$$x = 13273,263,$$
$$y = 16991,843,$$
$$z = 22104,890,$$

résultats fautifs de moins que $0,011$, et probablement de moins que $0,01$.

CHAPITRE VII.

QUANTITÉS VARIANT DANS UN RAPPORT DIRECT, DANS UN RAPPORT INVERSE. — PROBLÈMES DITS RÈGLES DE TROIS SIMPLES.

321. Il peut arriver que deux quantités *variables* dépendent l'une de l'autre, de telle sorte que si la première varie, elle entraîne une variation de la seconde.

Par exemple, le prix d'un certain nombre de mètres d'une étoffe dépend de ce nombre de mètres, et le nombre de mètres d'étoffe dépend de son prix.

322. On dit que deux grandeurs variables, dépendant l'une de l'autre, varient dans le même rapport lorsque le rapport de deux valeurs quelconques de la première grandeur est égal au rapport des valeurs correspondantes de la seconde grandeur.

323. Théorème. — *Si deux grandeurs sont telles que la valeur de la première devenant deux, trois, etc., fois plus grande, la valeur de la deuxième devient deux, trois, etc., fois plus grande, et telles que la valeur de la première devenant deux, trois, etc., fois plus petite, la valeur de la deuxième devient deux, trois, etc., fois plus petite, les deux grandeurs varient dans le même rapport.*

Soient, par exemple, a et a' deux valeurs de la première grandeur; b et b' les valeurs correspondantes de la seconde; supposons, par exemple, que $\frac{a}{a'} = \frac{17}{5}$, nous allons prouver que, les conditions de l'énoncé étant supposées satisfaites, on aura $\frac{b}{b'} = \frac{17}{5}$. Puisque $\frac{a}{a'} = \frac{17}{5}$, $a = \frac{17}{5}$ de a'; à la valeur a' correspond la valeur b'; si la valeur a' devient $\frac{1}{5}$ de a' ou 5 fois plus petite, la valeur de b' devient 5 fois plus petite, elle devient $\frac{1}{5}$ de b'; si la valeur $\frac{1}{5}$ de a' devient 17 fois plus grande ou devient les $\frac{17}{5}$ de a', la valeur correspondante $\frac{1}{5}$ de b' devient 17 fois plus grande, ou $\frac{17}{5}$ de b'; donc si $a = \frac{17}{5}$ de a', la valeur correspondante $b = \frac{17}{5}$ de b'; par conséquent $\frac{a}{a'} = \frac{b}{b'}$.

324. On dit que deux quantités variables, dépendant l'une de l'autre, varient dans le rapport inverse lorsque le rapport d'une première valeur de la première quantité, à une deuxième valeur de cette quantité, est égal au rapport inverse des valeurs correspondantes de la deuxième grandeur, c'est-à-dire au rapport de la deuxième valeur de la deuxième grandeur à la première valeur de cette grandeur.

325. Théorème. — *Si deux grandeurs sont telles que la valeur de la première devenant deux, trois, etc., fois plus grande, la valeur correspondante de la deuxième devient deux, trois, etc., fois plus petite, et telles que la valeur de la première devenant deux, trois, etc., fois plus petite, la valeur de la deuxième devient deux, trois, etc., fois plus grande, les deux grandeurs varient dans le rapport inverse.*

Soient, par exemple, a et a', deux valeurs de la première grandeur; b et b', les valeurs correspondantes de la seconde; supposons que $\frac{a}{a'} = \frac{17}{5}$, nous allons prouver que, d'après les conditions de l'énoncé, on aura $\frac{b'}{b} = \frac{17}{5}$. Puisque $\frac{a}{a'} = \frac{17}{5}$, $a = \frac{17}{5}$ de a'; à la valeur a' correspond la valeur b'; à la valeur $\frac{1}{5}$ de a', correspond une valeur 5 fois plus grande, ou 5 fois b', et à $\frac{17}{5}$ de a', correspond une valeur 17 fois plus petite, ou la 17ᵉ partie de 5 fois b' ou $\frac{5}{17}$ de b'; donc $b = \frac{5}{17}$ de b' ou $\frac{b}{b'} = \frac{5}{17}$; mais si $\frac{b}{b'} = \frac{5}{17}$, $\frac{b'}{b} = \frac{17}{5}$; donc enfin $\frac{a}{a'} = \frac{b'}{b}$.

326. Pour savoir si les conditions de l'un ou de l'autre des deux théorèmes précédents sont remplies par deux grandeurs variables, on s'appuiera sur la nature des choses ou sur une convention tacite.

Nous admettrons, par exemple, que si le nombre des mètres d'étoffe devient deux, trois, etc., fois plus grand, le prix correspondant est deux, trois, etc., fois plus grand, quoiqu'il puisse ne pas en être ainsi; s'il en est autrement, on ne pourra appliquer le premier théorème.

327. 1ᵉʳ *problème.* — 3 m. $\frac{3}{4}$ d'étoffe coûtent 20 fr. $\frac{2}{5}$, combien coûtent 4 m. $\frac{2}{3}$?

Soit x la valeur cherchée, exprimée en francs; le nombre de mètres et la valeur sont dans le même rapport; donc, on a la proportion

$$\frac{3\frac{3}{4}}{4\frac{2}{3}} = \frac{20\frac{2}{5}}{x}; \text{ d'où } x = \frac{4\frac{2}{3} \times 20\frac{2}{5}}{3\frac{3}{4}},$$

$$x = \frac{\frac{14}{3} \times \frac{102}{5}}{\frac{15}{4}} = \frac{14 \times 102}{3 \times 5} : \frac{15}{4} = \frac{14 \times 102 \times 4}{3 \times 5 \times 15},$$

$$x = \frac{14 \times 34 \times 4}{5 \times 15} = \frac{1904}{75} = 25\frac{29}{75}.$$

Réponse, 25 fr. $\frac{29}{75}$.

2° *problème.* — 1 mètre d'étoffe coûte 6 fr. $\frac{2}{3}$, combien coûtent 5 m. $\frac{1}{4}$?

On a $\dfrac{1}{5\frac{1}{4}} = \dfrac{6\frac{2}{3}}{x}$, $x = 6\frac{2}{3} \times 5\frac{1}{4}$, résultat déjà connu.

3° *problème.* — 3 m. $\frac{3}{4}$ d'étoffe coûtent 20 fr. $\frac{2}{5}$, combien coûte 1 m.?

On a $\dfrac{3\frac{3}{4}}{1} = \dfrac{20\frac{2}{5}}{x}$ d'où $x = \dfrac{20\frac{2}{5} \times 1}{3\frac{3}{4}}$, $x = \dfrac{20\frac{2}{5}}{3\frac{3}{4}}$, résultat connu.

4° *problème.* — 1 mètre d'étoffe coûte 3 fr. $\frac{4}{7}$, combien aura-t-on de mètres pour 10 fr. $\frac{2}{3}$?

10

On a $\dfrac{1}{x} = \dfrac{3\frac{4}{7}}{10\frac{2}{3}}$ d'où $x = \dfrac{1 \times 10\frac{2}{3}}{3\frac{4}{7}}$, ou $x = \dfrac{10\frac{2}{3}}{3\frac{4}{7}}$, résultat connu.

5e *problème.* — 4 mètres d'étoffe coûtent 30 fr., combien coûtent 22 m.?

Soit x le prix cherché; on a $\dfrac{4}{22} = \dfrac{30}{x}$, d'où $x = \dfrac{22 \times 30}{4}$, $x = 11 \times 15 = 165$ fr.

328. On peut résoudre la même question en s'appuyant seulement sur la théorie des fractions *simples*, par la méthode dite *de réduction à l'unité*. On raisonne de la manière suivante :

Si 4 m. d'étoffe valent 30 fr., 1 m. vaut 4 fois moins ou $\dfrac{30}{4}$, et 22 m. valent 22 fois plus ou $\dfrac{30 \times 22}{4}$; donc $x = \dfrac{30 \times 22}{4}$, résultat identique au précédent.

329. On peut reprendre le 1er problème par une méthode analogue, mais en s'appuyant sur la théorie des fractions *composées* et sur des règles démontrées primitivement et revues à propos du 2e, du 3e et du 4e problème; on peut appeler cette méthode *la méthode de réduction à l'unité généralisée*. Le 1er problème est le suivant :

3 m. $\dfrac{3}{4}$ d'étoffe coûtent 20 fr. $\dfrac{2}{5}$, combien coûtent 4 m. $\dfrac{2}{3}$?

Si 3 m. $\dfrac{3}{4}$ coûtent $20\frac{2}{5}$

1 m. coûte $\dfrac{20\frac{2}{5}}{3\frac{3}{4}}$

et 4 m. $\frac{2}{3}$ coûtent $\dfrac{20\frac{2}{5}}{3\frac{3}{4}} \times 4\frac{2}{3}$ ou $\dfrac{20\frac{2}{5} \times 4\frac{2}{3}}{3\frac{3}{4}}$

on trouve pour x la valeur déjà trouvée.

330. Si l'on ne veut s'appuyer que sur la théorie des fractions simples, on observera que 3 m. $\frac{3}{4} = \frac{15}{4}$, que 4 m. $\frac{2}{3}$ $= \frac{14}{3}$, que $20\frac{2}{5} = \frac{102}{5}$; on réduira $\frac{15}{4}$ et $\frac{14}{3}$ au même dénominateur; on aura $\frac{45}{12}$ et $\frac{56}{12}$; alors on raisonnera ainsi :

$\frac{45}{12}$ de mètre coûtent $\qquad\qquad \frac{102}{5}$ de francs

$\frac{1}{12}$ — coûte 45 fois moins, ou $\frac{102}{5 \times 45}$ —

$\frac{56}{12}$ — coûtent 56 fois plus, ou $\frac{102 \times 56}{5 \times 45}$ —

$$x = \frac{102 \times 56}{5 \times 45} = \frac{34 \times 56}{5 \times 15} = \frac{1904}{75} = 25\frac{29}{75},$$

résultat déjà trouvé.

331. 6ᵉ *problème*. — 8 ouvriers ont employé 13 jours pour faire un ouvrage, combien 15 ouvriers mettront-ils de jours pour faire le même ouvrage?

Soit x le nombre inconnu de jours, il est clair que le nombre d'ouvriers varie en raison inverse du nombre de jours; on a

$$\frac{8}{15} = \frac{x}{13},$$

d'où $x = \dfrac{8 \times 13}{15}$, $\quad x = \dfrac{104}{15} = 6\,\text{j.}\,\dfrac{14}{15}$.

La méthode de réduction à l'unité donne le résultat suivant :

8 ouvriers emploient 13 jours; 1 ouvrier emploie 8 fois plus ou 13×8; 15 ouvriers emploient 15 fois moins, ou $\dfrac{13 \times 8}{15}$, résultat identique au résultat trouvé par les proportions.

7° *problème.* — Un robinet, donnant $7 \, l. \dfrac{1}{4}$ d'eau par minute, remplit un bassin en $3 \, h. \dfrac{2}{3}$. Combien d'heures faut-il à un robinet donnant $13 \, l. \dfrac{2}{3}$ par minute, pour remplir le même bassin ?

Les quantités variant dans le rapport inverse, on a

$$\frac{7\frac{1}{4}}{13\frac{2}{3}} = \frac{x}{3\frac{2}{3}}, \text{ d'où } x = \frac{7\frac{1}{4} \times 3\frac{2}{3}}{13\frac{2}{3}};$$

$$x = \left(\frac{29}{4} \times \frac{11}{3}\right) : \frac{41}{3} = \frac{29 \times 11 \times 3}{4 \times 3 \times 41} = \frac{29 \times 11}{4 \times 41}.$$

$x = \dfrac{319}{164} = 1 \, h. \dfrac{155}{164}$, ou, à moins d'une minute près, 1 h. 56 m. par défaut.

Par la méthode de réduction à l'unité généralisée :

Si le robinet donne $7 \, l. \dfrac{1}{4}$, il emplit le bassin en $3 \, h. \dfrac{2}{3}$;

— 1 litre, il emploie $3\dfrac{2}{3} \times 7\dfrac{1}{4}$;

— $13 \, l. \dfrac{2}{3}$, il emploiera $\dfrac{3\frac{2}{3} \times 7\frac{1}{4}}{13\frac{2}{3}}$.

332. Ce procédé donne le même résultat que la méthode des proportions, mais on y sous-entend une partie des détails du raisonnement; l'explication ne serait vraiment irréprochable que si les données de la première colonne étaient entières, ou mises sous forme de fractions de même dénominateur, comme nous l'avons fait dans un exemple précédent.

Néanmoins, la réduction à l'unité généralisée, prise comme *procédé*, pourra s'employer dans tous les cas, puisqu'elle donne le même résultat que la méthode des proportions.

333. Les problèmes du genre de ceux que nous venons de traiter portent le nom de *règles de trois simples*, parce qu'ils peuvent toujours se résoudre en calculant le quatrième terme d'une proportion dont *trois* termes sont connus.

La règle de trois simple est *directe* ou *inverse*, suivant que les quantités correspondantes varient dans le rapport direct ou dans le rapport inverse.

334. Si la règle de trois simple est directe, et si les valeurs a et a' correspondent à b et b', on a

$$\frac{a}{a'} = \frac{b}{b'}, \text{ d'où } b' = \frac{b \times a'}{a}, \text{ ou } b' = b \times \frac{a'}{a}.$$

Si la règle de trois simple est inverse et si les valeurs a et a' correspondent à b et b', on a

$$\frac{a}{a'} = \frac{b'}{b}, \text{ d'où } b = \frac{a \times b}{a'} \text{ ou } b' = b \times \frac{a}{a'}.$$

335. Aux règles de trois simples, se rattachent les problèmes sur le *tant pour cent*.

1er *problème.* — Un commerçant fait, sur le montant d'une facture de 361 fr. 20 c., une remise de 5 %. Quel est le montant de la remise?

10.

L'expression 5 °/₀ se lit 5 *pour cent*. La remise est proportionnelle à la somme portée sur la facture. Soit x la somme cherchée; si le montant de la facture était 100 francs, la remise serait 5 fr., on a donc la proportion $\dfrac{5}{x} = \dfrac{100}{361,20}$, d'où

$$x = \frac{361,20 \times 5}{100} = 18,06;$$

Par la *réduction à l'unité* : Sur 100 francs la remise est 5 francs; sur 1 franc elle est 100 fois moins ou $\dfrac{5}{100}$; sur 361,20, elle est les $\dfrac{36120}{100}$ de $\dfrac{5}{100}$ ou $\dfrac{5}{100} \times 361,20$ ou $\dfrac{5 \times 361,20}{100}$ $= 18,0600$.

La remise est 18 fr. 06 c.; elle s'appelle aussi l'*escompte*.

336. *2° problème.* — Un marchand vend une marchandise 420 fr., avec un bénéfice de 5 °/₀. Quel était le prix d'achat?

L'énoncé est incomplet, il faudrait dire si le bénéfice de 5 °/₀ est compté sur le prix d'achat ou sur le prix de vente; supposons que le bénéfice soit de 5 °/₀ sur le prix d'achat.

La marchandise coûtant 100 francs est alors vendue 105 francs; soit x le prix d'achat cherché; on a $\dfrac{100}{x} = \dfrac{105}{420}$,

$$x = \frac{420 \times 100}{105} = 400 \text{ francs.}$$

Si l'on suppose, au contraire, que le bénéfice soit de 5 °/₀ sur le prix de vente, la marchandise coûtant 95 francs est vendue 100 francs, soit y le prix d'achat; on a

$$\frac{y}{95} = \frac{420}{100}, \text{ d'où } y = \frac{420 \times 95}{100}$$

$$y = 399 \text{ francs.}$$

337. *Problème.* — Un marchand a vendu 720 francs

une marchandise coûtant 600 fr. Combien gagne-t-il pour 100 sur le prix de vente?

Soit x %, le bénéfice sur le prix de vente. Le bénéfice du marchand était 720 — 600 = 120 francs, sur une vente de 720 francs; on raisonne ainsi par la méthode de réduction à l'unité :

Sur une vente de 720 fr., le bénéfice est 120 francs

$$- \qquad 1 \qquad - \qquad \frac{120}{720}$$

$$- \qquad 100 \qquad - \qquad \frac{120 \times 100}{720}$$

ou $\qquad \dfrac{100}{6} = \dfrac{50}{3} = 16,66.$

le bénéfice du marchand est de 16 fr. 66 c. % sur le prix de vente.

338. Il est à remarquer que la méthode des proportions est basée sur deux théorèmes (**323** et **325**), qui ont été établis à l'aide d'une simple réduction à l'unité.

CHAPITRE VIII.

PROBLÈMES DITS RÈGLES DE TROIS COMPOSÉES.

339. On donne le nom de *règles de trois composées* à des problèmes qui se résolvent par une suite de règles de trois simples.

340. 1er *problème.* — 30 ouvriers ont fait 1850 mètres d'ouvrage en 15 jours. Combien 27 ouvriers feront-ils de mètres en 21 jours?

Si l'on désigne par x le nombre de mètres cherché, on pourra écrire l'énoncé sous la forme abrégée suivante:

30 o.	1850 m.	15 j..
27 o.	x	21 j.

en écrivant sur la première ligne la première suite de grandeurs correspondantes, toutes connues, et sur la seconde ligne la deuxième suite de grandeurs correspondantes, dont l'une x est inconnue, les grandeurs de même espèce étant dans une même colonne. Nous allons récrire le tableau en mettant la dernière, la grandeur correspondante à l'inconnue :

30 o.	15 j.	1850 m.
27 o.	21 j.	x.

Cela fait, on récrira la première ligne telle quelle, puis, commençant par la gauche, on remplacera successivement chaque grandeur de la première ligne par l'unité, puis par le terme correspondant de la deuxième ligne, et en même temps on multipliera ou divisera par un nombre convenable le terme correspondant à l'inconnu.

30 ouvriers en 15 jours font 1850 mètres;

1 — en 15 jours fait 30 fois moins ou $\dfrac{1850}{30}$,

27 — en 15 jours font 27 fois plus, $\dfrac{1850 \times 27}{30}$,

27 — en 1 jour font 15 fois moins, $\dfrac{1850 \times 27}{30 \times 15}$,

27 — en 21 jours font 21 fois plus, $\dfrac{1850 \times 27 \times 21}{30 \times 15}$;

donc $x = \dfrac{1850 \times 27 \times 21}{30 \times 15} = \dfrac{185 \times 9 \times 7}{5} = 37 \times 63 = 2331^{m}$.

REMARQUE. — On peut écrire le résultat non simplifié $x = 1850 \times \dfrac{27}{30} \times \dfrac{21}{15}$, qui équivaut à $x = \dfrac{1850 \times 27 \times 21}{30 \times 15}$.

341. 2e *problème.* — 35 ouvriers ont fait 2870 mètres

d'ouvrage en 13 j. $\frac{1}{3}$, en travaillant 10 h. $\frac{1}{3}$ par jour. Combien faudra-t-il de jours à 28 ouvriers pour faire 2355^m,75, en travaillant 9 h. $\frac{1}{2}$ par jour?

Soit x le nombre de jours cherché; soit $y = a$ le nombre de jours qu'il faut à 28 ouvriers pour faire 2870 mètres en travaillant 10 h. $\frac{1}{3}$ par jour; soit $z = b$ le nombre de jours qu'il faut à 28 ouvriers pour faire 2355^m,75, en travaillant 10 h. $\frac{1}{3}$ par jour; soit, comme nous l'avons dit, x le nombre de jours qu'il faut à 28 ouvriers pour faire 2355^m,75, en travaillant 9 h. $\frac{1}{2}$ par jour. On résoudra d'abord la règle de trois posée ainsi :

| 35 o. | 2870 m. | 13 j. $\frac{1}{3}$ | 10 h. $\frac{1}{3}$ |
| 28 o. | 2870 m. | y | 10 h. $\frac{1}{3}$ |

qui se réduit à la règle de trois simple

| 35 o. | 13 j. $\frac{1}{3}$ |
| 28 o. | y |

puisque le nombre de mètres et le nombre d'heures de travail par jour sont les mêmes; on a $\dfrac{35}{28} = \dfrac{y}{13\frac{1}{3}}$, car le rapport est inverse, d'où $y = \dfrac{35 \times 13\frac{1}{3}}{28}$ ou $y = 13\frac{1}{3} \times \dfrac{35}{28} = a$;

a sera désormais considéré comme connu.

On résoudra ensuite la règle ainsi posée :

| 28 o. | 2870 m. | a j. | 10 h. $\frac{1}{3}$ |
| 28 o. | 2355^m,75 | z | 10 h. $\frac{1}{3}$ |

qui se réduit à

| 2870 m. | a j. |
| 2355^m,75 | z |

on a $\dfrac{2870}{2355,75} = \dfrac{a}{z}$, car le rapport est direct,

d'où $\quad z = \dfrac{a \times 2355,75}{2870} \quad$ ou $\quad z = a \times \dfrac{2355,75}{2870} = b;$

b sera désormais considéré comme connu.

On résoudra enfin la règle

| 28 o. | 2355^m,75 | b j. | 10 h. $\frac{1}{3}$ |
| 28 o. | 2355^m,75 | x | 9 h. $\frac{1}{2}$ |

qui se réduit à

| b j. | 10 h. $\frac{1}{3}$ |
| x | 9 h. $\frac{1}{2}$ |

on a $\dfrac{10\frac{1}{3}}{9\frac{1}{2}} = \dfrac{x}{b}$, car le rapport est inverse,

d'où $\qquad x = \dfrac{b \times 10\frac{1}{3}}{9\frac{1}{2}} \qquad$ ou $\qquad x = b \times \dfrac{10\frac{1}{3}}{9\frac{1}{2}}$

ou enfin, remplaçant b, puis a par leurs valeurs,

$$x = a \times \frac{2355,75}{2870} \times \frac{10\frac{1}{3}}{9\frac{1}{2}},$$

$$x = 13\frac{1}{3} \times \frac{35}{28} \times \frac{2355,75}{2870} \times \frac{10\frac{1}{3}}{9\frac{1}{2}},$$

Après avoir écrit l'énoncé sous forme de tableau

35 o.	2870 m.	13 j. $\frac{1}{2}$	10 h. $\frac{1}{3}$
28 o.	2355m,75	x	9 h. $\frac{1}{2}$

on peut énoncer la conclusion suivante :

342. Règle. — *Dans une règle de trois composée, l'inconnue s'obtient en multipliant la grandeur de même espèce, successivement par les rapports des grandeurs de chaque colonne, savoir : par le rapport de la valeur inférieure à la valeur supérieure, si ces valeurs varient dans un rapport direct avec l'inconnue, et, au contraire, par le rapport de la valeur supérieure à la valeur inférieure, si ces valeurs varient en rapport inverse avec l'inconnue.*

Nous avons trouvé

$$x = 13\frac{1}{3} \times \frac{35}{28} \times \frac{2355,75}{2870} \times \frac{10\frac{1}{3}}{9\frac{1}{2}}.$$

Pour effectuer, écrivons

$$x = \frac{13\frac{1}{3} \times 35 \times 2355,75 \times 10\frac{1}{3}}{28 \times 2870 \times 9\frac{1}{2}} = \frac{13\frac{1}{3} \times 5 \times 2355,75 \times 10\frac{1}{3}}{4 \times 2870 \times 9\frac{1}{2}}$$

$$x = \frac{\frac{40}{3} \times 2355,75 \times \frac{31}{3}}{4 \times 574 \times \frac{19}{2}} = \frac{\frac{10}{3} \times 2355,75 \times \frac{31}{3}}{574 \times \frac{19}{2}}.$$

$$x = \frac{23557,5 \times 31}{9 \times 574 \times \frac{19}{2}} = \frac{47115,0 \times 31}{9 \times 574 \times 19}$$

$$x = \frac{5235 \times 31}{574 \times 19} = \frac{162285}{10906}$$

$$x = 14 \text{ j.} \frac{9601}{10906}.$$

Nous ayons simplifié, en divisant ou multipliant les deux termes de la fraction composée par des nombres simples.

Si l'on veut estimer en heures la fraction $\frac{9601}{10906}$, on se rappellera que le jour dont il s'agit est de 9 h. $\frac{1}{2}$ ou $\frac{19}{2}$ d'heure; le nombre d'heures sera donc $\frac{9601}{10906}$ de $\frac{19}{2}$, ou $\frac{19}{2} \times \frac{9601}{10906}$, ou $\frac{19 \times 9601}{2 \times 10906} = 8$ h. $\frac{7923}{21812}$, ou 8 h. 21 m., à moins d'une minute près. La réponse est 14 jours 8 heures 21 minutes.

On aurait pu employer la méthode de réduction à l'unité généralisée, ce qui n'est que la mise en œuvre de la règle pratique indiquée plus haut.

CHAPITRE IX.

PROBLÈMES SUR L'INTÉRÊT.

313. Lorsqu'une personne prête à une autre une certaine somme pour un certain temps, l'emprunteur doit, au bout de ce temps, rendre au prêteur la somme prêtée, plus une certaine somme nommée l'*intérêt* de la première et destinée à payer le service rendu.

La somme prêtée s'appelle le *capital*. On dit que le prêteur prête ou *place* cette somme et qu'elle lui rapporte un certain intérêt.

344. Ordinairement, cet intérêt est évalué proportion-nellement au capital et à la durée du prêt, d'après un *taux* convenu. On appelle *taux* l'intérêt que produirait la somme de 100 francs, prêtée pendant un an. Lorsque 100 francs rapportent, par exemple, un intérêt de 5 francs en un an, on dit que le taux est de 5 pour cent par an ou que le taux est 5 ou que la somme est prêtée à 5 pour cent, qu'on écrit 5 %.

345. Anciennement, dans les questions d'intérêt, on appelait *denier* le capital qui en un an rapportait 1 franc d'intérêt; il est facile de voir que si le taux est 5, le denier est $\frac{100}{5}$ ou 20.

L'intérêt, tel que nous venons de le définir, est l'intérêt *simple*, le seul dont nous nous occuperons dans ce cha-pitre.

346. Lorsque l'intérêt, produit au bout d'une certaine période de temps, se réunit au capital pour porter lui-même intérêt, on dit qu'il se *capitalise;* la somme est alors pla-cée à *intérêts composés.*

347. Le taux, entre particuliers, ne doit pas dépasser 5, qui est le *taux légal,* et, entre commerçants, il ne doit pas dépasser 6.

348. *Problème.* — Quel est l'intérêt produit par un capital de 1227 francs placés au taux de 4 fr. 50 c. pour cent par an pendant 7 ans $\frac{2}{3}$ (intérêt simple)?

Le problème se ramène à une règle de trois, résu-mée ainsi

$$100^r \qquad 1 \text{ an} \qquad 4^r,50$$
$$1227 \qquad 7 \text{ ans} \frac{2}{3} \qquad x$$

En procédant par la réduction à l'unité, par exemple, on a le tableau suivant

11

100^f	1 an	$4^f,50$
1	1	$\dfrac{4,50}{100}$
1227	1	$\dfrac{4,50 \times 1227}{100}$
1227	$7\dfrac{2}{3}$	$\dfrac{4,50 \times 1227 \times 7\dfrac{2}{3}}{100},$

$$x = \frac{4,50 \times 1227 \times 7\dfrac{2}{3}}{100} = \frac{4,50 \times 1227 \times 23}{100 \times 3},$$

$$x = \frac{1,50 \times 1227 \times 23}{100} = 423^f,315.$$

349. *Problème.* — Quel est l'intérêt produit par un capital a, placé au taux t % par an, pendant N années?

On traitera la question comme la précédente.

100^f en 1 an rapportent		t
1	1	$\dfrac{t}{100}$
a	1	$\dfrac{t \times a}{100}$
a	N	$\dfrac{t \times a \times N}{100}$

Règle. — *Pour calculer l'intérêt d'une somme, on multiplie le capital par le taux, le produit par le nombre d'années, et l'on divise le résultat par* 100.

350. *Problème.* — Quel est l'intérêt produit par un capital de 240 fr. 50 c. placé à 4 % pendant 280 jours?

Soit x l'intérêt; on peut appliquer la *formule* précédente, en y remplaçant t par 4, a par 240 fr. 50 c., et N par $\dfrac{280}{365}$ (l'année étant comptée de 365 jours), et l'on a

$$x = \frac{4 \times 240,50 \times \frac{280}{365}}{100} \quad \text{ou} \quad x = \frac{4 \times 240,50 \times 280}{100 \times 365};$$

$$x = \frac{4 \times 240,5 \times 28}{10 \times 365} = 7^f,38, \text{ à } 0,01 \text{ près.}$$

La règle de trois peut se poser ainsi

100^f	365 j.	4^f
240,5	280	x

On la résoudra par ce tableau

100	365	4
1	365	$\frac{4}{100}$
240,50	365	$\frac{4 \times 240,50}{.100}$
240,50	1	$\frac{4 \times 240,50}{100 \times 365}$
240,50	280	$\frac{4 \times 240,50 \times 280}{100 \times 365}$

$$x = \frac{4 \times 240,5 \times 280}{100 \times 365}, \text{ comme précédemment.}$$

351. *Problème.* — Quel est l'intérêt produit par un capital a placé au taux t, pendant n jours?

La réduction à l'unité donne

100^f en 365 j. rapportent		t
1	365	$\frac{t}{10}$
a	365	$\frac{t \times a}{100}$
a	1	$\frac{t \times a}{100 \times 365}$
a	n	$\frac{t \times a \times n}{100 \times 365}$

$$x = \frac{t \times a \times n}{36500}.$$

Règle. — *Pour calculer l'intérêt d'une somme placée pendant un certain nombre de jours, on multiplie le taux par le capital, et le produit par le nombre de jours, puis on divise le résultat par 36500 (si l'année est comptée de 365 jours).*

★ **352.** Il est facile de voir que si l'on compte l'année de 360 jours, la formule devient $x = \frac{t \times a \times n}{36000}$.

Souvent, dans le commerce et dans la banque, le jour est considéré comme $\frac{1}{360}$ d'année; cet usage permet d'employer la dernière formule, qui se simplifie notablement pour les taux les plus usuels.

Ainsi lorsque le taux est 6, on a $x = \frac{6 \times a \times n}{36000} = \frac{a \times n}{6000}$, d'où cette règle

Lorsque le taux est 6, on multiplie le capital par le nombre de jours, et l'on divise le produit par 6000, pour avoir l'intérêt.

La division par 6000 se ramène à prendre le sixième et diviser le résultat par 1000.

Si le taux est 5, on a $x = \dfrac{5 \times a \times n}{36000} = \dfrac{a \times n}{7200}$

4,5 $x = \dfrac{4,5 \times a \times n}{36000} = \dfrac{9 \times a \times n}{72000} = \dfrac{a \times n}{8000}$

4 $x = \dfrac{4 \times a \times n}{36000} = \dfrac{a \times n}{9000}$

3 $x = \dfrac{3 \times a \times n}{36000} = \dfrac{a \times n}{12000}$

Enfin t $x = \dfrac{t \times a \times n}{36000} = \dfrac{a \times n}{\left(\frac{36000}{t}\right)}.$

* **353**. Règle. — *Pour calculer l'intérêt d'une certaine somme* (*l'année étant comptée de 360 jours*), *on multiplie le capital par le nombre de jours, et l'on divise le résultat par* un diviseur *convenable, qui est* 6000 *pour le taux* 6, 7200 *pour le taux* 5, *etc.,* $\dfrac{36000}{t}$ *pour le taux* t.

Cette méthode, dite *méthode du diviseur*, n'est avantageuse que si la division par le *diviseur* $\left(\dfrac{36000}{t}\right)$ se fait facilement.

354. Si l'on désigne par i l'intérêt, on a la formule $i = \dfrac{t \times a \times n}{36500}$, dans le cas où n est le nombre de jours et où l'année est de 365 jours. Elle permet de résoudre d'autres problèmes inverses de celui du calcul de l'intérêt.

355. *Problème.* — Calculer le capital x, qui donne l'intérêt i en n jours, le taux étant t.

Dans la formule $i = \dfrac{t \times a \times n}{36500}$ remplaçons a par x, on a $i = \dfrac{t \times x \times n}{36500}$, d'où $i \times 36500 = t \times x \times n$ ou $i \times 36500 = x \times (t \times n)$;

donc
$$x = \frac{i \times 36500}{t \times n}.$$

Application. — Quel est le capital qui donne 40 fr. d'intérêt en 73 jours, le taux étant 4 % par an ?

On a, en remplaçant i par 40, t par 4, n par 73,
$$x = \frac{40 \times 36500}{4 \times 73} = 10 \times 500 = 5000^{f}.$$

On peut traiter la question en résolvant directement la règle de trois posée ainsi

100^f	365^j	4^f
x	73	40

on trouve le même résultat.

356. *Problème.* — Pendant quel nombre x de jours est placé un capital a, qui a donné l'intérêt i, le taux étant t?

Dans la formule $i = \dfrac{t \times a \times n}{36500}$, si l'on remplace n par x, on a

$$i = \frac{t \times a \times x}{36500}, \text{ d'où } i \times 36500 = x \times (a \times t) \text{ et } x = \frac{i \times 36500}{a \times t}.$$

Le problème se ramène aussi à une règle de trois. D'ordinaire, on calcule le nombre de jours à moins d'une unité près seulement.

357. *Problème.* — Quel est le taux x auquel est placé un capital a qui produit l'intérêt i en n jours?

Dans la formule $i = \dfrac{t \times a \times n}{36500}$, si l'on remplace t par x, on a

$$i = \frac{x \times a \times n}{36500}, \text{ d'où } i \times 36500 = x \times (a \times n);$$

par suite, $x = \dfrac{i \times 36500}{a \times n}$.

On peut poser et résoudre la règle de trois suivante

a^f	en	n j.	rapportent	i^f
100		365		x

D'où ce tableau

a	n	i
1	n	$\dfrac{i}{a}$
100	n	$\dfrac{i \times 100}{a}$
100	1	$\dfrac{i \times 100}{a \times n}$
100	365	$\dfrac{i \times 100 \times 365}{a \times n}$

ou $x = \dfrac{i \times 36500}{a \times n}$, résultat identique au précédent.

358. *Problème.* — Quel est le capital qui, ajouté aux intérêts produits pendant 7 mois, devient 864 fr. 50, le taux étant 5?

(Nous compterons un mois comme valant juste $\dfrac{1}{12}$ d'année).

On trouve facilement que 100 francs, au taux 5, en 7 mois, produisent $5 \times \dfrac{7}{12}$ ou $\dfrac{5 \times 7}{12}$, ou $\dfrac{35}{12}$, ou $2\dfrac{11}{12}$; donc le capital 100 francs, ajouté aux intérêts qu'il a produits en 7 mois, devient $100 + 2\dfrac{11}{12}$ ou $102\dfrac{11}{12}$. Il est clair que si le capital est deux, trois fois, etc., plus grand, l'intérêt produit devient deux, trois fois, etc., plus grand, et la somme du capital et de l'intérêt deviendra aussi deux, trois fois, etc., plus grande.

Si l'on désigne par x le capital inconnu, on a la proportion

$$\frac{100}{x} = \frac{102\dfrac{11}{12}}{864,50}, \text{ d'où } x = \frac{864,50 \times 100}{102\dfrac{11}{12}},$$

ou, par la réduction à l'unité,

si $102\dfrac{11}{12}$ proviennent de   100

1   — $\dfrac{100}{102\dfrac{11}{12}}$

864,50   — $\dfrac{100 \times 864,50}{102\dfrac{11}{12}}$;

$$x = \frac{86450}{102\dfrac{11}{12}} = \frac{86450}{\left(\dfrac{1235}{12}\right)} = \frac{86450 \times 12}{1235} = 840^{f}.$$

On peut aussi arriver à la solution en employant la formule $i = \dfrac{t \times a \times N}{100}$, où N désigne le nombre d'années ; remplaçons t par 5, N par $\dfrac{7}{12}$ et a par x, il vient

$$i = \frac{5 \times x \times \dfrac{7}{12}}{100} = \frac{x \times 5 \times 7}{1200} = \frac{x \times 35}{1200} ;$$

la somme du capital et de l'intérêt est $x + x \times \dfrac{35}{1200}$ ou $x \times \left(1 + \dfrac{35}{1200}\right)$ et ce résultat doit être égal à 864,50 ; on doit avoir l'égalité

$$x \times \left(1 + \frac{35}{1200}\right) = 864,50 \quad \text{ou} \quad x \times \frac{1235}{1200} = 864,50 ;$$

donc

$$x = 864,50 : \frac{1235}{1200} = \frac{864,50 \times 1200}{1235}$$

$$x = \frac{86450 \times 12}{1235} = 840.$$

359. On appelle souvent *rente annuelle*, ou simplement *rente*, l'intérêt produit par un capital en un an.

Pour calculer l'intérêt annuel d'une somme, il suffit d'employer la formule $i = \dfrac{t \times a \times N}{100}$, dans laquelle $N = 1$, ce qui donne $i = \dfrac{t \times a}{100}$, de là une règle.

Pour calculer la rente produite par un capital, il suffit de multiplier le capital par le taux et de diviser le résultat par 100.

On peut reconnaître facilement que le *denier*, ou capital produisant annuellement 1 franc de rente, est égal à 100 divisé par le taux ; si $1 = \dfrac{x \times t}{100}$, $x = \dfrac{100}{t}$.

360. Rentes sur l'État. — On appelle titre de rente sur l'État, un écrit authentique qui constate qu'une certaine personne est inscrite sur le grand-livre de la Dette publique, comme devant recevoir de l'État une certaine rente annuelle.—Le titre est *nominatif* ou au *porteur*, suivant que la personne qui y est désignée est inscrite avec son *nom propre* ou simplement par la désignation *le porteur*. Les titres au porteur sont distingués par des numéros d'ordre; ils peuvent se transmettre d'une personne à une autre sans formalité; les arrérages de la rente indiquée sont payés au porteur. Le titre nominatif ne peut se transmettre à une autre personne, que par l'échange du titre contre un autre au nom du nouveau possesseur, délivré en échange du premier par l'Administration de la dette publique, après qu'il en a été tenu écriture au Bureau dit des *transferts*.

361. On peut vendre ou acheter un titre de rente auprès du possesseur, à la Bourse, par l'intermédiaire d'un agent spécial appelé *agent de change*.

362. Pour un même titre, la valeur commerciale peut varier suivant les circonstances. Le cours de ces valeurs s'établit chaque jour à *la Bourse*, selon l'offre et la demande.

363. Un titre de 360 francs de rente, par exemple, n'a pas toujours la même valeur en capital, mais il donne toujours droit à une rente annuelle de 360 francs payée par l'État, tant que le titre subsiste.

Les titres se distinguent suivant qu'ils sont en 3 %, en 4 %, en 4 1/2 %, en 5 %.

Si un titre de rente de 360 francs est en 5 %, cela signifie que l'État peut se libérer une fois pour toutes, envers le possesseur du titre, et cesser de lui payer sa rente annuelle, en lui remboursant autant de fois 100 qu'il lui doit de fois 5 francs de rente, et cela, quel que soit le cours de la

11.

Bourse; dans le cas actuel, l'État se libérerait en rembour-sant $\frac{360}{5} \times 100$ ou 72 fois 100 ou 7200 francs.

Si le titre de 360 francs de rente est en 3 %, l'État peut se libérer en versant $\frac{360}{3}$ ou 120 fois 100 fr., ou 12000 fr., ce qui serait beaucoup plus onéreux pour l'État que si le titre est en 5 %. De sorte que si l'État veut se libérer d'une partie de sa dette, il remboursera plutôt du 5 % que du 3 %.

364. Le cours des rentes sur l'État est indiqué dans les journaux.

Quand on dit que le cours du 3 % est à 83 francs, par exemple, cela signifie que moyennant 83 francs on peut acheter un titre d'une rente annuelle de 3 francs en 3 %, c'est-à-dire remboursable par l'État à 100 francs, à son gré. Et ainsi pour les autres.

Le cours d'une rente quelconque sur l'État est au *pair* lorsqu'elle est à 100 francs.

365. Les différents titres de rente en circulation ont été créés par l'État lorsqu'il a fait des emprunts, et ils ont été délivrés aux prêteurs en échange de sommes prêtées par eux à l'État. Les titres ont été émis en 3 %, 4 %, 4 1/2 %, 5 %, suivant les circonstances, et à un cours fixé à l'avance qui pouvait être, suivant le cas, inférieur ou supérieur au pair. Par ces titres, l'État ne s'engage jamais à rembourser la somme qu'on lui a prêtée primitivement, mais il se réserve le droit de se libérer comme nous l'avons dit plus haut.

Les ventes ou achats se font à terme ou au comptant. Pour l'achat, comme pour la vente au comptant, l'agent de change reçoit un droit de commission qui est de $\frac{1}{8}$ pour 100 francs du capital employé.

366. Les questions usuelles sur la rente sont des plus simples.

Problème. — A quel taux prête son argent une personne qui achète du 3 % au cours de 83 francs?

Moyennant 83^f, la personne a $\quad$ 3^f $\quad$ de rente

$$1 \qquad\qquad \frac{3}{83}$$

$$100 \qquad\qquad \frac{3 \times 100}{83}$$

ou $\frac{300}{83} = 3^f,61$; cette personne prête son argent au taux de 3,61 % par an.

Problème. — Combien coûtera une rente de 360 francs en 4 1/2 % au cours de 113 fr. 50? On calculera aussi le droit de commission.

On a $\quad$ 4^f,50 de rente moyennant $\quad$ 113,50

$$1 \qquad\qquad \frac{113,50}{4,50}$$

$$360 \qquad\qquad \frac{113,50 \times 360}{4,50}$$

Le prix d'achat sera $\frac{113,50 \times 360}{4,50}$ ou 9080 francs. La commission est

pour le capital $\quad$ 100^f $\qquad \frac{1}{8}$

$$- \qquad 1 \qquad\qquad \frac{1}{800}$$

$$- \qquad 9080 \qquad \frac{1 \times 9080}{800};$$

on divise 9080 par 100, ce qui donne 90,80 et on prend le $\frac{1}{8}$, ce qui donne 11^f,225, tel est le droit de commission.

La dépense totale sera $9080^f + 11^f,225 = 9091^f,225$; il resterait à ajouter encore un droit de timbre.

Problème. — Convertir 360 francs de rente 5 % en 360 francs de rente 3 %. Calculer la dépense sans tenir compte de la commission, si le cours du 5 % est 115 fr. 20 c. et le cours du 3 % 83 fr. 10.

$$5^f \text{ de rente valent} \qquad 115,20$$
$$1 \qquad\qquad \frac{115,20}{100}$$
$$360 \qquad\qquad \frac{115,20 \times 360}{5}$$

ou $\qquad 115,20 \times 72 = 8294^f,40.$

De même,

$$3^f \text{ de rente valent} \qquad 83,10$$
$$1 \qquad\qquad \frac{83,10}{3}$$
$$360 \qquad\qquad \frac{83,10 \times 360}{3}$$

ou $\qquad 83,10 \times 120 = 9972^f.$

La dépense sera évidemment

$$9972 - 8294,40 = 1677^f,60.$$

367. **Obligations; actions.** — Les compagnies, françaises ou autres, émettent, à un certain cours, des titres de rente nommés *obligations*. Chaque obligation donne droit, pour le possesseur, à une rente annuelle fixe payée par la compagnie. Cette obligation est remboursable à une certaine valeur, dans des conditions déterminées, par exemple, par voie de tirage au sort. L'obligation est, en général, garantie par une hypothèque sur l'actif de la compagnie.

368. On donne le nom d'*actions* à des titres émis par

une compagnie au moment de sa constitution. Tous les propriétaires d'actions possèdent dans leur ensemble, au prorata du nombre d'actions, l'actif de la société, et ils reçoivent, en général, un revenu ou *dividende* variant suivant les bénéfices ; en cas de perte, ils ne sont pas engagés au delà du versement intégral du montant, fait au moment de l'émission.

369. Ces actions ou obligations sont nominatives ou au porteur ; elles se vendent et s'achètent à la Bourse, si elles y sont admises, par l'intermédiaire des agents de change.

370. Ajoutons que les rentes françaises ne sont frappées d'aucun impôt, tandis que les actions sont frappées d'impôt sur le revenu, ainsi que les obligations.

Récemment l'État a émis, sous le nom de 3 % *amortissable*, des espèces d'obligations analogues à celles des compagnies de chemins de fer, remboursables par séries, par voie de tirage au sort.

CHAPITRE X.

QUESTIONS SUR L'ESCOMPTE.

371. On sait que par un billet à ordre, le souscripteur du billet s'engage à payer, à une date fixe, une certaine somme, à une certaine personne ou à son ordre. Ce billet se transmet par voie d'endossement, et il doit être soldé par le souscripteur, à la date de l'échéance, au porteur indiqué au dos par le dernier endosseur.

372. Par l'intermédiaire d'un banquier, auquel il transmet le billet, le porteur peut recevoir avant l'échéance, du banquier auquel il a transmis le billet, le montant de ce billet, diminué d'une certaine somme nommée *escompte*, retenue par le banquier. Cet escompte est ordinairement, d'après les usages du commerce, l'intérêt de la somme portée sur le billet, pour le temps qui reste à courir jusqu'à l'échéance. Ce temps s'évalue par un nombre entier de jours, et, pour rendre les calculs plus faciles, les jours sont comptés comme valant chacun $\frac{1}{360}$ d'année, ce qui, comme nous l'avons vu (**352**), rend les calculs plus faciles si le taux de l'intérêt, qui s'appelle aussi *taux de l'escompte*, est l'un des taux usuels, tels que 6, 5, 4, 3, etc.

373. Le nombre de jours s'obtient facilement, par une simple soustraction, à l'aide d'un calendrier où les jours sont numérotés depuis le 1er janvier jusqu'à la fin de l'année; la différence des numéros d'ordre du jour de l'escompte et du jour de l'échéance donne le nombre de jours.

374. *Problème.* — Calculer l'escompte d'un billet de 3000 francs payable dans 58 jours, le taux de l'escompte étant 5 fr. 50 c. % par an.

D'après une règle connue (**352**), l'intérêt de 3000 francs pour 58 jours au taux 5,50 est $\frac{5,50 \times 3000 \times 58}{36000} = 26^f,58$; tel sera l'escompte.

★ 375. *Problème.* — Calculer l'escompte d'un billet de 3500 francs payable dans 37 jours, le taux étant 4,50.

On emploiera la formule simplifiée (**352**) $i = \frac{a \times n}{8000}$, qui donne $i = \frac{3500 \times 37}{8000}$, ou $i = \frac{129500}{8000} = \frac{129,5}{8} = 16^f,19$ (en forçant).

REMARQUE. — En terme de comptabilité, le produit du capital par le nombre de jours s'appelle spécialement le *nombre*.

376. *Problème.* — Calculer l'escompte d'un billet de 3500 francs, payable dans 158 jours, le taux étant 6.

La méthode du diviseur donne, pour l'escompte *e*,

$$e = \frac{3500 \times 158}{6000} \text{ ou } e = \frac{553}{6} = 92^f,16.$$

On peut aussi raisonner ainsi

$$100^f \text{ en } 360 \text{ jours donnent } 6^f \text{ d'intérêt,}$$

$$100^f \text{ en } \frac{360}{6} \text{ ou } 60 \text{ j.} \quad - \quad \frac{6}{6} \text{ ou } 1^f,$$

$$100^f \text{ en } \frac{60}{10} \text{ ou } 6 \text{ j.} \quad - \quad \frac{1}{10} \text{ ou } 0^f,1;$$

par suite

$$3500 \text{ en } 60 \text{ j. donnent } \frac{1 \times 3500}{100} \text{ ou } 35,$$

$$3500 \text{ en } 6 \text{ j.} \quad - \quad \frac{0,1 \times 3500}{100} = \frac{3500}{1000} = 3,5.$$

En un mot, si le taux est 6, l'intérêt est $\frac{1}{100}$ du capital, pour 60 jours, et pour 6 jours l'intérêt est de $\frac{1}{1000}$ du capital.

Cela posé, je remarque que $158 = 60 + 60 + 30 + 6 + 2$; or, $30 = \frac{60}{2}$, $2 = \frac{6}{3}$; donc l'intérêt de 3500 sera $35 + 35 + \frac{35}{2} + 3,5 + \frac{3,5}{3}$.

On aura ainsi le tableau suivant :

L'intérêt de 3500^f au taux 6 est pour	60 j.	35^f
—	—	60	35
—	—	30	17,5
—	—	6	3,5
—	—	2	1,16.
—	—	Pour 158 j.	92^f 16.

Cette méthode est connue sous le nom de *méthode des parties aliquotes;* elle consiste à mettre le nombre de jours sous la forme d'une somme des nombres 60 et 6 et de leurs parties aliquotes simples. Le problème se ramène à prendre soit la $\frac{1}{2}$, soit le $\frac{1}{3}$, soit le $\frac{1}{4}$, soit le $\frac{1}{5}$, soit le $\frac{1}{6}$ de certains nombres qui sont eux-mêmes $\frac{1}{100}$ ou $\frac{1}{1000}$ du capital, et à faire ensuite une addition.

⋆**377.** On pourrait modifier la méthode des parties aliquotes pour les taux 5, 4,50, 4, etc.

Mais quand on a fait le calcul avec le taux 6, si l'on veut le faire pour le taux $4\frac{1}{2}$, par exemple, on remarquera que $6-4\frac{1}{2}=1\frac{1}{2}=\frac{6}{4}$. Donc il suffira de diminuer de $\frac{1}{4}$ l'intérêt ou l'escompte obtenu avec le taux 6.

Par exemple, si le taux 6 donne 92,16,

$$\frac{1}{4}\ \ 23,04,$$

le taux $4\frac{1}{2}$ donne 69,12.

378. *Problème.* — Une personne a souscrit à une autre trois billets,

le   premier de 2000ᶠ payable dans 137 j.,
le deuxième de 4500   —   54 ,
le troisième de 5500   —   23 .

Dans combien de jours doit être payable un billet montant à une somme de 2000 + 4500 + 5500 pour que, si l'on fait escompter tous ces billets au même taux, l'escompte du dernier billet soit le même que la somme des escomptes des trois autres?

Soit t le taux de l'escompte, d le diviseur correspondant, x le nombre de jours cherché; les escomptes seront

$$\frac{2000 \times 137}{d}, \quad \frac{4500 \times 54}{d}, \quad \frac{5500 \times 23}{d}, \quad \frac{(2000+4500+5500) \times x}{d};$$

on doit avoir l'égalité

$$\frac{2000 \times 137}{d} + \frac{4500 \times 54}{d} + \frac{5500 \times 23}{d} = \frac{(2000+4500+5500) \times x}{d}$$

ou $$\frac{274000 + 243000 + 126500}{d} = \frac{12000 \times x}{d};$$

donc $$274000 + 243000 + 126500 = 12000 \times x$$

ou $643500 = 12000 \times x$; donc $x = \dfrac{643500}{12000} = 54$ j. (par excès).

On peut aussi raisonner comme il suit :

L'intérêt produit par 2000ᶠ en 137 jours sera le même si le capital devient 137 fois plus grand, et le temps 137 fois plus petit; l'intérêt sera le même que celui de 2000×137 ou 274000ᶠ pour 1 j.; l'intérêt de 4500 pour 54 jours sera le même que celui de 4500×54 ou 243000ᶠ pour 1 j., et l'intérêt de 5500 francs pour 23 jours, le même que celui de 5500×23 ou 126500ᶠ pour 1 j. Les trois intérêts seront les mêmes que ceux de 274000 fr., 243000 fr., 126500 fr. pour 1 jour, et leur somme, la même que l'intérêt de $274000 + 243000 + 126500$ ou 643500ᶠ pour 1 j. Le montant du quatrième billet est 12000 francs. Il suffit maintenant de chercher pendant combien de jours doivent être placés 12000 francs pour produire le même intérêt que 643500 francs en un jour. Pour produire un certain intérêt,

643400ᶠ emploient 1 j.

1 — 1×643500,

12000 — $\dfrac{1 \times 643500}{12000}$,

résultat identique à celui fourni par l'autre méthode.

Les problèmes de ce genre sont connus sous le nom de *problèmes de l'échéance commune* ou de *l'échéance moyenne*.

Il faut remarquer que le résultat est indépendant du taux.

379. L'escompte dont nous avons parlé jusqu'ici s'appelle l'*escompte commercial*, parce que c'est ainsi qu'il se pratique dans le commerce.

On voit qu'à l'échéance, le banquier reçoit la somme qu'il a avancée, plus l'intérêt d'une somme supérieure qui est celle portée sur le billet.

Il serait plus *rationnel* que la somme avancée par le banquier fût telle que, ajoutée à ses intérêts pour le temps qui reste à courir, le total fût égal à la somme portée sur le billet et que le banquier reçoit à l'échéance.

La retenue qui serait faite par le banquier dans ces conditions s'appelle l'*escompte rationnel*.

380. *Problème*. — Calculer l'escompte rationnel d'un billet de 3500 francs payable dans 158 jours, le taux étant 6. (Année de 360 jours.)

En 158 jours, 100^f au taux 6 donnent $\dfrac{100 \times 158}{6000} = 2^f,6333$ d'intérêt ; la somme du capital et de l'intérêt est alors $102^f,6333$.

Si $102^f,6333$ proviennent de 100^f

$$1 \qquad\qquad - \qquad\qquad \frac{100}{102,6333}$$

$$3500 \qquad\qquad - \qquad\qquad \frac{100 \times 3500}{102,6333} = 3410^f,20.$$

Le porteur du billet recevra $3410^f,20$.

Autrement :

Soit x la somme que recevra le porteur du billet ; son intérêt pour 158 jours est $\dfrac{x \times 158}{6000}$; et il faut que $x + \dfrac{x \times 158}{6000} = 3500$ ou $\dfrac{x \times 6000 + x \times 158}{6000} = 3500$ ou $\dfrac{x \times 6158}{6000} = 3500$,

$x \times 6158 = 3500 \times 6000$, $x = \dfrac{3500 \times 6000}{6158} = 3410,20$ (en forçant).

L'escompte rationnel e' sera $e' = 3500 - 3410,20 = 89',80$; on voit que $e' < e$, e étant l'escompte commercial.

★ 381. *Problème.* — Calculer l'escompte commercial e d'un billet de a francs, payable dans n jours, le taux étant t. Calculer l'escompte rationnel e' et la différence $e - e'$. (Année de 360 jours.)

L'escompte commercial e sera l'intérêt du capital a, pour n jours au taux t. Ce sera $e = \dfrac{t \times a \times n}{36000}$.

Calculons l'escompte rationnel e'. Soit x la somme reçue par le porteur du billet; dans ce cas, l'intérêt de x sera $\dfrac{t \times x \times n}{36000}$ ou $\dfrac{x \times (t \times n)}{36000}$. Il faut que l'on ait l'égalité

$$x + \frac{x \times (t \times n)}{36000} = a$$

$$\frac{x \times 36000 + x \times (t \times n)}{36000} = a,$$

$$\frac{x \times (36000 + t \times n)}{36000} = a,$$

$$x \times (36000 + t \times n) = a \times 36000 ;$$

d'où

$$x = \frac{a \times 36000}{36000 + t \times n};$$

l'escompte e' sera $a - x$, c'est-à-dire

$$\frac{a \times (36000 + t \times n)}{36000 + t \times n} - \frac{a \times 36000}{36000 + t \times n}$$

$$e' = \frac{a(36000 + t \times n - 36000)}{36000 + t \times n} = \frac{a \times t \times n}{36000 + t \times n};$$

on aura $\quad e - e' = \dfrac{a \times t \times n}{36000} - \dfrac{a \times t \times n}{36000 + t \times n}$,

ou en réduisant au même dénominateur, et retranchant

$$e - e' = \frac{a \times t \times n\,(36000 + t \times n) - a \times t \times n \times 36000}{(36000 + t \times n) \times 36000},$$

$$e - e' = \frac{a \times t \times n\,(36000 + t \times n - 36000)}{(36000 + t \times n) \times 36000},$$

$$e - e' = \frac{a \times t \times n \times t \times n}{(36000 + t \times n) \times 36000};$$

or, $e = \dfrac{a \times t \times n}{36000}$ et $e' = \dfrac{a \times t \times n}{36000 + t \times n}.$

On en conclut

$$e - e' = \frac{e \times t \times n}{36000 + t \times n}$$

ou

$$e - e' = \frac{e' \times t \times n}{36000}.$$

On voit que la différence $e - e'$ peut être considérée comme égale 1° à l'escompte rationnel de l'escompte commercial; ou 2° à l'escompte commercial de l'escompte rationnel.

★**382.** Nous avons déjà dit (**335**) que la remise de tant pour cent que fait un commerçant sur une facture payée au comptant, par exemple, s'appelle quelquefois l'*escompte;* ce mot a alors une signification différente de celle qu'il a dans ce qui précède. Cependant la raison de cette dénomination commune provient d'une certaine analogie des questions; car l'escompte fait sur une facture par un commerçant sera, par exemple, de 3 %/₀ au comptant, de 1 %/₀ à 30 jours, *nul* à 90 jours. Ce genre d'escompte résulte encore d'un payement anticipé, et la remise est généralement d'autant plus forte que le payement est plus rapproché du comptant.

CHAPITRE XI.

QUESTIONS SUR LES MÉLANGES ET SUR LES ALLIAGES.

383. Tout le monde sait ce qu'on appelle un *mélange*. Nous supposerons que le volume du mélange est égal à la somme des volumes des corps mélangés (quoique cela ne soit pas toujours vrai). Quant au poids du mélange, il est rigoureusement égal à la somme des poids des corps mélangés.

Nous admettrons que les mélanges opérés sont homogènes, c'est-à-dire que, dans une partie quelconque du mélange, les éléments mélangés entrent dans le même rapport.

On aura, par exemple, un mélange homogène de vin et d'eau, si le volume du mélange devenant deux, trois, etc., fois plus grand, la quantité de vin qu'il contient, devient aussi deux, trois, etc., fois plus grande.

Le volume ou le poids de l'un des corps entrant dans le volume ou le poids correspondant de mélange est proportionnel à ce volume ou à ce poids.

On mélange ordinairement des liquides, des graines ou des matières pulvérulentes.

On donne le nom d'*alliages* à des mélanges de métaux qui ont été faits lorsque ces métaux étaient en fusion. Le poids d'un alliage est évidemment égal à la somme des poids des corps ainsi alliés. Lorsque nous considérerons les volumes des alliages, nous admettrons aussi (quoique cela ne soit pas toujours vrai) que le volume de l'alliage est égal à la somme des volumes des corps alliés. Nous supposerons les alliages homogènes, c'est-à-dire tels que le poids d'un métal contenu dans le poids correspondant d'un certain alliage soit proportionnel à ce poids.

Nous admettrons enfin que la valeur d'un alliage ou d'un

mélange est égale à la somme des valeurs des corps alliés
ou mélangés.

384. *Problème.* — On mélange 200 litres de vin à
0^f,50 le litre, 120 litres à 0^f,60 le litre et 300 litres à 0^f,75.
Quel est le prix du litre de mélange?

$$200 \text{ litres à } 0^f,50 \text{ valent } 0,50 \times 200 = 100^f$$
$$120 \quad - \quad \text{à } 0^f,60 \quad - \quad 0,60 \times 120 = 72$$
$$300 \quad - \quad \text{à } 0^f,75 \quad - \quad 0,75 \times 300 = 225.$$

Le volume du mélange est

$$200 + 120 + 300 = 620^{lit},$$

sa valeur est

$$100 + 72 + 225 = 397^f;$$

donc 1 litre du mélange vaut

$$\frac{397}{620} = 0^f,640, \text{ à un millième près.}$$

REMARQUE. — Pour établir, par exemple, le prix moyen
du double décalitre de froment dans un marché, on fait le
même calcul que si tout le froment vendu sur ce marché
avait été mélangé et qu'on demande le prix du double décalitre du mélange.

385. *Problème.* — On mélange 3^{lit},50 d'alcool et 13 litres
d'eau. Calculer la densité du mélange (supposé fait sans
condensation), sachant que la densité de l'alcool est 0,80 et
que celle de l'eau est 1.

1 litre d'alcool pèse 0^k,80; 3^{lit},50 pèsent 0,80 × 3,50 = 2^k,80;
13 litres d'eau pèsent 1^k × 13 = 13^k; le volume total est
3,50 + 13 = 16^l,50; le poids total est 2,80 + 13 = 15^k,80; le
poids du litre du mélange sera donc $\frac{15,80}{16,50}$ = 0^k,957.

386. *Problème.* — Quelle est la densité de l'alliage des monnaies divisionnaires d'argent, la densité de l'argent étant 10,51, celle du cuivre étant 8,90?

On sait que dans 1000 grammes de cet alliage, il y a 835 grammes d'argent et 135 grammes de cuivre. Si nous prenons le centimètre cube pour unité de volume, comme 1 centimètre cube d'argent pèse 10^{gr},51, le volume de 835 grammes d'argent sera $\dfrac{835}{10,51}$, celui du cuivre sera $\dfrac{165}{8,9}$, et le volume total sera

$$\frac{835}{10,51} + \frac{165}{8,9} = \frac{835 \times 8,9 + 165 \times 10,51}{10,51 \times 8,9} ;$$

en divisant le poids total, qui est 1000, par le volume, on aura pour la densité

$$\frac{1000 \times 10,51 \times 8,9}{835 \times 8,9 + 165 \times 10,51} = \frac{93539}{9165,65} \text{ ou } \frac{9353900}{916565} = 10,206.$$

387. *Problème.* — Quels sont les poids de cuivre, d'étain et de zinc contenus dans 225 grammes de l'alliage des monnaies de bronze?

On sait que l'alliage des monnaies de bronze contient sur 100 grammes, 95 grammes de cuivre, 4 grammes d'étain et 1 gramme de zinc. On raisonne ainsi :

Sur 100 grammes d'alliage, il y a 95 grammes de cuivre,

$$1 \quad\quad - \quad\quad \frac{95}{100} \quad\quad -$$

$$225 \quad\quad - \quad\quad \frac{95 \times 225}{100} = 213^{gr},75$$

Sur 100 , — 4 grammes d'étain,

$$1 \quad\quad - \quad\quad \frac{4}{100} \quad\quad -$$

$$225 \quad\quad - \quad\quad \frac{4 \times 225}{100} = 9^{gr}$$

Sur 100   —   1 gramme de zinc.

$$1 \quad = \quad \frac{1}{100} \quad -$$

$$225 \quad - \quad \frac{1 \times 225}{100} = 2^{gr},25$$

Vérification. $213,75 + 9 + 2,25 = 225,00$.

On peut opérer aussi de la manière suivante :
Soient x, y, z les poids cherchés, on devra avoir

$$\frac{x}{95} = \frac{225}{100}, \quad \frac{y}{4} = \frac{225}{100}, \quad \frac{z}{1} = \frac{225}{100},$$

d'où $\quad x = \dfrac{225 \times 95}{100}, \quad y = \dfrac{225 \times 4}{100}, \quad z = \dfrac{225 \times 1}{100}.$

REMARQUE.—On a $\dfrac{x}{95} = \dfrac{y}{4} = \dfrac{z}{1}$, avec $x + y + z = 225$, par suite le problème revient à partager le poids total de l'alliage en parties respectivement proportionnelles aux nombres 95, 4 et 1.

Tous les problèmes du même genre peuvent se ramener à un partage proportionnel.

388. Lorsqu'on fait un alliage d'un métal dit *métal précieux* ou *métal fin*, tel que l'argent ou l'or, et d'un ou plusieurs autres métaux communs, on appelle *titre de l'alliage le rapport du poids du métal précieux au poids total de l'alliage.* Souvent ce titre est exprimé en décimales, à moins d'un millième près; ce nombre est toujours plus petit que l'unité.

Si l'alliage est au titre de 0,865, par exemple, cela signifie que le poids du métal fin est les $\dfrac{865}{1000}$ du poids total de l'alliage. D'après cela, 1 gramme de cet alliage contient les $\dfrac{865}{1000}$ de 1 gramme ou $0^{gr},865$ de métal fin. Donc *le nombre représentant le titre d'un alliage exprime le poids de métal fin contenu dans l'unité de poids de l'alliage.*

389. Règle. — *Lorsqu'on connaît le poids et le titre d'un alliage, on obtient le poids du métal fin qu'il contient, en multipliant le poids de l'alliage par le titre.*

Si, par exemple, on veut savoir le poids d'or contenu dans 215 grammes d'un alliage, au titre de 0,915, on observe que 1 gramme d'alliage contient $0^{gr},915$ d'or, et 215 grammes en contiennent $0^{gr},915 \times 215 = 196^{gr},725.$ — On peut dire aussi que le poids de l'or est les $\dfrac{915}{1000}$ des 215 grammes d'alliage, ou $215^{gr} \times \dfrac{915}{1000}$, ou $215^{gr} \times 0,915 = 196^{gr},725.$

390. *Problème.* — A quel titre est un alliage d'argent et de cuivre qui pèse 520 grammes et contient 400 grammes d'argent?

Si 520 grammes d'alliage contiennent 400 grammes d'argent, 1 gramme en contient $\dfrac{400}{520} = 0^{gr},769$; le titre est 0,769.

391. *Problème.* — Quel est le poids d'un alliage d'or et de cuivre au titre de 0,750 et qui contient 200 grammes d'or pur?

Soit x le poids cherché; on aura la proportion $\dfrac{x}{1} = \dfrac{200}{0,750}$, d'où $x = \dfrac{200}{0,750} = 266^{gr},666.$ — Autrement : Si l'on connaissait le poids cherché, en le multipliant par le titre 0,750, on obtiendrait 200, donc ce poids est $\dfrac{200}{0,750}.$

392. Nous allons résoudre, sur les mélanges et les alliages, quelques problèmes d'un genre différent des précédents.

12

393. *Problème.* — Quelles quantités de vin à $0^f,50$ et de vin à $0^f,65$ faut-il mélanger pour obtenir 225 litres à $0^f,57$?

1^l à $0^f,50$, vendu $0^f,57$, donne un gain $= 0,57 - 0,50 = 0^f,07$.
1^l à $0^f,65$, vendu $0^f,57$, donne une perte $= 0,65 - 0,57 = 0^f,08$.

Le gain compensera exactement la perte, si l'on mélange 8 litres de la première sorte et 7 litres de la seconde, car si les $8 + 7$ ou 15 litres ainsi obtenus sont vendus $0^f,57$ l'un, le gain est $0^f,07 \times 8$ et la perte $0^f,08 \times 7$; or $0,07 \times 8 = 0,08 \times 7$ parce que $7 \times 8 = 8 \times 7$. — On fera le tableau suivant

0,50	0,57	gain $0^f,07$	8^l
0,65	0,57	perte 0,08	7^l
			$\overline{15^l}$

$$\text{Sur } 15^l \text{ de mélange, on met} \quad 8^l \quad \text{de } 1^{re} \text{ sorte}$$
$$1 \qquad \frac{8}{15}$$
$$225 \qquad \frac{8 \times 225}{15} = 120^l;$$
$$15 \qquad 7 \quad \text{de } 2^e \text{ sorte}$$
$$1 \qquad \frac{7}{15}$$
$$225 \qquad \frac{7 \times 225}{15} = 105^l.$$

Il suffira de partager 225 en parties proportionnelles à 8 et à 7.

394. *Problème.* — Quelles sont les quantités de vin à $0^f,80$ et d'eau qu'il faut mélanger, pour obtenir 240 litres d'un mélange à $0^f,50$ le litre?

On n'a qu'à assimiler l'eau à du vin valant $0^f,00$ pour retomber dans le cas précédent. On a ce tableau

0,00	0,50	gain $0^f,50$	30
0,80	0,50	perte $0^f,30$	50

d'où l'on voit que le gain compense la perte en prenant 30 litres d'eau et 50 litres de vin, ce qui donne $30 + 50 = 80$ litres de mélange.

La quantité d'eau sera $\dfrac{30 \times 240}{80} = 90^l$,

celle de vin $\dfrac{50 \times 240}{80} = 150^l$.

Au lieu de partager 240 en parties proportionnelles à 30 et 50, on peut partager 240 en parties proportionnelles à $\dfrac{30}{10}$ et $\dfrac{50}{10}$, c'est-à-dire à 3 et 5, ce qui simplifie le calcul.

395. *Problème.* — Quels poids de deux alliages d'or et de cuivre faut-il allier ensemble pour obtenir 225 grammes d'un alliage au titre de 0,900, si les titres des deux alliages sont 0,830 et 0,980?

Si l'on prend un gramme du premier alliage, qui contient $0^{gr},830$ d'or, il manque, pour atteindre le titre définitif, $0,900 - 0,830 = 0,070$ d'or; si l'on prend un gramme du deuxième alliage, qui contient $0^{gr},980$ d'or, il y a en trop, relativement au titre définitif, $0,980 - 0,900 = 0,080$ d'or. On établira la compensation exacte pour l'or en prenant 80 grammes du premier alliage et 70 grammes du second; il manquera, d'une part, $0,070 \times 80$ d'or, et il y aura en trop, d'autre part, $0,080 \times 70$; or, $0,070 \times 80 = 0,080 \times 70$; la compensation se fera également pour le cuivre, mais en sens inverse. On a ce tableau

| 0,830 | 0,900 | 0,070 | 80 |
| 0,980 | 0,900 | 0,080 | 70 |

On trouve ensuite par un calcul facile, pour le poids du premier alliage, $\dfrac{80 \times 225}{150} = 120$ grammes; pour le poids du deuxième alliage $\dfrac{70 \times 225}{150} = 105$ grammes.

396. *Problème.* — Quels poids d'argent pur et d'un alliage d'argent et de cuivre, au titre de 0,835, faut-il allier ensemble pour obtenir 330 grammes d'un alliage au titre de 0,900?

Si l'on assimile l'argent pur à un alliage au titre de $\dfrac{1000}{1000}$, on est ramené à un cas analogue au précédent et l'on a ce tableau

1,000	0,900	0,100	65
0,835	0,900	0,065	100

Il faudra prendre 65 grammes d'argent pur pour 100 grammes de l'alliage donné, ce qui fournit 65 + 100 ou 165 grammes du nouvel alliage.

On trouve pour le poids d'argent pur $\dfrac{65 \times 330}{165} = 130^{gr}$

et pour le poids de l'alliage à 0,835, $\dfrac{100 \times 330}{165} = 200$ grammes.

REMARQUE. — Dans le cas d'un alliage formé d'un alliage donné et de cuivre, on assimile le cuivre à un alliage au titre de 0,000.

397. *Problème.* — Combien faut-il mélanger de litres de vin à 0^f,40 avec 120^l à 0^f,50 pour obtenir un mélange valant 0^f,47 le litre?

En commençant comme à l'ordinaire, on a le tableau suivant

0,40	0,47	0,07	3
0,50	0,47	0,03	7

On voit que pour 3 litres à 0^f,40, on doit prendre 7 litres à 0^f,50.

Si pour 7^l à 0^f,50 on prend   3^l à 0^f,40

1    $\dfrac{3}{7}$

pour 120 $\dfrac{3 \times 120}{7} = 51^l,43$.

398. *Problème*. — Combien faut-il ajouter de cuivre à 120 grammes d'un alliage au titre de 0,800, pour obtenir un alliage au titre de 0,760?

On opérera comme précédemment

0,000	0,760	0,760	40
0,800	0,760	0,040	760

Poids du cuivre $\dfrac{40 \times 120}{760} = 6^{gr},316$.

On peut raisonner autrement :

120 grammes d'alliage au titre de 0,800 contiennent $0,800 \times 120 = 96$ grammes de fin. Cherchons le poids de l'alliage final; si on le connaissait, en le multipliant par le titre 0,760, on obtiendrait 96 grammes, puisqu'on n'y introduit que du cuivre; donc le poids x du nouvel alliage sera $\dfrac{96^{gr}}{0,760} = 126^{gr},316$; le poids de cuivre à ajouter est

$$126^{gr},316 - 120^{gr} = 6^{gr},316.$$

399. Remarque. — Si l'on proposait le problème suivant : Combien faut-il mélanger de vin à $0^f,50$ le litre, de vin à $0^f,60$ le litre et de vin à $0^f,80$ pour obtenir 300 litres de mélange à $0^f,65$? ce problème serait indéterminé.

En effet, on pourrait concevoir un mélange formé des deux premières sortes, et au prix arbitraire de $0^f,58$, par exemple, le litre, et l'on serait ramené à un mélange de vin à $0^f,58$ et de vin à $0^f,80$; chaque résultat final dépendra évidemment du prix arbitraire du premier mélange. Pour que le problème soit déterminé, il faut ajouter une nouvelle condition, comme dans l'exemple suivant.

400. *Problème*. — On a du vin à $0^f,50$, du vin à $0^f,60$ et du vin à $0^f,80$. Combien faut-il mélanger de ces trois sortes de vin pour obtenir 300 litres de mélange à $0^f,65$ le litre et contenant 3 fois plus de vin de la troisième sorte que de la première?

12.

Si l'on mélangeait 3 litres de la troisième sorte et 1 litre de la première sorte, le prix du litre de ce mélange serait. $\dfrac{0,80 \times 3 + 0,50 \times 1}{4}$ ou $\dfrac{2,40 + 0,50}{4} = \dfrac{2,90}{4} = 0,725$. Cherchons maintenant combien il faudrait mélanger de litres de ce mélange et de litres de vin à 0f,60 pour obtenir 300 litres au prix de 0f,65; on a ce tableau

| 0,725 | 0,650 | 0,075 | 50 |
| 0,600 | 0,650 | 0,050 | 75 |

On pourra prendre 50 litres du vin mélangé et 75 de la deuxième sorte, ou $\dfrac{50}{25}$ du premier mélange et $\dfrac{75}{25}$ de la deuxième sorte ou 2 litres du premier mélange et 3 litres de la deuxième sorte, ce qui donne 5 litres de mélange définitif; sur les 300 litres du mélange final, on a $\dfrac{2 \times 300}{5} = 120^l$ du premier mélange et $\dfrac{3 \times 300}{5} = 180^l$ de la deuxième sorte.

Il reste à déterminer les quantités de la première sorte et de la troisième, qui entrent dans les 120l du premier mélange supposé.

Sur   4l   de ce mélange, il y a 1l de 1re sorte

       1                             $\dfrac{1}{4}$ de 1re sorte

     120                           $\dfrac{120}{4} = 30^l$

Sur   4l   de ce mélange, il y a 3l de 3e sorte

       1                             $\dfrac{3}{4}$

     120                     $\dfrac{3 \times 120}{4} = 90^l$

En résumé, on prendra

30l	à	0f,50
180l	à	0f,60
90l	à	0f,80

Si l'on calcule le prix de revient du litre de ce mélange, on aura une vérification.

CHAPITRE XII.

QUESTIONS SUR LES PARTAGES PROPORTIONNELS. RÈGLES DITES DE SOCIÉTÉ.

401. Nous avons vu (**319**, chapitre vi, livre III) comment on partage un nombre donné en parties proportionnelles à des nombres donnés. Nous avons dit qu'on était conduit à des questions de ce genre, dans certains problèmes sur les mélanges ou les alliages. Nous allons examiner d'autres applications.

402. *Problème.* — Trois associés ont mis dans une entreprise faite en commun, le premier 5800 francs, le deuxième 4800 francs et le troisième 3400 francs. Le bénéfice réalisé s'élève à 910 francs; quelle part de ce bénéfice revient-il à chacun?

Dans l'énoncé, il n'est pas dit explicitement, mais il est sous-entendu que les parts de bénéfice doivent être proportionnelles aux mises de chaque associé. On admet, en effet, que si, sur la mise totale, la mise d'un associé devenait deux, trois, etc., fois plus grande, sa part de bénéfice deviendrait deux, trois, etc., fois plus grande. Il suffit alors de partager le bénéfice, 910 francs, en parties proportionnelles aux mises. Si l'on désigne par x, y, z les parts respectives du premier, du deuxième, du troisième associé, on a successivement

$$\frac{x}{5800} = \frac{y}{4800} = \frac{z}{3400} = \frac{x+y+z}{5800+4800+3400} = \frac{910}{14000},$$

d'où
$$x = \frac{910 \times 5800}{14000} = 377^f.$$

$$y = \frac{910 \times 4800}{14000} = 312^f.$$

$$z = \frac{910 \times 3400}{14000} = 221^f.$$

On peut aussi procéder par réduction à l'unité :

La mise totale est $5800 + 4800 + 3400 = 14000$ francs ;

pour 14000^f le bénéfice est 910^f,

$$1 \qquad - \qquad \frac{910}{14000}$$

$$\text{pour } 5800^f \qquad - \qquad \frac{910 \times 5800}{14000}.$$

De même,

$$\text{pour } 4800 \qquad - \qquad \frac{910 \times 4800}{14000};$$

$$\text{pour } 3400 \qquad - \qquad \frac{910 \times 3400}{14000};$$

on trouve les mêmes résultats que précédemment.

REMARQUE. — Le quotient $\frac{910}{14000}$ étant connu avec une approximation suffisante, il suffira (**320**) de le multiplier successivement par chaque mise.

★ **403**. *Problème.*—Partager une somme de 4800 francs entre trois personnes, en parties inversement proportionnelles à leurs âges, qui sont 18 ans, 20 ans et 24 ans.

On entend par là que, si x, y et z, sont les trois parts respectives des trois personnes, on doit avoir $\frac{x}{y} = \frac{20}{18}$ et $\frac{x}{z} = \frac{24}{18}$ ou $x \times 18 = y \times 20$, et $x \times 18 = z \times 24$, ou encore, en vertu d'une propriété connue des quotients,

$$\frac{x}{\left(\frac{1}{18}\right)} = \frac{y}{\left(\frac{1}{20}\right)} \quad \text{et} \quad \frac{x}{\left(\frac{1}{18}\right)} = \frac{z}{\left(\frac{1}{24}\right)},$$

c'est-à-dire

$$\frac{x}{\left(\frac{1}{18}\right)} = \frac{y}{\left(\frac{1}{20}\right)} = \frac{z}{\left(\frac{1}{24}\right)}.$$

On voit qu'il suffit de partager 4800 en parties proportionnelles aux nombres $\frac{1}{18}$, $\frac{1}{20}$, $\frac{1}{24}$, qui sont les inverses des âges.

On peut aussi raisonner comme il suit :

Si chaque personne recevait une somme calculée sur le pied de 1 franc pour un an d'âge, la première, pour 18 ans d'âge, devrait recevoir 18 fois moins ou $\frac{1}{18}$, puisque la part de chaque personne doit varier dans le rapport inverse de son âge. Dans les mêmes conditions, la deuxième personne, qui a 20 ans, recevrait $\frac{1}{20}$, et la troisième, qui a 24 ans, recevrait $\frac{1}{24}$. Si donc la somme à partager était $\frac{1}{18} + \frac{1}{20} + \frac{1}{24}$, les parts de chaque personne seraient juste $\frac{1}{18}$, $\frac{1}{20}$, $\frac{1}{24}$ de franc; si la somme à partager est deux, trois, etc., fois plus grande, la part de chacune serait deux, trois, etc., fois plus grande; il suffit donc de partager 4800 francs en parties proportionnelles à $\frac{1}{18}$, $\frac{1}{20}$, $\frac{1}{24}$, ou à $\frac{20}{360}$, $\frac{18}{360}$, $\frac{15}{360}$, ou à 20, 18, 15, d'après une simplification connue (**319**); les parts seront :

$$x = \frac{4800 \times 20}{53} = 1811,326$$

$$y = \frac{4800 \times 18}{53} = 1830,188$$

$$z = \frac{4800 \times 15}{53} = 1358,490$$

Vérification. $x + y + z = 4799,998$

ce qui est 4800 francs, à 0,002 près.

404. *Problème.* — Trois associés ont mis dans une entreprise, le premier, 6000 francs pendant 15 mois; le deuxième, 3000 francs pendant 18 mois, et le troisième, 5000 francs pendant 1 an ou 12 mois. Le bénéfice s'élève à 910 francs; calculer la part de chacun, en supposant les parts de bénéfice directement proportionnelles aux mises et aux nombres de mois qu'elles sont restées dans l'entreprise.

Calculons ce qu'il reviendrait à chacun, si chacun recevait 1 franc pour une mise de 1 franc laissée dans l'entreprise pendant un mois. Une personne ayant mis la somme de 6000^f pendant 1 mois, recevrait 1×6000, et si elle mettait 6000 francs pendant 15 mois, elle recevrait $1 \times 6000 \times 15$ ou 90000 francs. De même la deuxième personne, pour une mise de 3000 francs pendant 18 mois, recevrait $1 \times 3000 \times 18$ ou 54000 francs, et la troisième, pour une mise de 5000 francs pendant 12 mois, recevrait $1 \times 5000 \times 12$ ou 60000 francs. Si donc le bénéfice à partager était $90000 + 54000 + 60000$ francs, les parts seraient respectivement 90000, 54000, et 60000; si le bénéfice était deux, trois, etc., fois plus petit, la part de chacun serait deux, trois, etc., fois plus petite. Les parts seront donc proportionnelles à 90000, 54000, 60000.

Par conséquent, il suffit de partager le bénéfice, 910 francs, en parties proportionnelles aux produits de chaque mise par le nombre de mois correspondant. On trouve pour les trois parts, en remarquant que $90000 + 54000 + 60000 = 204000$,

$$1^{re} \text{ part } \frac{910 \times 90000}{204000} = \frac{910 \times 90}{204} = 401^f,470$$

$$2^e \quad - \quad \frac{910 \times 54000}{204000} = \frac{910 \times 54}{204} = 240^f,882$$

$$3^e \quad - \quad \frac{910 \times 60000}{204000} = \frac{910 \times 60}{204} = 267^f,647.$$

405. *Problème.* —Partager une récompense de 100 francs entre trois élèves, en parties directement proportionnelles aux nombres des prix qu'ils ont obtenus et inversement proportionnelles aux âges de chacun. On sait que

le premier élève, âgé de 14 ans, a obtenu 3 prix,
le deuxième — 15 — 2 —
le troisième — 18 — 5 —

Supposons qu'on donne 1 franc pour un prix obtenu et 1 an d'âge; pour un prix obtenu et 14 ans d'âge, l'élève recevrait $\frac{1}{14}$ de franc, et pour trois prix obtenus et 14 ans d'âge, il recevrait $\frac{1 \times 3}{14}$ ou $\frac{3}{14}$ de franc; dans les mêmes conditions, le deuxième élève, pour deux prix obtenus et 15 ans d'âge, recevrait $\frac{2}{15}$ de franc; enfin, le troisième élève, pour cinq prix obtenus et 18 ans d'âge, recevrait $\frac{5}{18}$. Alors, les trois élèves recevraient respectivement $\frac{3}{14}$, $\frac{2}{15}$, $\frac{5}{18}$; il suffira par suite de partager 100 francs proportionnellement à ces trois nombres ou à $\frac{135}{630}$, $\frac{84}{630}$, $\frac{175}{630}$ ou à 135, 84, 175.

$$\text{La première part sera } \frac{100 \times 135}{394} = 34^f,264 .$$

$$\text{La deuxième } \quad - \quad \frac{100 \times 84}{394} = 21^f,320$$

$$\text{La troisième } \quad - \quad \frac{100 \times 175}{394} = 44^f,416.$$

406. *Problème.* — Partager une fortune de 82000 francs entre trois personnes, de manière que la deuxième ait les $\frac{3}{4}$ de la part de la première et la troisième les $\frac{2}{5}$ de la part de la deuxième.

Si la première personne recevait 1 franc, la deuxième recevrait $\frac{3}{4}$ de 1 franc ou $\frac{3}{4}$ de franc, la troisième les $\frac{2}{5}$ de $\frac{3}{4}$ ou $\frac{3}{4} \times \frac{2}{5}$, ou $\frac{3 \times 2}{4 \times 5}$, ou $\frac{3}{10}$ de franc; les trois parts seraient alors 1, $\frac{3}{4}$, $\frac{3}{10}$; il suffit donc de partager 82000 francs en parties proportionnelles à 1, $\frac{3}{4}$, $\frac{3}{10}$, ou à $\frac{20}{20}$, $\frac{15}{20}$, $\frac{6}{20}$, ou à 20, 15 et 6. Les parts seront

$$\text{la première,} \quad \frac{82000 \times 20}{41} = 40000^f$$

$$\text{la deuxième,} \quad \frac{82000 \times 15}{41} = 30000^f$$

$$\text{la troisième,} \quad \frac{82000 \times 6}{41} \quad 12000^f.$$

★ CHAPITRE XIII.

DE A MÉTHODE DE FAUSSE SUPPOSITION.

407. *Problème.* — Partager une somme de 583 francs entre quatre personnes, de façon que la part de la deuxième soit le double de celle de la première, que la part de la troisième soit les $\frac{3}{5}$ de la somme des parts des deux premières et que la part de la quatrième soit la demi-somme des parts de la première et de la troisième.

Supposons que la part de la première personne soit

120 francs; d'après l'énoncé, celle de la deuxième serait 240 francs; celle de la troisième, les $\frac{2}{5}$ de $(120+240)$ ou $\frac{2}{5}$ de 360^f ou 144^f, et celle de la quatrième, $\frac{1}{2}$ de $(120+144)$, c'est-à-dire $\frac{1}{2}$ de 264^f ou 132^f. Ainsi la *supposition* que nous avions faite était *fausse* (ce qui n'a rien d'étonnant, puisque nous avions pris au hasard la première part), attendu que $120+240+144+132=636$, somme différente de 583 francs. On corrige ainsi les nombres :

Si la somme à partager était 636^f, la 1re personne aurait   120^f;

$$- \qquad 1 \qquad - \qquad \frac{120}{636};$$

$$- \qquad 583 \qquad - \qquad \frac{120 \times 583}{636}$$

$=110^f$;

la 2e aura alors 110×2 ou 220^f;

la 3e, $\frac{2}{5}$ de $(110+220)=\frac{2}{5}$ de $330=132$;

la 4e, $\frac{1}{2}$ de $(132+110)=\frac{1}{2}$ de $242=121$.

Vérification, $110+220+132+121=583^f$.

408. Cette manière de raisonner nous a conduit au résultat. Expliquons pourquoi elle est légitime. Il est clair, d'après l'énoncé, que si la part inconnue de la première personne devenait, par exemple, trois fois plus grande, la part de la deuxième, qui est double, deviendrait trois fois plus grande, la somme de ces deux parts deviendrait aussi trois fois plus grande, la part de la troisième qui est les $\frac{2}{5}$ de de cette somme deviendrait aussi trois fois plus grande et la part de la quatrième, qui est la demi-somme des parts de la troisième et de la première, deviendrait enfin trois

13

fois plus grande; de même la somme des quatre parts, qui devrait être la somme à partager, devrait être trois fois plus grande. Il résulte de cette analyse, que si l'on a eu le droit de raisonner comme on l'a fait, cela provient de ce que la part de la première personne est, d'après l'énoncé, directement proportionnelle à la somme à partager.

409. *Problème.* — Une personne ayant placé les $\frac{2}{9}$ de son capital à 4 % pendant 7 mois, les $\frac{4}{7}$ du reste à 5 % pendant 8 mois et le reste à 4,50 % pendant un an, a reçu en tout pour les intérêts 378^f. Quel était son capital?

Si le capital était 9000 francs, le premier placement serait de 2000 francs, le deuxième $\frac{4}{7}$ de (9000 — 2000) ou $\frac{4}{7}$ de 7000 ou 4000 et enfin le troisième 7000 — 4000 ou 3000. Les intérêts seraient par suite

$$\text{pour le 1}^{\text{er}} \text{ placement,} \quad \frac{2000 \times 4 \times 7}{100 \times 12} = \frac{140}{3},$$

$$\text{—} \quad 2^e \quad \text{—} \quad \frac{4000 \times 5 \times 8}{100 \times 12} = \frac{400}{3},$$

$$\text{—} \quad 3^e \quad \text{—} \quad \frac{3000 \times 4,50}{100} = 135^f;$$

la somme des intérêts serait alors

$$\frac{140}{3} + \frac{400}{3} + 135 = 315^f.$$

On reconnaît facilement que le montant de chaque placement, ainsi que l'intérêt total, est directement proportionnel au capital total; et l'on raisonne ainsi :

Si l'intérêt total est 315, le capital est 9000;

$$\text{—} \quad 1, \quad \text{—} \quad \frac{9000}{315};$$

$$\text{—} \quad 378, \quad \text{—} \quad \frac{9000 \times 378}{315} = 10800.$$

Il est facile de faire la vérification qui réussit. Une telle vérification doit toujours être faite; elle peut servir, dans les questions délicates, à constater si l'on était ou non en droit d'employer la méthode.

410. *Problème.* — Partager 350 francs entre trois personnes de façon que la deuxième ait 30 francs de plus que la première et que la troisième ait les $\frac{2}{5}$ de la somme des parts des deux autres.

La méthode de fausse supposition pure et simple ne peut s'appliquer ici, car la part de la première personne ne varie pas proportionnellement à la somme à partager. On peut, du reste, faire l'expérience de la méthode, et voir que les résultats auxquels elle conduit sont faux, la vérification ne réussissant pas.

Transformons l'énoncé en remarquant que les $\frac{2}{5}$ de la deuxième part forment les $\frac{2}{5}$ de la première part plus $\frac{2}{5}$ de 30' ou $\frac{2}{5}$ de la première part plus 12'. Dès lors, la part de la troisième vaut les $\frac{4}{5}$ de la première part plus 12 fr. Si l'on suppose que la deuxième personne prélève d'abord 30 fr. et la troisième 12 fr. sur les 350 fr., il restera à partager 350 — (30 + 12) ou 350 — 42 ou 308' entre trois personnes de manière que la deuxième ait autant que la première, et la troisième les $\frac{4}{5}$ de la part de la première.

Supposons alors que la part de la première soit 100 fr., celle de la deuxième serait 100, et celle de la troisième 80 fr.; la somme des trois parts serait 280 fr.

Si la somme est 280', la 1re a   100;

$$— \quad 1 \quad — \quad \frac{100}{280};$$

$$— \quad 308 \quad — \quad \frac{100 \times 308}{280} = 110.$$

D'où, en revenant au problème primitif,

la part de la première sera 110^f;
celle de la 2e, 110 + 30 = 140 ;

celle de la 3e, les $\frac{2}{5}$ de (110 + 140) = 100 .

Vérification, 110 + 140 + 100 = 350.

Si l'on désigne par x la part de la première personne, on aura, d'après l'énoncé,

$$1^{re}\,\text{part} \qquad\qquad\qquad x;$$
$$2^e\,\text{part} \qquad\qquad\qquad x + 30;$$
$$3^e\,\text{part } (x + x + 30)\times\frac{2}{5} \text{ ou } x\times\frac{4}{5} + 12;$$

la somme 350 devant égaler la somme des parts, écrivons

$$x + (x + 30) + (x\times\frac{4}{5} + 12) = 350,$$

ou
$$x + x + 30 + x\times\frac{4}{5} + 12 = 350,$$

$$x\times\left(1 + 1 + \frac{4}{5}\right) + 30 + 12 = 350,$$

$$x\times\frac{14}{5} + 42 = 350,$$

$$x\times\frac{14}{5} = 350 - 42,$$

$$x\times\frac{14}{5} = 308,$$

$$x = 308 : \frac{14}{5} = \frac{308\times 5}{14} = \frac{1540}{14} = 110;$$

la part de la première personne est 110;
celle de la deuxième, 110 + 30 ou 140;

celle de la troisième, $110\times\frac{4}{5} + 12 = 100$.

Cette méthode, dite *algébrique*, est préférable.

411. En général, si le nombre supposé n'est pas proportionnel au résultat final, on ne pourra pas employer la méthode de fausse supposition pure et simple.

Il peut arriver alors que la quantité dont il faut corriger la supposition fausse soit proportionnelle à l'écart existant entre le résultat qu'elle a fourni, et le résultat vrai qu'on doit trouver par la vérification. Voici un exemple :

Problème. — Une marchande a un certain nombre d'oranges; elle vend le $\frac{1}{4}$ de ses oranges plus trois oranges à raison de $0^f,20$ pièce; le $\frac{1}{3}$ du reste plus une à raison de $0^f,90$ les cinq oranges, et le reste à $1^f,60$ la douzaine; elle fait ainsi une recette totale de $19^f,60$. Combien avait-elle d'oranges?

Pour plus de facilité, nous prendrons le centime pour unité de valeur. Si la marchande avait 50 oranges, la première vente serait de $\frac{50}{4}+3$ ou $\frac{31}{2}$, il lui resterait $\frac{100}{2}$ $-\frac{31}{2}=\frac{69}{2}$; la deuxième vente serait $\frac{69}{2}:3+1$ ou $\frac{23}{2}+1$ ou $\frac{25}{2}$; il lui resterait $\frac{69}{2}-\frac{25}{2}$ ou $\frac{44}{2}$ ou 22 oranges formant sa troisième vente.

La 1re vente produirait $20 \times \frac{31}{2}=310$ c. ;

la 2e — $\frac{90}{5} \times \frac{25}{2}=\frac{5 \times 90}{2}=225$ c. ;

la 3e — $\frac{160}{12} \times 22=\frac{22 \times 40}{3}=\frac{880}{3}$ de cent.

la recette totale serait $\frac{930}{3}+\frac{675}{3}+\frac{880}{3}=\frac{2485}{3}$.

Supposons maintenant 60 oranges ; établissons un compte analogue, nous trouvons pour recette 990 c.

Supposons en troisième lieu 70 oranges. La recette correspondante serait $\dfrac{3455}{3}$.

Quand le nombre des oranges augmente de 10, la recette augmente de $990 - \dfrac{2485}{3}$ ou $\dfrac{2970}{3} - \dfrac{2485}{3} = \dfrac{485}{3}$; quand le nombre augmente de 20, la recette augmente de $\dfrac{3455}{3} - \dfrac{2485}{3} = \dfrac{970}{3}$; on voit que si l'augmentation du nombre supposé devient double, l'augmentation de recette devient double. Admettons qu'il y ait proportionnalité et cherchons de combien doit augmenter le premier nombre supposé pour que la recette augmente de $1960 - \dfrac{2485}{3}$ ou $\dfrac{5880}{3} - \dfrac{2485}{3} = \dfrac{3395}{3}$. Si la recette augmente de $\dfrac{485}{3}$, le nombre augmente de 10 ; si elle augmente de $\dfrac{1}{3}$, le nombre augmente de $\dfrac{10}{485}$; si elle augmente de $\dfrac{3395}{3}$, le nombre augmente de $\dfrac{10 \times 3395}{485} = 70$.

On doit augmenter le premier nombre supposé de 70 ; le nombre demandé est alors $50 + 70 = 120$; la vérification réussit et montre que le résultat est exact.

Nous laissons au lecteur le soin de démontrer *a priori* qu'on était en droit d'admettre la proportionnalité. La troisième supposition n'avait servi qu'à constater, mais non à démontrer la proportionnalité admise.

412. Nous allons employer le même procédé dans des cas plus simples, et où l'on a facilement, *a priori*, la certitude qu'il réussira.

Problème. — Former une somme de 80 francs avec 25 pièces, les unes de 2 francs et les autres de 5 francs.

Supposons qu'on prenne 25 pièces de 2 francs, la somme

sera $2 \times 25 = 50^f$. Si l'on remplace une pièce de 2 francs par une de 5, on obtient $2 \times 24 + 5$ ou $2 \times 24 + 2 + 3$ ou $2 \times 25 + 3$ ou $50 + 3$, la somme augmente de 3. Il est évident que l'accroissement de la somme obtenue sera proportionnel au nombre de pièces de 2 fr. remplacées par des pièces de 5 fr. Cherchons quel doit être ce nombre pour obtenir un accroissement de $80 - 50$ ou de 30 fr. Pour un accroissement de 30 fr., il faudra échanger $\frac{30}{3}$ ou 10 pièces ; il faudra donc prendre $25 - 10$ ou 15 pièces de 2 fr. et 10 pièces de 5 fr.

Vérification, $2 \times 15 + 5 \times 10 = 30 + 50 = 80.$.

113. *Problème.* — Une personne ayant un capital de 12000 fr. en place une partie à 4 %, l'autre à 5 % ; elle a ainsi 515 fr. de revenu. Quelle est la somme placée à 4% et celle placée à 5 ?

Si tout le capital était placé à 4, le revenu serait $\frac{4 \times 12000}{100} = 480^f$. Si sur ces 12000 fr., on place 100 fr. à 5 au lieu de les placer à 4, le revenu augmente de 5 fr. — 4 fr. ou 1 fr.; il faudra faire autant de changements semblables qu'on voudra obtenir de francs d'augmentation ; pour obtenir $515 - 480$ ou 35 fr. d'augmentation, le nombre de changements sera $\frac{35}{1}$ ou 35; on aura donc 35 fois 100 fr. ou 3500 fr. placés à 5, et $12000 - 3500 = 8500$ placés à 4.

La vérification est facile.

⋆ CHAPITRE XIV.

PROBLÈMES DIVERS.

114. *Problème.* — 3 mètres de drap et 5 mètres de velours coûtent 164 francs ; 7 mètres de drap et 2 mètres de velours coûtent 170 francs. Quels sont le prix du mètre de drap et le prix du mètre de velours?

Nous allons employer une sorte d'extension de la méthode de réduction à l'unité.

Si 3ᵐ de drap et 5ᵐ de velours coûtent 164ᶠ

$$\frac{3}{3} \text{ ou } 1^m \qquad \frac{5}{3} \qquad \frac{164}{3}$$

Si 7ᵐ   2ᵐ   170ᶠ

$$\frac{7}{7} \text{ ou } 1^m \qquad \frac{2}{7} \qquad \frac{170}{7}$$

Donc 1 mètre de drap et $\frac{5}{3}$ de mètre de velours coûtent $\frac{164}{3}$, d'autre part 1 mètre de drap et $\frac{2}{7}$ de mètre de velours coûtent $\frac{170}{7}$; la différence du prix $\frac{164}{3} - \frac{170}{7}$ ou $\frac{1148}{21} - \frac{510}{21}$ ou $\frac{638}{21}$, provient de la différence entre les quantités de velours, qui est $\frac{5}{3} - \frac{2}{7}$ ou $\frac{35}{21} - \frac{6}{21}$, ou $\frac{29}{21}$; donc $\frac{29}{21}$ de mètre de velours coûtent $\frac{638}{21}$ de franc. Par suite, 1 mètre de velours coûte $\frac{638}{21} : \frac{29}{21} = \frac{638}{29} = 22$ francs. Le mètre de drap coûte $\frac{164 - 22 \times 5}{3} = \frac{54}{3} = 18$ francs.

On voit qu'on a amené la quantité de drap à être 1 mètre dans les deux cas. On peut aussi amener la quantité de drap à être la même de la manière suivante :

Si 3ᵐ de drap et 5ᵐ de velours coûtent 164ᶠ
  3ᵐ × 7 ou 21ᵐ et 5 × 7 ou 35ᵐ   164 × 7 ou 1148
Si 7ᵐ de drap et 2ᵐ de velours coûtent 170ᶠ
  7ᵐ × 3 ou 21ᵐ et 2 × 3 ou 6   170 × 3 ou 510

La quantité de drap est devenue la même, 21 mètres,

parce que $3 \times 7 = 7 \times 3$; la différence de prix, $1148 - 510$ ou 638^f provient de la différence des nombres de mètres de velours, $35^m - 6^m$ ou 29 mètres; donc un mètre de velours

coûte $\dfrac{638}{29} = 22$ francs; 1 mètre de drap coûte par suite

$\dfrac{164 - 22 \times 5}{3} = 18$ francs.

415. *Problème.* — Calculer les prix du mètre de velours, du mètre de drap et du mètre de soie, sachant qu'on a acheté,

une première fois,

3^m de velours, 5^m de drap, 4^m de soie pour 185^f;
une deuxième fois,

2^m	—	4^m	—	5^m	—	161^f;

une troisième fois,

4^m	—	4^m	—	2^m	—	144^f

En doublant le premier achat et triplant le deuxième, on a les résultats suivants

6^m de velours,	10^m de drap,	8^m de soie pour 370^f
6^m —	12^m —	15^m — 483^f

donc la valeur de 12 mètres de drap et de 15 mètres de soie, diminuée de la valeur de 10 mètres de drap et de 8 mètres de soie est de $483 - 370$ ou 113 francs, ou, en d'autres termes, 2 mètres de drap $+$ 7 mètres de soie valent 113 francs. — De même, en doublant le deuxième achat, et laissant le troisième tel qu'il est,

4^m de velours,	8^m de drap,	10^m de soie pour 322^f
4^m —	3^m —	2^m — 144^f

donc la valeur de 8 mètres de drap et de 10 mètres de soie diminuée de la valeur de 3 mètres de drap et 2 mètres de soie, est de $322 - 144$ ou 178 francs, ou la valeur de 5 mètres de drap et 8 mètres de soie est 178 francs.

On sait alors que

1° 2^m de drap et 7^m de soie valent 113^f

2° 5^m —   8^m —   178^f

.par suite

10^m de drap et 35^m de soie valent 565^f

et   10^m —   16^m —   356^f

donc 35 — 16 ou 19 mètres de soie valent 565 — 356 ou 209 francs, et 1 mètre de soie vaut $\frac{209}{19} = 11$ francs; 1 mètre de drap vaut $\frac{113 - 11 \times 7}{2} = \frac{36}{2} = 18$; enfin 1 mètre de velours vaut

$$\frac{485 - 18 \times 5 - 11 \times 4}{3} = \frac{185 - 90 - 44}{3} = \frac{51}{3} = 17 \text{ francs.}$$

416. *Problème.* — Un bassin peut être alimenté par trois robinets; en combien de temps est-il rempli par les trois robinets,

si le 1er et le 2° le remplissent en 6^h

— 1er — 3°   —   8^h

— 2°   — 3°   —   9^h.

En 1^h le 1er et le 2° robinets remplissent $\frac{1}{6}$ du bassin

le 1er — 3°   — $\frac{1}{8}$ —

le 2°   — 3°   — $\frac{1}{9}$ —

Si chaque robinet était en double, les robinets, en une heure, fourniraient $\frac{1}{6} + \frac{1}{8} + \frac{1}{9} = \frac{12}{72} + \frac{9}{72} + \frac{8}{72} = \frac{29}{72}$; ainsi $\frac{29}{72}$ du bassin seraient remplis en 1 heure par les six robinets; le premier, le deuxième et le troisième, en une heure, en remplissent donc $\frac{29}{72} : 2$ ou $\frac{29}{144}$;

si $\frac{29}{144}$ sont remplis en 1^{h}

$$\frac{1}{144} \qquad\qquad \frac{1}{29}$$

$$\frac{144}{144} \qquad\qquad \frac{144}{29},$$

le bassin sera rempli en $\frac{144}{29}$ d'heure ou 4 heures $\frac{28}{29}$.

Si l'on voulait savoir le temps que le premier robinet met seul pour emplir le bassin, on raisonnerait ainsi : le premier et le deuxième robinets emplissent en une heure $\frac{1}{6}$ ou $\frac{24}{144}$ du bassin et les trois robinets $\frac{29}{144}$, donc le troisième fournit $\frac{29}{144} - \frac{24}{144}$ ou $\frac{5}{144}$, du bassin ; le troisième robinet remplit $\frac{1}{144}$ du bassin en $\frac{1}{5}$ d'heure et le bassin en $\frac{144}{5}$ d'heure.

417. *Problème.* — Un train part de Lyon à 8 heures du matin et arrive à Paris à 7 heures du soir ; un deuxième train part de Paris à 10 heures du matin, et arrive à Lyon à 6 heures $\frac{1}{2}$ du soir. A quelle heure se rencontreront les deux trains ?

Le premier train met $(12-8)+7$ ou 11 heures pour son parcours ; le deuxième $(12-10)+6\frac{1}{2}$ ou 8 heures $\frac{1}{2}$ ou $\frac{17}{2}$ pour le sien ; en une heure, le premier train fait $\frac{1}{11}$ du chemin ; en $\frac{1}{2}$ heure le deuxième fait $\frac{1}{17}$ du chemin et en une heure les $\frac{2}{17}$ du chemin ; en 2 heures le premier train fait $\frac{2}{11}$ du chemin ; à 10 heures, il a encore à parcourir $\frac{11}{11} - \frac{2}{11}$

ou $\dfrac{9}{11}$ du chemin, et le deuxième train part alors de Paris.

Les deux trains, en une heure, font diminuer leur distance de $\dfrac{2}{17} + \dfrac{1}{11}$ ou $\dfrac{22}{187} + \dfrac{17}{187}$, ou $\dfrac{39}{187}$ du chemin; la distance,

pour diminuer du $\dfrac{39}{187}$ du chemin exige 1^{h}

— $\dfrac{1}{187}$ — $\dfrac{1}{39}$

$\dfrac{187}{187}$ ou 1 fois le chemin $\dfrac{187}{39}$

$\dfrac{1}{11}$ $\dfrac{187}{39 \times 11}$

$\dfrac{9}{11}$ $\dfrac{187 \times 9}{39 \times 11}$

on a $\dfrac{187 \times 3}{13 \times 11} = \dfrac{17 \times 3}{13} = \dfrac{51}{13} = 3^{\text{h}}\,\dfrac{12}{13}$;

la rencontre se fera donc à 3 heures $\dfrac{12}{13}$ après 10 heures, c'est-à-dire à 1 heure $\dfrac{12}{13}$ de l'après midi.

418. *Problème.* — Une montre marque trois heures. Quelle est l'heure la plus rapprochée à laquelle les aiguilles seront placées de nouveau à angle droit?

Prenons pour unité de temps la minute et pour unité de chemin une des petites divisions ou $\dfrac{1}{60}$ du cadran; la petite aiguille parcourt en une heure 5 divisions, et la grande 60; en 1 minute la petite parcourt $\dfrac{5}{60}$ de division et la grande $\dfrac{60}{60}$; au bout du temps cherché, la distance des deux aiguilles sera de 15 divisions.

.La grande aiguille aura dû parcourir 15 divisions de plus que la petite pour l'atteindre, puis, en outre, 15 autres divisions en plus; en tout, 30 divisions de plus que la petite;

en une minute, la grande aiguille parcourt $\dfrac{60}{60} - \dfrac{5}{60}$ ou $\dfrac{55}{60}$

de division de plus que la petite; pour parcourir

$\dfrac{55}{60}$ en plus, elle emploie 1 m.

$$\begin{array}{ll} \dfrac{1}{60} & \dfrac{1}{55} \\[2mm] \dfrac{60}{60} \text{ ou } 1 & \dfrac{60}{55} \\[2mm] 30 & \dfrac{60 \times 30}{55} \end{array}$$

ou $\qquad \dfrac{1800}{55} = \dfrac{360}{11} = 32 \text{ m. } \dfrac{8}{11};$

l'heure demandée est 3 h. 32 m. $\dfrac{8}{11}$.

419. *Problème.* — Une personne dépense dans un premier achat le $\dfrac{1}{4}$ de son argent, plus 0f,75 ; dans un deuxième achat, les $\dfrac{2}{3}$ du reste, moins 4 francs; dans un troisième achat, les $\dfrac{3}{8}$ du reste, plus 7 francs; il lui reste alors 8 francs. Quelle somme avait-elle avant de rien dépenser?

On peut suivre ici la méthode dite *rétrograde*.

Si, dans le troisième achat, la personne n'avait pas dépensé les 7 francs en plus des $\dfrac{3}{8}$ du deuxième reste, son troisième reste aurait été 8 + 7 ou 15 francs; alors ces 15 francs représentent les $\left(\dfrac{8}{8} - \dfrac{3}{8}\right)$ ou les $\dfrac{5}{8}$ du deuxième reste; par conséquent $\frac{1}{8}$ du deuxième reste vaut $\frac{15}{5}$ et $\frac{8}{8}$ du deuxième reste ou le deuxième reste vaut $\frac{15 \times 8}{5}$ ou 24 francs. Si, dans le deuxième achat, la personne avait dépensé entièrement les $\frac{2}{3}$ du premier reste, au lieu de 24 francs il lui serait resté 24 — 4 ou 20 francs, représentant les $\left(\frac{3}{3} - \frac{2}{3}\right)$ ou le $\frac{1}{3}$ du premier reste; le premier reste était donc 20×3 ou 60 francs. Si, dans le premier achat, la personne avait dépensé seulement le $\frac{1}{4}$ de son argent, le premier reste aurait été 60 francs $+ 0^{\mathrm{f}},75$ ou 60 fr. 75, représentant les $\left(\frac{4}{4} - \frac{1}{4}\right)$ ou les $\frac{3}{4}$ de son argent. Si les $\frac{3}{4}$ de son argent valent 60 fr. 75, $\frac{1}{4}$ vaut $\frac{60,75}{3}$ et les $\frac{4}{4}$, ou la somme entière, vaut $\frac{60,75 \times 4}{3} = \frac{243,00}{3} = 81$ francs.

LIVRE IV.

DES RACINES. — DES INCOMMENSURABLES.

CHAPITRE PREMIER.

DE LA RACINE CARRÉE. — RACINE CARRÉE ENTIÈRE D'UN ENTIER.

120. Définition. — *On appelle* racine carrée *d'un nombre, un nombre* (s'il en existe un) *qui, élevé au carré, reproduit le nombre proposé.*

On sait, par exemple, que $8^2 = 64$; la racine carrée de 64 est donc 8, ce qui s'écrit sous la forme abrégée $\overset{2}{\sqrt{}} \, 64 = 8$ ou $\sqrt{64} = 8$, et on lit : racine carrée de 64 égale 8; le signe $\overset{2}{\sqrt{}}$ ou $\sqrt{}$ signifie *racine carrée de* et cette expression s'applique au nombre placé sous la barre horizontale à droite; $\sqrt{\dfrac{4}{9}} = \dfrac{2}{3}$, parce que $\left(\dfrac{2}{3}\right)^2 = \dfrac{2^2}{3^2} = \dfrac{4}{9}$; $\sqrt{11 \dfrac{74}{98}} = 3\dfrac{3}{7}$, parce que $\left(3\dfrac{3}{7}\right)^2$ ou $\left(\dfrac{24}{7}\right)^2 = \dfrac{576}{49} = 11\dfrac{37}{49} = 11\dfrac{74}{98}$.

Nous remarquerons que si un nombre augmente, son carré augmente, d'où il résulte que si un nombre a une racine carrée, il n'en a qu'une.

121. Théorème. — *Si un nombre entier n'est pas le carré d'un nombre entier, il n'est pas le carré d'un nombre fractionnaire.*

Soit le nombre 58; ce nombre est compris entre 49, qui est le carré de 7, et 64, qui est le carré de 8; 58 n'est donc pas le carré d'un entier. Nous allons faire voir que 58 n'est pas non plus le carré d'un nombre fractionnaire. Tout nombre fractionnaire peut s'écrire sous la forme d'une fraction irréductible, c'est-à-dire dont les deux termes soient premiers entre eux (**129**). Représentons par $\frac{a}{b}$ une telle fraction; son carré est (**161**) $\frac{a^2}{b^2}$, et cette dernière fraction est elle-même irréductible, car si les deux nombres a et b sont premiers entre eux, leurs carrés a^2 et b^2 sont aussi premiers entre eux (**104**); dès lors a^2 ne peut être divisible par b^2, et la fraction $\frac{a^2}{b^2}$ ne peut être égale à un nombre entier 58.

Si un nombre entier est le carré d'un nombre entier, il s'appelle *carré parfait*. Ainsi 64 est un carré parfait, puisque 64 est le carré de 8; tandis que 58 n'est pas un carré parfait.

Si un nombre entier n'est pas un carré parfait, il est compris entre deux carrés parfaits, qui sont les carrés de deux nombres entiers consécutifs.

122. Jusqu'ici, nous n'avons défini que deux sortes de nombres, les nombres entiers et les nombres fractionnaires. Pour quelqu'un qui ne connaît que ces deux sortes de nombres, la racine carrée de 58 n'existe pas. Nous verrons par la suite comment, par une nouvelle extension de l'idée de nombre, on peut arriver à préciser ce qu'on entend par la racine carrée d'un nombre tel que 58.

123. Nous appellerons *racine carrée d'un nombre entier à moins d'une unité près, par défaut*, ou encore *racine carrée entière d'un nombre entier* donné, le plus grand nombre entier dont le carré est contenu dans le nombre proposé.

Si le nombre entier donné est un carré parfait, sa racine

carrée entière ou à moins d'une unité près sera sa racine exacte.

La racine carrée *entière* de 58, par exemple, est 7, parce que $7^2 < 58$ et $8^2 > 58$; la racine carrée entière de 81 est 9, parce que $9^2 = 81$; dans ce cas, 9 est aussi la racine carrée *exacte* de 81.

424. *Extraire* la racine carrée d'un nombre, c'est déterminer la racine carrée exacte ou approchée de ce nombre.

425. Lorsqu'on a extrait la racine carrée d'un nombre non carré parfait à moins d'une unité près, le nombre obtenu, augmenté d'une unité, s'appelle la racine carrée approchée à moins d'une unité près par excès, parce que ce nouvel entier est le plus petit dont le carré dépasse le nombre proposé.

426. Avant de faire la théorie de l'extraction d'une racine carrée entière, nous rappellerons différentes propositions concernant les carrés, propositions qui ont été établies précédemment.

1° Le carré d'une puissance de 10 s'obtient en doublant le nombre de zéros qui suivent l'unité; ainsi,

$$1000^2 = 1000 \times 1000 = 1000000; \; 100^2 = 10000, \; 10^2 = 100;$$

en particulier, le carré d'une dizaine est une centaine.

2° Pour faire le carré d'un produit de plusieurs facteurs, on fait le carré de chaque facteur; en particulier, pour faire le carré du nombre formé d'un nombre entier suivi de zéros, on fait le carré de l'entier et on le fait suivre d'un nombre double de zéros. Exemples, $37000^2 = (37 \times 1000)^2 = 37^2 \times 1000^2 = 1369 \times 1000000 = 1369000000; \; 370^2 = 136900; \; 70^2 = 49 \times 100 = 4900$. On voit ainsi que

Le carré d'un nombre exact de dizaines est un nombre exact de centaines.

3° Le carré de la somme de deux nombres se compose

du carré du premier nombre, du double produit du premier par le second et du carré du second (**48**). Ainsi, 37^2 $= (30 + 7)^2 = 30^2 + 2$ fois $30 \times 7 + 7^2 = 30^2 + 60 \times 7 + 7^2$ $= 900 + 420 + 49 = 1369$. On voit en particulier que

Le carré d'un nombre formé de dizaines et d'unités simples se compose du carré des dizaines (qui est un nombre exact de centaines), *du produit du double des dizaines par les unités* (qui est un nombre exact de dizaines) *et du carré des unités.*

427. REMARQUE. — Il résulte de la proposition précédente, que le carré d'un entier est terminé par le même chiffre à droite que le carré du chiffre des unités simples. Ainsi 37^2 ou 1369 est terminé par 9, comme 49, qui est le carré de 7. D'autre part, si l'on remarque que les carrés des 9 premiers nombres, c'est-à-dire 1, 4, 9, 16, 25, 36, 49, 64, 81, sont terminés à droite par les seuls chiffres 1, 4, 9, 6, 5, on pourra affirmer que

Tout nombre entier terminé à droite par l'un des chiffres 2, 3, 7, 8 ne saurait être un carré parfait.

428. Extraction de la racine carrée entière d'un nombre moindre que 100.

La racine cherchée est moindre que 10, puisque $10^2 = 100$. Il suffira, en s'aidant de la table des carrés des neuf premiers nombres entiers, de prendre la racine carrée exacte du plus grand carré entier contenu dans le nombre proposé, ce sera la racine cherchée. Exemple : la racine carrée entière de 58 est 7, qui est la racine carrée exacte du plus grand carré 49 contenu dans 58.

Si de 58 on retranche 49, il reste 9, qui s'appelle le reste de l'opération.

429. On appelle *reste* d'une racine carrée qui n'a été extraite qu'approximativement, ce qui reste du nombre proposé lorsqu'on en a retranché le carré de la racine obtenue.

130. Extraction de la racine carrée entière d'un nombre entier quelconque.

1° Soit à extraire la racine carrée entière de 2188; ce nombre étant plus grand que 100, sa racine entière n'est pas moindre que 10. Nous considérerons cette racine comme la somme d'un certain nombre de dizaines et des unités simples représentées par son dernier chiffre à droite; le carré du nombre cherché doit être le plus grand carré entier contenu dans 2188. Nous allons d'abord calculer le nombre des dizaines de la racine.

Outre le reste, le nombre 2188 doit contenir le carré de la racine cherchée, c'est-à-dire : le carré des dizaines, qui est un nombre exact de centaines, le produit du double des dizaines par les unités et le carré des unités.

Séparons les 21 centaines du nombre proposé; le nombre 21 étant moindre que 100, sa racine entière s'obtient immédiatement, elle est 4, avec 5 pour reste. Nous allons prouver que le nombre 4 ainsi trouvé est le nombre exact des dizaines de la racine. En effet, on a $4^2 < 21$; multipliant les deux membres de cette inégalité par 10^2 ou 100, on a $4^2 \times 10^2 < 2100$ ou $40^2 < 2100$, et à plus forte raison $40^2 < 2188$, donc la racine cherchée n'est pas moindre que 40. Il reste à prouver qu'elle n'atteint pas 50; on a $5^2 > 21$, donc $5^2 \geq 22$, et par suite, $5^2 \times 10^2 \geq 2200$ ou $50^2 \geq 2200$; donc $50^2 > 2188$; la racine est donc moindre que 50.

On sait que si l'on retranche de 21 unités 16 unités, qui est le carré de 4 unités, il reste 5 unités; donc, si de 21 centaines, on retranche 16 centaines, qui est le carré de 4 dizaines, il reste 5 centaines, qui, ajoutées aux 88 unités en surplus, donnent pour reste total 588 unités. — Ce nombre 588 doit encore contenir, outre le reste, le produit du double des dizaines par les unités, qui est un nombre exact de dizaines et le carré des unités. Le double des dizaines de la racine est 8 dizaines; séparons les 58 dizaines du reste 588, divisons 58 par 8, nous avons pour quotient 7 et pour reste

2. Le chiffre 7 ainsi trouvé est le chiffre des unités de la racine ou un chiffre plus fort. En effet, $8 \times 8 > 58$; donc $8 \times 8 \gtreqless 59$, et par suite $80 \times 8 \gtreqless 590$, et, à plus forte raison, $80 \times 8 > 588$; le chiffre des unités ne peut donc être ni 8, ni un chiffre plus grand que 8, puisque 588 ne contient même pas le produit du double des dizaines par 8. Il faut voir maintenant si le chiffre 7 qu'on a trouvé n'est pas trop fort; il suffit pour cela de voir si 588 contient les deux autres parties du carré de 47, c'est-à-dire $80 \times 7 + 7^2$ ou $80 \times 7 + 7 \times 7$, ou $(80 + 7) \times 7$, ou 87×7, ou 609; 609 ne peut se retrancher de 588, ce qui montre que 7 est trop fort. On essaiera 6 de la même manière, il faudra voir si 588 contient $80 \times 6 + 6^2$ ou $(80 + 6) \times 6$, ou 86×6, ou 516; il le contient, donc 6 n'est pas trop fort. La racine cherchée est 46.

Si l'on retranche 516 de 588, on a pour reste 72; le nombre 72 est le *reste* de l'opération, puisque c'est ce qu'on trouve après avoir retranché de 2188 les trois parties du carré de 46, qui est la racine cherchée.

On dispose l'opération ainsi

21.88	46
16	87
5.88	7
5 16	609
0 72	86
	6
	516

2° *exemple.* — Soit à extraire la racine carrée entière de 7755165. En raisonnant comme dans l'exemple précédent, on reconnaîtra que si l'on appelle n la racine carrée entière de 77551, n est le nombre exact des dizaines de la racine cherchée. En effet, n est un entier tel que $n^2 \leqq 77551$ et $(n + 1)^2 > 77551$ ou $(n + 1)^2 \gtreqless 77552$; donc $n^2 \times 10^2 > 77551 \times 100$ et $(n + 1)^2 \times 10^2 \gtreqless 7755200$, donc à plus forte raison, $n^2 \times 10^2 < 7755165$ et $(n+1)^2 \times 10^2 > 7755165$, la racine cherchée aura au moins n dizaines et n'en aura pas $(n+1)$.

Cherchons la racine carrée entière de 77551 ; soit n' le nombre des dizaines de cette racine, ou le nombre des dizaines du nombre n ; on reconnaîtra comme précédemment que n' est exactement la racine carrée entière de 775. — Soit n'' le nombre des dizaines de la racine carrée entière de 775 ou de la racine carrée n' ; on aura n'' en prenant la racine carrée entière de 7 qui est moindre que 100. On trouve $n'' = 2$; $7 - 2^2 = 7 - 4 = 3$; le reste est 3 ; le carré de 2 dizaines est 4 centaines qui retranchées de 7 centaines donnent pour reste 3 centaines, qui ajoutées à 75 unités donnent 375 unités. Un raisonnement déjà fait nous conduira à diviser le nombre 37 des dizaines de 375 par le nombre 4 du double des dizaines de n' ; on obtient pour quotient 9 qui peut être trop fort ; l'essai fait comme dans le premier exemple, nous donne 49×9 ou $441 > 375$; donc 9 est trop fort ; de même 8 est trop fort, parce que 48×8 ou $384 > 375$; mais 7 est bon parce que 47×7 ou $329 < 375$; $375 - 329 = 46$ qui est le reste de la racine carrée de 775 et la racine carrée de 775 est $n' = 27$; $775 - n'^2 = 775 - 27^2 = 46$; donc $77500 - n'^2 \times 10^2 = 77500 - 270^2 = 4600$, qui ajouté à 51 donne 4651 ; donc $77551 - 270^2 = 4651$, nombre contenant encore le produit du double des dizaines de n par les unités de n et le carré des unités de n. On verra, par un raisonnement connu, qu'on obtient les unités de n ou un nombre trop fort en divisant le nombre 465 des dizaines de 4651 par 54, qui est le double du nombre des dizaines de n ; on trouve pour quotient 8 qui est le chiffre exact des unités de n ou un chiffre plus fort ; pour l'essayer, il faut voir si 548×8 ou 4384 est < 4651, ce qui a lieu ; donc 8 est le chiffre exact des unités de n ; donc $n = 278$; $4651 - 4384 = 267$, d'où il résulte que $77551 - (270^2 + 540 \times 8 + 8^2)$ ou $77551 - 278^2 = 267$, et par suite $7755100 - 2780^2 = 26700$ et enfin, $7755165 - 2780^2 = 26765$. Ce reste, outre le reste final, contient encore le produit du double des dizaines de la racine cherchée par les unités de cette racine et le carré des unités de cette racine.; on aura le chiffre des unités ou un chiffre trop fort, en divisant 2676 par 556 qui est le double de *n*; on a 4 pour quotient; on l'essaie et l'on trouve 5564 × 4 ou 22256 < 26765; donc 4 est le chiffre exact des unités de la racine cherchée.

Cette racine est donc 2784; 26765 — 22256 = 4509; donc 7755165 — (2780² + 5560 × 4 + 4²) = 4509; 4509 est le reste de l'opération. On la dispose ainsi

7.75.51.65	2784		
4	49	548	5564
$\overline{37.5}$	9	8	4
32 9	$\overline{441}$	4384	22256
$\overline{465.1}$	$\overline{48}$		
438 4	8		
$\overline{26\ 76.5}$	$\overline{384}$		
22 25 6	$\overline{47}$		
$\overline{4\ 50\ 9}$	7		
	$\overline{329}$		

Des exemples traités, on conclut la règle suivante.

131. Règle. — *Pour extraire la racine carrée entière d'un nombre entier donné, on partage ce nombre en tranches de deux chiffres à partir de la droite* (la dernière tranche à gauche peut n'avoir qu'un seul chiffre); *on extrait la racine carrée du plus grand carré entier contenu dans la première tranche à gauche* (en s'aidant de la table des carrés des neuf premiers nombres entiers); *on a ainsi le premier chiffre de la racine. On fait le carré de ce chiffre et l'on retranche ce carré de la première tranche à gauche; à droite du reste, on abaisse la tranche suivante et l'on sépare un chiffre à droite du nombre ainsi obtenu; on divise la partie à gauche par le double du résultat trouvé à la racine; on a ainsi le chiffre suivant ou un chiffre trop fort. On écrit ce chiffre à la droite du double de la partie trouvée et aussi au-dessous, puis on fait la multiplication ainsi pré-*

parée; on retranche, s'il est possible, le produit obtenu du nombre formé par le premier reste suivi de la seconde tranche; si la soustraction est possible le chiffre est bon et c'est le deuxième chiffre de la racine; si la soustraction n'est pas possible, on le diminue alors successivement d'une unité, jusqu'à ce qu'il ne soit pas trop fort, en faisant à chaque fois le même essai que précédemment (le chiffre essayé ne peut surpasser 9). A la droite du reste obtenu, on abaisse la tranche suivante, on sépare un chiffre à droite, et l'on divise la partie à gauche par le double de la racine trouvée, on a ainsi le troisième chiffre de la racine ou un chiffre trop fort. On continue ainsi jusqu'à ce qu'on ait employé toutes les tranches, en s'arrêtant à chaque fois au plus grand chiffre essayé qui n'est pas trop fort. Le dernier reste obtenu est le reste de l'opération.

432. 1re REMARQUE. — Si l'une des divisions partielles qui doit fournir un chiffre donne 0 pour quotient entier, 0 sera le chiffre cherché; on opérera d'après la règle générale, en observant que le produit d'un nombre par 0 est 0; et l'on continuera comme à l'ordinaire.

433. 2° REMARQUE. — *Le reste d'une racine carrée ne doit pas atteindre le double de la racine trouvée plus un.*

En effet, par exemple, 2785^2 ou $(2784 + 1)^2 = 2784^2 + 2$ fois $2784 + 1$, d'après un théorème connu (**48**); et si 2784 est la racine carrée entière de 7755165, il faut que $7755165 - 2784^2$ ou 3509 n'atteigne pas 2 fois $2784 + 1$, sans quoi 7755165 contiendrait le carré de 2785 et sa racine entière serait au moins 2785.

Chaque reste partiel doit de même être inférieur au double de la racine correspondante trouvée, plus un.

La crainte d'essayer inutilement un chiffre qu'on suppose trop fort conduit parfois à inscrire un chiffre trop faible, mais alors le reste partiel correspondant est trop fort, et l'on corrige le chiffre essayé.

434. 3° REMARQUE. — On peut opérer en même temps la multiplication et la soustraction qui la suit, lorsqu'on fait un essai, en employant une simplification analogue à celle qui a été indiquée à propos de la division des nombres entiers (**54**). On peut alors disposer l'opération comme il suit, en n'écrivant pas les essais infructueux,

$$
\begin{array}{c|l}
7.75.51.65 & 2784 \\
3\ 75 & \overline{47\times7} \\
465.1 & 548\times8 \\
2676.5 & 5564\times4 \\
450\ 9 &
\end{array}
$$

Enfin, ajoutons que si $2\times2=4$, $20\times2=40$, $27\times2=(20+7)\times2=20\times2+7\times2=40+7+7=47+7=54$. De même, $27\times2=54$; donc $278\times2=270\times2+8+8=540+8+8=548+8=556$, etc. On pourra profiter de ces remarques pour obtenir plus simplement le double de la racine déjà obtenue.

★**435.** Théorème.— *Pour qu'un entier soit un carré parfait, il faut et il suffit que tous les facteurs premiers qu'il contient soient affectés chacun d'un exposant pair.*

D'abord la condition est nécessaire; si $504=2^3\times3^2\times7$, d'après un corollaire démontré (**47**), on a $504^2=(2^3\times3^2\times7^1)^2=2^6\times3^4\times7^2$. — La condition est suffisante; en effet, soit $142884=2^2\times3^6\times7^2$; on peut considérer ce nombre comme le carré de $(2^1\times3^3\times7^1)$ ou de $2\times27\times7$ ou de 378.

★**436.** Problème. — *Trouver le plus petit nombre entier par lequel il faut multiplier un nombre entier non carré parfait pour qu'il devienne carré parfait.*

Soit, par exemple, 25725; décomposons ce nombre en ses facteurs premiers, nous avons $25725=3\times5^2\times7^3$, ce nombre n'est pas un carré parfait; il suffit de le multiplier par 3×7 ou 21 pour qu'il devienne $3^2\times5^2\times7^4$, qui est le carré de $3 \times 5 \times 7^2$ ou le carré de 735. — D'ailleurs le multiplicateur employé doit contenir 3 avec un exposant impair et 7 avec un exposant impair, pour que 3 et 7 aient finalement un exposant pair; donc 3×7 était le plus petit multiplicateur qu'on pût employer.

437. **Preuve de la racine carrée.** — Il est clair que si l'on fait le carré de la racine carrée entière trouvée, et qu'on l'ajoute au reste trouvé, on devra obtenir le nombre dont on a extrait la racine carrée. On aura ainsi une preuve que l'opération est exacte. — On peut faire la même preuve en négligeant tous les multiples de 9, ce qui se fera en remplaçant chaque nombre ou chaque résultat par la somme de ses chiffres dont on a retranché 9 autant de fois que possible. — Il faut en outre que le reste trouvé ne soit pas trop fort.

CHAPITRE II.

DES RACINES CARRÉES FRACTIONNAIRES EXACTES OU APPROCHÉES.

438. On sait que le carré d'une fraction est une fraction qu'on obtient en élevant au carré les deux termes de la fraction donnée (**161**).

D'après cela, *si les deux termes d'une fraction donnée sont des carrés parfaits, on obtiendra la racine carrée de la fraction en extrayant la racine carrée exacte de chaque terme.*

Ainsi, $\frac{9}{16} = \frac{3^2}{4^2}$; donc $\sqrt{\frac{9}{16}} = \frac{3}{4} = \frac{\sqrt{9}}{\sqrt{16}}$ parce que $\left(\frac{3}{4}\right)^2 = \frac{3^2}{4^2}$

$= \frac{9}{16}$; de même, $\sqrt{0,64} = \sqrt{\frac{64}{100}} = \frac{\sqrt{64}}{\sqrt{100}} = \frac{8}{10} = 0,8$, parce que $0,8^2 = 0,64$; enfin $\sqrt{32\dfrac{4}{36}} = \sqrt{\dfrac{1156}{36}} = \dfrac{\sqrt{1156}}{\sqrt{36}} = \dfrac{34}{6}$

$= 5\dfrac{4}{6} = 5\dfrac{2}{3}$.

★ **139. Théorème.** — *Pour qu'une fraction irréductible soit le carré d'une fraction, il faut et il suffit que ses deux termes soient des carrés parfaits.*

Nous allons montrer d'abord que la condition énoncée est nécessaire. Soit la fraction $\dfrac{175}{48}$ dont les deux termes sont premiers entre eux, et ne sont pas tous deux des carrés parfaits; soit $\dfrac{a}{b}$ une fraction irréductible; son carré sera $\dfrac{a^2}{b^2}$; si a et b sont premiers entre eux, leurs carrés sont aussi premiers entre eux (**104**), donc la fraction $\dfrac{a^2}{b^2}$ est irréductible, elle ne peut être égale à la fraction irréductible $\dfrac{175}{48}$; en effet, il faudrait pour cela, ou qu'on eût $a^2 = 175$ et $b^2 = 48$, ce qui est impossible, puisque 175 et 48 ne sont pas tous deux des carrés, ou que a^2 et b^2 fussent des équimultiples de 175 et de 48, ce qui n'est pas possible, puisque a^2 et b^2 n'ont aucun facteur commun.—La condition énoncée est d'ailleurs suffisante; par exemple, $\dfrac{9}{16} = \dfrac{3^2}{4^2}$ est le carré de $\dfrac{3}{4}$.

Pour savoir si un nombre fractionnaire est le carré d'un nombre fractionnaire, on le convertira en une fraction irréductible; il suffira alors de voir si les deux termes de la fraction obtenue sont des carrés parfaits.

Si un nombre fractionnaire ne peut se mettre sous la forme d'une fraction irréductible dont les deux termes soient des carrés parfaits, sa racine carrée ne peut être exprimée en nombre, du moins si l'on se limite aux nombres entiers et fractionnaires.

440. On appelle *racine carrée approchée par défaut à moins d'une unité fractionnaire donnée* d'un certain nombre, le plus grand nombre de ces unités fractionnaires dont le carré soit contenu dans ce nombre.

441. Problème. — Calculer la racine carrée d'un nombre décimal donné avec une approximation décimale donnée.

Soit à extraire à moins d'un centième près la racine carrée de 734,8567489 ; il faut trouver le plus grand nombre de centièmes dont le carré soit contenu dans le nombre proposé. Désignons par n le nombre de centièmes qu'on cherche ; il faut qu'on ait $\left(\dfrac{n}{100}\right)^2$

$\leqq 734,8567489$ et en même temps $\left(\dfrac{n+1}{100}\right)^2 > 734,8567489$

ou $\dfrac{n^2}{100^2} \leqq 734,8567489$ et $\dfrac{(n+1)^2}{100^2} > 734,8567489$. Multiplions les deux membres de chaque inégalité par 100^2 ou 10000, en nous rappelant que pour multiplier une fraction par son dénominateur, il suffit de supprimer le dénominateur; on devra avoir $n^2 \leqq 734,8567489 \times 100^2$ et $(n+1)^2 > 734,8567489 \times 100^2$, c'est-à-dire $n^2 \leqq 7348567,489$ et $(n+1)^2 > 7348567,489$. Pour avoir l'entier n, il suffit d'extraire la racine carrée entière de 7348567; on trouve 2710 pour cette racine carrée; donc $2710^2 \leqq 7348567$ et à plus forte raison $2710^2 < 7348567,489$; d'autre part, $2711^2 > 7348567$; donc $2711^2 \geqq 7348568$, et, à plus forte raison, $2711^2 > 7348567,489$; cela montre bien que n est égal à 2710; le résultat demandé est donc $\dfrac{2710}{100}$ ou 27,10.

De là la règle suivante.

412. Règle. — *Pour extraire avec une approximation décimale donnée la racine carrée d'un nombre donné, on conserve dans ce nombre, à droite de la virgule, deux fois plus de décimales qu'on n'en veut à la racine* (en ajoutant des zéros à droite, s'il est nécessaire); *on supprime les décimales qui suivent, puis, sans tenir compte de la virgule, on extrait la racine carrée entière du nombre restant; enfin on sépare à droite du résultat autant de décimales qu'on en voulait obtenir et l'on a la racine cherchée, qui est approchée par défaut.*

1ʳᵉ REMARQUE. — Dans ce calcul, l'un des points de divisions en tranches doit coïncider avec l'ancienne virgule, puisque le nombre des décimales conservées a dû être pair.

2ᵉ REMARQUE. — La règle énoncée comprend le cas où le nombre donné est entier, si l'on a soin de mettre la virgule décimale à droite du chiffre des unités, et d'ajouter un nombre convenable de zéros.

413. 3ᵉ REMARQUE. — S'il s'agit d'un nombre fractionnaire non décimal, on convertira la fraction complémentaire en décimales et l'on s'arrêtera dès qu'on aura obtenu un nombre de décimales suffisant pour pouvoir appliquer la règle, car cette règle s'applique au cas d'un nombre où la partie décimale est illimitée, périodique, par exemple.

Application. — Soit à trouver à moins de 0,01 près par défaut la racine carrée de $12\frac{5}{7}$; $\frac{5}{7} = 0,71428....$; $12\frac{5}{7} = 12,71428....$; on prendra la racine carrée entière de 127142, on trouve 356; la racine demandée est 3,56; le nombre 3,57 sera la racine carrée de $12\frac{5}{7}$ approchée par excès à moins de 0,01 près, parce que c'est le plus petit nombre entier de centièmes dont le carré surpasse $12\frac{5}{7}$.

★ 444. Problème.— Calculer la racine carrée d'un nombre quelconque à moins d'une approximation fractionnaire donnée.

Soit à extraire à moins de $\frac{1}{7}$ près la racine carrée de $39\frac{2}{3}$. Il faut trouver le plus grand nombre de septièmes dont le carré soit contenu dans $39\frac{2}{3}$; il faut, si n désigne ce nombre de septièmes, qu'on ait $\left(\frac{n}{7}\right)^2 \leq 39\frac{2}{3}$ et $\left(\frac{n+1}{7}\right)^2 > 39\frac{2}{3}$, ou encore $\frac{n^2}{7^2} \leq 39\frac{2}{3}$ et $\frac{(n+1)^2}{7^2} > 39\frac{2}{3}$; multiplions les deux membres de chaque inégalité par 7^2 ou 49, on devra avoir $n^2 \leq 39\frac{2}{3} \times 49$ et $(n+1)^2 > 39\frac{2}{3} \times 49$; or, $39\frac{2}{3} \times 49 = \frac{119}{3} \times 49 = \frac{119 \times 49}{3} = \frac{5831}{3} = 1943\frac{2}{3}$; on trouve pour racine carrée entière de 1943, le nombre 44; donc $44^2 \leq 1943$, et, par suite, $44^2 < 1943\frac{2}{3}$; d'autre part, $45^2 > 1943$; donc $45^2 \geqq 1944$, et, à plus forte raison, $45^2 > 1943\frac{2}{3}$; donc enfin $n = 44$. La racine demandée est par suite $\frac{44}{7}$ ou $6\frac{2}{7}$ par défaut; la racine approchée à moins de $\frac{1}{7}$ par excès serait $6\frac{3}{7}$.

★ 445. Règle. — *Pour obtenir par défaut avec une approximation fractionnaire donnée, la racine carrée d'un nombre, on multiplie ce nombre par le carré du dénominateur de l'unité fractionnaire d'approximation, on extrait la racine carrée entière du plus grand carré entier contenu dans le produit obtenu et l'on donne au résultat le dénominateur de l'approximation.*

14.

★446. Examinons un cas particulier très simple. Soit à trouver à moins de $\frac{1}{2}$ près, la racine carrée de $506\frac{3}{5}$. Déterminons la racine carrée entière de 506; on trouve, pour cette racine carrée, 22, et 22 pour reste; on a $22^2 < 506$, et, à plus forte raison, $22^2 < 506\frac{3}{5}$; d'autre part, $23^2 < 506$, $23^2 \gtreqless 507$; donc $23^2 > 506\frac{2}{3}$; la racine demandée à $\frac{1}{2}$ près par défaut est donc 22 ou $22\frac{1}{2}$; or $\left(22\frac{1}{2}\right)^2 = \left(22+\frac{1}{2}\right)^2 = 22^2 + 2 \times 22 \times \frac{1}{2} + \left(\frac{1}{2}\right)^2 = 22^2 + 22 + \frac{1}{4}$. Mais $506 - 22^2 = 22$; donc $506 = 22^2 + 22$ et $506\frac{3}{5} = 22^2 + 22 + \frac{3}{5}$, $506\frac{3}{5}$ est plus grand que $22^2 + 22 + \frac{1}{4}$; donc $\left(22\frac{1}{2}\right)^2 < 506\frac{2}{3}$. Par suite, la racine carrée de $506\frac{2}{3}$ à moins de $\frac{1}{2}$ près par défaut, est $22\frac{1}{2}$.

On voit ainsi que si l'on demande la racine carrée d'un nombre fractionnaire à moins d'une demi-unité près, il suffit d'extraire la racine carrée entière de la partie entière, et si le reste entier, augmenté de la fraction complémentaire, n'atteint pas la racine entière trouvée plus $\frac{1}{4}$, la racine entière trouvée sera approchée à moins de $\frac{1}{2}$ près. Si, au contraire, le reste entier augmenté de la fraction complémentaire atteint ou dépasse la racine entière trouvée plus $\frac{1}{4}$ on ajoutera $\frac{1}{2}$ à l'entier trouvé, et l'on aura la racine approchée à moins de $\frac{1}{2}$ par défaut; alors la racine trouvée augmentée de 1 sera la racine carrée du nombre à moins de $\frac{1}{2}$ près par excès.

En résumé, *suivant que le reste complet sera inférieur ou non à la racine entière trouvée plus* $\frac{1}{4}$, *il y aura lieu de ne pas forcer ou de forcer d'une unité la racine entière trouvée, afin d'avoir la racine demandée à* $\frac{1}{2}$ *près.* Dès lors, il est facile, quand on demande une racine à moins d'une unité décimale près, d'avoir cette racine à moins d'une demi-unité décimale du même ordre.

★**447.** Lorsqu'une fraction a pour dénominateur le carré parfait d'un entier, on a aisément sa racine carrée à moins d'une unité fractionnaire ayant cet entier pour dénominateur; il suffit de prendre la racine carrée entière de chaque terme pour former les deux termes de la fraction cherchée. Ainsi, soit à trouver la racine carrée de $\frac{73}{25}$, à moins de $\frac{1}{5}$ près par défaut; la racine carrée entière de 73 est 8; donc $8^2 \leqq 73$, $9^2 > 73$, $9^2 \overline{\geqq} 74$; par conséquent, $\left(\frac{8}{5}\right)^2$ ou $\frac{8^2}{5^2}$, ou $\frac{64}{25} < \frac{73}{25}$, et $\left(\frac{9}{5}\right)^2 = \frac{9^2}{5^2} \geqq \frac{74}{25}$; $\frac{8}{5}$ ou $1\frac{3}{5}$ est la racine demandée.

Allons plus loin, soit 8,54 la racine carrée de 73 à moins de 0,01 près par défaut; $8{,}54^2 < 73$, $8{,}55^2 > 73$; donc $\left(\frac{8{,}54}{5}\right)^2$ ou $\frac{8{,}54^2}{5^2} < \frac{73}{25}$, et $\frac{8{,}55^2}{5^2} > \frac{73}{25}$.

$\frac{8{,}54}{5}$ est une valeur approchée par défaut de $\frac{73}{25}$, à moins de $\frac{0{,}01}{5}$ ou de 0,002 près.

Il est facile d'amener une fraction quelconque au type précédent. En effet, $\frac{53}{17}$, par exemple, égale $\frac{53 \times 17}{17 \times 17} = \frac{901}{17^2}$;

et, même en appliquant une méthode connue (**436**), dans le cas de la fraction $\frac{13}{54}$, par exemple, on trouvera facilement le multiplicateur le plus simple qui transforme 54 en un carré parfait; ce multiplicateur est 3×2 ou 6, parce que $54 = 2 \times 3^3$; alors $\frac{13}{54} = \frac{13 \times 6}{54 \times 6} = \frac{78}{324} = \frac{78}{18^2}$.

⋆ CHAPITRE III.

RACINES CARRÉES INCOMMENSURABLES.

448. Nous savons que 21, par exemple, n'est pas le carré d'un entier; donc, en vertu d'un théorème démontré (**421**), il n'est pas non plus le carré d'un nombre fractionnaire. Dès lors, l'expression $\sqrt{21}$, qui s'énonce racine carrée de 21, peut paraître dénuée de sens, si l'on se reporte à la définition déjà donnée de la racine carrée (**420**). Nous allons étendre et compléter cette définion.

449. Nous savons clairement ce qu'on entend, d'après une définition précédente (**440**), par la racine carrée de 21 à moins de 0,001 près par défaut: c'est le plus grand nombre entier de millièmes dont le carré soit contenu dans 21. On trouve par la règle connue que ce nombre est 4,582, de sorte que $4,582^2 < 21$ et $4,583^2 > 21$; 4,583 représente ce qu'on appelle la racine carrée de 21 à moins d'un millième près par excès. On sait (**162**) que $4,583^2 = (4,582 + 0,001)^2 = 4,582^2 + 2 \times 4,582 \times 0,001 + 0,001^2 = 4,582^2 + 0,001 \times (2 \times 4,582 + 0,001) = 4,582^2 + 0,001 \times (4,582 + 4,583)$; donc, puisque $10 > 4,582 + 4,583$, on a $4,583^2 - 4,582^2 < 0,001 \times 10$.

Ainsi les deux nombres, $4,582^2$ et $4,583^2$, qui comprennent entre eux 21, diffèrent chacun de 21 de moins que $0,001 \times 10$; on reconnaîtrait de même que si 4,5825 et 4,5826 sont les racines carrées de 21 à moins de 0,0001 près, l'une par défaut et l'autre par excès, les deux nombres $4,5825^2$ et $4,5826^2$ diffèrent chacun de 21 de moins que $0,0001 \times 10$, et ainsi de suite.

450. Pour continuer, faisons appel à des considérations géométriques. Il a été démontré, au moins pour le cas où le côté est exprimé par un nombre entier ou fractionnaire, c'est-à-dire pour le cas où le côté est commensurable avec l'unité de longueur, que la surface d'un carré s'obtient en formant la 2ᵉ puissance ou le carré de ce côté.

Supposons qu'on nous demande quel est le nombre qui exprime en mètres la longueur du côté d'un carré ayant 21 mètres carrés de superficie. S'il existe un nombre entier ou fractionnaire répondant à la question, il doit être tel que son carré soit égal à 21 ; or, nous savons qu'un tel nombre n'existe pas. Mais nous savons aussi que $4,582^2 < 21 < 4,583^2$; si donc nous construisons deux carrés ayant l'un $4^m,582$ de côté, l'autre $4^m,583$ de côté, le premier comprendra moins de 21 mètres carrés et le deuxième comprendra plus de 21 mètres carrés, et même ces deux carrés différeront de moins que $0,001 \times 10$ ou de moins qu'un décimètre carré. On pourra considérer alors 4,582 comme un nombre répondant approximativement à la question.

451. Il y a plus, nous avons la notion de la *continuité* : Concevons un carré variable dont le côté croisse d'une façon continue de $4^m,582$ à $4^m,583$; en commençant, ce carré avait moins de 21 mètres carrés ; à la fin, il a plus de 21 mètres carrés ; il arrivera un moment, et un seul, où le carré variable atteindra exactement une superficie de 21 mètres carrés. De sorte qu'il est acquis maintenant que le carré de 21 mètres carrés de surface existe ; mais nous ne pourrons jamais trouver que des nombres exprimant le côté de ce carré avec autant d'approximation qu'on voudra. Le côté du carré considéré est *incommensurable* avec le mètre.

452. Nous avons vu (**233**) qu'une longueur commensurable avec le mètre peut se représenter par un nombre entier ou fractionnaire. Inversement, un nombre entier ou fractionnaire peut être représenté par une longueur, après qu'on a adopté une unité de longueur. Considérons d'une part les nombres qui expriment par défaut la racine carrée de 21, avec des approximations de plus en plus grandes, 4, 4,5, 4,58, 4,582, 4,5825, etc., puis ceux qui représentent les valeurs correspondantes approchées par excès, 5, 4,6, 4,59, 4,583, 4,5826, etc. On peut représenter tous ces nombres par des longueurs portées à partir d'un même point, sur une même droite, dans le même sens : les extrémités finales des premières et celles des secondes tendront vers une limite commune ; la distance de ce point limite à l'origine représentera le côté du carré cherché, et l'on pourra dire que cette longueur représente avec précision $\sqrt{21}$. Dans cet ordre d'idées, on dira que $\sqrt{21}$ *est la limite des nombres décimaux dont les carrés ont pour limite* 21.

Nous admettrons que si l'on calculait des valeurs fractionnaires de plus en plus approchées, sans que l'unité fractionnaire marquant l'approximation fût décimale, la limite serait la même, c'est-à-dire le côté du carré de 21 mètres carrés de surface.

453. On peut maintenant définir la racine carrée d'un nombre qui n'est pas un carré parfait comme la *limite* des nombres dont les carrés ont pour *limite* le nombre donné.

Dans la pratique, on se contentera d'une évaluation aussi approchée qu'il est nécessaire.

On pourra écrire dorénavant $\sqrt{21} \times \sqrt{21} = 21$, en entendant que, si l'on prend la racine carrée de 21 avec une approximation décimale de plus en plus grande, le carré du nombre obtenu pourra différer de 21 d'aussi peu qu'on voudra.

454. Les propriétés des nombres entiers ou fractionnaires s'appliquent aux valeurs approchées des racines carrées incommensurables; elles s'étendent, pour la plupart, à ces valeurs incommensurables elles-mêmes.

455. Règle. — *Le produit des racines carrées de deux nombres est égal à la racine carrée du produit de ces nombres.*

Ainsi, $\sqrt{16} \times \sqrt{9} = \sqrt{144}$, parce que $\left(\sqrt{16} \times \sqrt{9}\right)^2$ ou $\left(\sqrt{16}\right)^2 \times \left(\sqrt{9}\right)^2$ ou $16 \times 9 = 144 = \left(\sqrt{144}\right)^2$; de même, $\sqrt{3} \times \sqrt{7} = \sqrt{21}$, parce que $\left(\sqrt{3} \times \sqrt{7}\right)^2 = \left(\sqrt{21}\right)^2$; en effet, $\left(\sqrt{3} \times \sqrt{7}\right)^2 = \left(\sqrt{3}\right)^2 \times \left(\sqrt{7}\right)^2 = 3 \times 7 = 21 = \left(\sqrt{21}\right)^2$; enfin, $\sqrt{18} \times \sqrt{2} = \sqrt{36} = 6$. On voit, par le dernier exemple, que le produit de deux nombres incommensurables différents peut être commensurable.

456. Corollaire. — *Le produit des racines carrées de plusieurs nombres est égal à la racine carrée du produit de ces nombres.* En effet, $\sqrt{3} \times \sqrt{7} \times \sqrt{8} = \left(\sqrt{3} \times \sqrt{7}\right) \times \sqrt{8} = \sqrt{3 \times 7} \times \sqrt{8} = \sqrt{3 \times 7 \times 8}$.

457. Corollaire. — *Pour multiplier une racine carrée indiquée par un certain nombre, il suffit de multiplier la quantité sous le radical par le carré de ce nombre.*

Ainsi, $\sqrt{7} \times 6 = \sqrt{7} \times \sqrt{36} = \sqrt{7 \times 36}$; inversement, $\sqrt{7 \times 36} = \sqrt{7} \times \sqrt{36} = \sqrt{7} \times 6$; de même, $\sqrt{12} = \sqrt{3 \times 4} = \sqrt{3} \times \sqrt{4} = \sqrt{3} \times 2 = 2 \times \sqrt{3}$.

458. Théorème. — *Le quotient des racines carrées de deux nombres est égal à la racine carrée de leur quotient.*

Nous allons prouver que $\dfrac{\sqrt{16}}{\sqrt{9}} = \sqrt{\dfrac{16}{9}}$; en effet, $\left(\dfrac{\sqrt{16}}{\sqrt{9}}\right)^2$

$$= \frac{(\sqrt{16})^2}{(\sqrt{9})^2} = \frac{16}{9} = \left(\sqrt{\frac{16}{9}}\right)^2 ; \text{ de même, } \frac{\sqrt{8}}{\sqrt{7}} = \sqrt{\frac{3}{7}}, \text{ parce}$$

que $\left(\dfrac{\sqrt{3}}{\sqrt{7}}\right)^2 = \dfrac{\sqrt{3})^2}{(\sqrt{7})^2} = \dfrac{3}{7}$; enfin, $\dfrac{\sqrt{18}}{\sqrt{2}} = \sqrt{\dfrac{18}{2}} = \sqrt{9} = 3.$

Inversement, $\sqrt{\dfrac{3}{7}} = \dfrac{\sqrt{3}}{\sqrt{7}}$; théoriquement, pour avoir

$\sqrt{\dfrac{3}{7}}$ avec une certaine approximation, il suffirait de cal-

culer avec une approximation suffisante $\sqrt{3}$ et $\sqrt{7}$ et de
diviser l'un par l'autre ces deux résultats; mais un tel procédé serait généralement peu pratique et peu commode.
Cette manière d'opérer devient favorable si le dénominateur

est un carré parfait, ainsi $\sqrt{\dfrac{3}{4}} = \dfrac{\sqrt{3}}{2}$.

459. Ajoutons que si l'on divise un nombre par sa racine carrée, on a pour quotient cette racine. Par exemple,

$\dfrac{7}{\sqrt{7}} = \dfrac{\sqrt{7}^2}{\sqrt{7}} = \sqrt{\dfrac{7^2}{7}} = \sqrt{7}$; cela résulte du reste de la dé-

finition de la racine carrée.

460. Supposons qu'on demande $\dfrac{213}{\sqrt{7}}$ à moins de 0,01 ;

on multipliera les deux termes de cette fraction composée

par $\sqrt{7}$, et l'on aura $\dfrac{213}{\sqrt{7}} = \dfrac{213 \sqrt{7}}{7}$; il suffira d'évaluer $\sqrt{7}$

à moins de 0,0001 près, l'erreur finale sera moindre que $\dfrac{213}{7}$

de 0,0001 ou moindre que 0,01.

461. Enfin, il est à remarquer qu'un nombre est inférieur, égal ou supérieur à sa racine carrée, suivant que le
nombre est inférieur, égal ou supérieur à l'unité. Ainsi,

$$\sqrt{\frac{13}{4}} < \frac{13}{4}$$ parce que $\frac{13}{4} = \sqrt{\frac{13}{4}} \times \sqrt{\frac{13}{4}}$ et que le multi-

plicateur $\sqrt{\frac{13}{4}}$ est plus grand que 1; $\sqrt{\frac{3}{4}} > \frac{3}{4}$,

parce que $\frac{3}{4} = \sqrt{\frac{3}{4}} \times \sqrt{\frac{3}{4}}$ et que le multiplicateur $\sqrt{\frac{3}{4}}$

est plus petit que 1.

★ CHAPITRE IV.

USAGES DE LA RACINE CARRÉE. — APPLICATIONS.

162. *Pour obtenir la moyenne proportionnelle ou la moyenne géométrique entre deux nombres donnés, il suffit d'extraire la racine carrée de leur produit.*

1° Soit la proportion $\frac{18}{x} = \frac{x}{8}$; x est la moyenne propor-tionnelle entre 18 et 8; on doit avoir $x^2 = 18 \times 8$; donc $x = \sqrt{18 \times 8} = \sqrt{144} = 12$.

2° Soit la proportion $\frac{3}{x} = \frac{x}{7}$, on doit avoir $x^2 = 3 \times 7$; par conséquent $x = \sqrt{3 \times 7} = \sqrt{21}$; ici la moyenne propor-tionnelle demandée est un *nombre incommensurable*; la racine est 4,582, à moins de 0,001 près par défaut.

163. La racine carrée est surtout employée en géomé-trie; ainsi, pour déterminer le côté d'un carré dont la sur-face est donnée, il suffit d'extraire la racine carrée du nombre exprimant cette surface, parce que la surface d'un carré est égale au carré de son côté. Par exemple, le côté d'un carré ayant 289 mètres carrés de surface est $\sqrt{289} = 17^m$; le côté d'un carré ayant 21 mètres carrés de surface est $\sqrt{21}$ ou 4,582 à moins de 0,001 près par défaut. Le côté

15

exprimé en mètres d'un carré ayant une surface égale à 10 ares ou à 1000 mètres carrés est $\sqrt{1000}$, nombre incommensurable ; telle est la raison pour laquelle on n'emploie pas le *décare* dans les mesures agraires.

464. *Problème.* — Trouver deux nombres, connaissant leur produit 637 et leur quotient 13.

Le plus grand nombre vaut 13 fois le plus petit ; leur produit est égal à 13 fois le plus petit multiplié par le plus petit ou à 13 fois le carré du plus petit ; le carré du plus petit nombre est donc $\dfrac{637}{13}$ ou 49 ; ce plus petit nombre est $\sqrt{49} = 7$; le plus grand est $7 \times 13 = 91$.

465. *Problème.* — La somme des carrés de deux nombres est 58, leur produit est 21 ; trouver leur somme.

On sait (**162**) que $(a+b)^2 = a^2 + 2 \times a \times b + b^2 = a^2 + b^2 + 2 \times a \times b$; de sorte que si a et b sont les deux nombres inconnus, on a $a^2 + b^2 = 58$, $a \times b = 21$ et $2 \times a \times b = 2 \times 21 = 42$; par conséquent, $a^2 + b^2 + 2 \times a \times b = 58 + 42 = 100$; donc $(a+b)^2 = 100$ et, par suite, $a + b = \sqrt{100} = 10$.

On peut trouver de même la différence des deux nombres. En effet, si $a > b$ (**163**), on a $(a-b)^2 = a^2 + b^2 - 2 \times a \times b$; si a et b sont les deux nombres inconnus du problème précédent, on a $(a-b)^2 = 58 - 42 = 16$; par conséquent, $a - b = \sqrt{16} = 4$.

Connaissant la somme et la différence des deux nombres inconnus, on aura facilement ces deux nombres qui sont 7 et 3.

466. *Problème.* — Trouver deux nombres dont la somme soit 13 et le produit 36.

Soient a et b ces deux nombres ; on a $(a+b)^2 = a^2 + b^2 + 2 \times a \times b$; donc $13^2 = a^2 + b^2 + 72$; donc $a^2 + b^2 = 169 - 72 = 97$; d'autre part, $(a-b)^2 = a^2 + b^2 - 2 \times a \times b =$

$97 - 72$, puisque $a^2 + b^2 = 97$; $(a - b)^2 = 97 - 72 = 25$; donc $a - b = \sqrt{25} = 5$.

Les deux nombres ont pour somme 13, et pour différence 5; donc $13 - 5$ vaut deux fois le plus petit; le plus petit est $\frac{13-5}{2} = \frac{8}{2} = 4$, le plus grand est $4 + 5 = 9$.

467. *Problème.* — Quel est le poids d'un diamant d'une valeur de 30000 francs, si un diamant pesant $1^g,6$ vaut 8860 francs? On sait que la valeur d'un diamant est proportionnelle au carré de son poids.

Soit x le poids inconnu exprimé en grammes; on doit avoir la proportion $\frac{30000}{8860} = \frac{x^2}{1,6^2}$, d'où l'on tire

$$x^2 = \frac{30000 \times 1,6^2}{886}$$

ou
$$x^2 = \frac{3000 \times 2,56}{8860} = 8,6681;$$

donc
$$x = \sqrt{8,6681} \quad = 2^g,94,$$

à moins de $\frac{1}{2}$ centigramme près par défaut.

468. *Problème.* — On sait qu'un pendule d'une longueur de $0^m,994$ fait 86400 oscillations dans un jour; on demande combien un pendule, long de $1^m,65$, fera d'oscillations en un jour. On sait que la durée d'une oscillation est directement proportionnelle à la racine carrée de la longueur du pendule.

Soit x le nombre demandé. Si l'on prend le jour pour unité de temps, la durée d'une oscillation du premier pendule sera $\frac{1}{86400}$; celle d'une oscillation du second sera $\frac{1}{x}$; d'après l'énoncé, on doit avoir la proportion

$$\frac{\left(\dfrac{1}{86400}\right)}{\left(\dfrac{1}{x}\right)} = \frac{\sqrt{0,994}}{\sqrt{1,65}}$$

ou
$$\frac{x}{86400} = \frac{\sqrt{0,994}}{\sqrt{1,65}},$$

ou
$$\frac{x}{86400} = \sqrt{\frac{0,994}{1,65}}.$$

Par conséquent,

$$x = \sqrt{\frac{0,994}{1,65}} \times 86400,$$

$$x = \sqrt{\frac{0,994 \times 86400^2}{1,65}} = \sqrt{\frac{0,994 \times 7464960000}{1,65}},$$

$$x = \sqrt{\frac{994 \times 7464960000}{165}} = \sqrt{4497072872,7},$$

$x = 67060$, à moins d'une unité près.

Le pendule de $1^m,65$ effectue 67060 oscillations en un jour.

★ CHAPITRE V.

QUELQUES MOTS SUR LA RACINE CUBIQUE; — SUR LES RACINES EN GÉNÉRAL.

469. On appelle *racine cubique* d'un nombre un nombre qui, élevé au cube, reproduit le nombre proposé.

On prouve facilement que si un entier n'est pas le cube d'un entier, il n'est pas le cube d'une fraction; et que si une fraction irréductible n'a pas pour termes des cubes parfaits, elle n'est pas le cube d'une fraction.

La racine cubique d'un nombre est le plus souvent un

nombre incommensurable; alors, dans la pratique, on lui substitue une valeur approchée.

470. On appelle racine cubique approchée à moins d'une unité décimale près, par défaut, le plus grand nombre de ces unités décimales dont le cube est contenu dans le nombre proposé.

Nous appellerons racine cubique entière d'un entier le plus grand nombre entier dont le carré est contenu dans le nombre proposé.

471. Nous ne donnerons pas ici la théorie de la racine cubique; nous remarquerons seulement:

1° Que pour obtenir le cube d'un certain nombre de dizaines, il suffit de faire le cube du même nombre d'unités, et de le multiplier par 1000.·

En effet, $70^3 = (7 \times 10)^3 = (7 \times 10) \times (7 \times 10) \times (7 \times 10)$
$= 7 \times 10 \times 7 \times 10 \times 7 \times 10 = 7 \times 7 \times 7 \times 10 \times 10 \times 10 = 7^3$
$\times 10^3 = 343 \times 1000 = 343000$.

2° Que *le cube d'une somme de deux nombres se compose du cube du premier nombre, du produit du·triple carré du premier par le second, du produit du triple du premier par le carré du·second, et enfin du cube du second.*

En effet, par exemple, $(7 + 4)^3 = (7 + 4)^2 \times (7 + 4) = (7^2$
$+ 2 \text{ fois } 7 \times 4 + 4^2) \times (7 + 4) = (7^2 + 2 \text{ fois } 7 \times 4 + 4^2) \times 7$
$+ (7^2 + 2 \text{ fois } 7 \times 4 + 4^2) \times 4 = 7^3 + 2 \text{ fois } 7^2 \times 4 + 7 \times 4^2$
$+ 7^2 \times 4 + 2 \text{ fois } 7 \times 4^2 + 4^3 = 7^3 + 3 \text{ fois } 7^2 \times 4 + 3 \text{ fois }$
$7 \times 4^2 + 4^3$.

En particulier, le cube d'un nombre formé de dizaines et d'unités se compose du cube des dizaines (qui est un nombre exact de mille), du triple carré des dizaines par les unités, du triple des dizaines par le carré des unités, et du cube des unités.

Ainsi $87^3 = 80^3 + 3 \times 80^2 \times 7 + 3 \times 80 \times 7^2 + 7^3 = 512000$

$$+ 19200 \times 7 + 240 \times 49 + 343 = 512000 + 134400 + 11760$$
$$+ 343 = 658503.$$

472. C'est à l'aide de ces principes qu'on justifie les règles pratiques suivantes, que nous nous bornons à énoncer.

Règle. — *Pour extraire la racine cubique entière d'un nombre entier, on partage ce nombre en tranches de trois chiffres à partir de la droite* (la dernière tranche à gauche peut avoir moins de trois chiffres). *A l'aide de la table des cubes des neuf premiers nombres, on extrait la racine cubique entière de la première tranche à gauche. On a ainsi le premier chiffre à gauche de la racine ; on fait le cube de ce chiffre, et on le retranche de la première tranche à gauche ; à droite du reste, on abaisse la tranche suivante ; on sépare deux chiffres à droite, et l'on divise la partie à gauche par le triple carré de la racine trouvée ; on a pour quotient le second chiffre de la racine ou un chiffre trop fort. Pour l'essayer, on l'écrit à droite de la partie connue de la racine, on fait le cube du nombre ainsi formé, et on le retranche, s'il est possible, de l'ensemble des deux premières tranches à gauche. Si la soustraction est possible, le chiffre est bon ; sinon, le chiffre est trop fort, et alors on le diminue successivement d'une unité jusqu'à ce qu'il ne soit pas trop fort* (le chiffre essayé ne peut dépasser 9). *A droite du reste, on abaisse la tranche suivante, on sépare deux chiffres à droite, et l'on divise la partie à gauche par le triple carré de la racine trouvée, etc. On continue ainsi jusqu'à ce qu'on ait employé toutes les tranches ; le reste final est le reste de la racine.*

. Le reste ne doit jamais atteindre le triple carré de la racine trouvée, plus le triple de cette racine, plus un.

Pour extraire la racine cubique entière de 89624639, on a les calculs suivants

89.624.639	447	$4^3 < 89 < 5^3$
64	48	$4^2 \times 3 = 48$
256.24	5808	$45^3 = 45^2 \times 45 = 91125$
851 84		$44^3 = 44^2 \times 44 = 85184$
44 406.39		$89624 - 85184 = 4440$
893 1462 3		$44^2 \times 3 = 1936 \times 3 = 5808$
3 1001 6		$447^3 = 89314623$

$$89624639 - 89314623 = 310016$$

La racine est 447, et le reste 310016.

473. **Règle.** — *Pour extraire avec une approximation décimale donnée, par défaut, la racine cubique d'un nombre décimal, on conserve sur sa droite, en ajoutant des zéros, s'il est nécessaire, trois fois plus de chiffres décimaux qu'on n'en veut à la racine ; on supprime les décimales qui suivent, s'il y en a ; on extrait la racine cubique entière de l'entier restant après suppression de la virgule décimale, et, sur la droite du produit, on sépare autant de décimales qu'on en voulait obtenir.*

474. Les usages de la racine cubique se rencontrent surtout en géométrie. Par exemple, pour trouver le côté d'un cube dont le volume est donné, on extrait la racine cubique du nombre exprimant le volume.

475. *Application de la racine cubique.* — Calculer le rayon et la hauteur du double décalitre employé pour les matières sèches.

Le volume intérieur de ce cylindre doit être $0^{mc},020$. Soit x le rayon ; le diamètre qui est égal à la hauteur sera $2 \times x$. Le volume d'un cylindre est égal à la surface du cercle de base multipliée par la hauteur. La surface d'un cercle s'obtient en multipliant 3,1416 par le carré du rayon ; la surface de la base du cylindre sera $3,1416 \times x^2$ et son volume $3,1416 \times x^2 \times 2 \times x$ ou $3,1416 \times 2 \times x^2 \times x$ ou $6,2832 \times x^3$; elle doit être égale à 0,020 ; il faut que $6,2832 \times x^3 = 0,020$; donc $x^3 = \dfrac{0,020}{6,2832} = 0,003183091$;

x sera la racine cubique de 0,003183091, ou à moins de 0,001 près, $x = 0^m,147$; le rayon est $0^m,147$ et la hauteur est $0^m,147 \times 2 = 0,294$ à moins de $0^m,002$ près.

La vérification est facile, mais elle ne doit réussir qu'approximativement.

476. On appelle *racine quatrième* d'un nombre, un nombre qui, élevé à la quatrième puissance, reproduit le nombre proposé.

De même, on appelle *racine cinquième* d'un nombre, un nombre qui, élevé à la cinquième puissance, reproduit le nombre proposé, etc.

Plus généralement, on appelle racine n^e (lisez nième) d'un nombre un nombre qui, élevé à la puissance n, reproduit le nombre proposé.

La racine carrée devrait régulièrement s'appeler racine deuxième, et la racine cubique, racine troisième.

477. Il y a, comme on le voit, des racines de différents ordres. On indique une racine quelconque par ce signe $\sqrt{}$ qu'on nomme un *radical* et entre les branches duquel on écrit en petits chiffres un nombre, l'*indice*, marquant l'ordre de la racine; on écrit sous la barre horizontale le nombre dont on doit extraire la racine. Ainsi $\sqrt[5]{16807}$ signifie racine cinquième de 16807; $\sqrt[12]{4096}$ signifie racine douzième de 4096; $\sqrt[3]{643}$ signifie racine troisième ou racine cubique de 643; $\sqrt[2]{537}$ signifie racine deuxième ou racine carrée de 537 qu'on écrit aussi $\sqrt{537}$; si l'indice n'est pas écrit, on sous-entend qu'il est 2.

On a $\sqrt[5]{16807} = 7$, parce que $7^5 = 16807$; $\sqrt[12]{4096} = 2$ parce que $2^{12} = 4096$.

478. Le plus souvent, une racine quelconque d'un nombre pris au hasard est un nombre incommensurable; la valeur approchée d'une telle racine se définit d'une manière analogue à celle dont on définit une racine carrée approchée. Ainsi, la racine cinquième d'un nombre à moins de 0,001 près, est le plus grand nombre de millièmes dont la cinquième puissance est contenue dans le nombre proposé.

La racine cinquième entière d'un nombre entier est le plus grand entier dont la cinquième puissance est contenue dans le nombre proposé.

479. Nous allons énoncer, sans la démontrer, la règle de la racine cinquième; on remarquera son analogie avec la règle que nous avons donnée pour la racine cubique, et l'on pourra facilement découvrir par analogie la règle pour une racine quelconque.

Règle. — Pour extraire la racine cinquième entière d'un nombre entier, on le partage en tranches de cinq chiffres à partir de la droite (la dernière tranche à gauche peut avoir moins de cinq chiffres). A l'aide de la table des cinquièmes puissances des neuf premiers nombres, on détermine la racine cinquième entière de la première tranche à gauche; c'est le premier chiffre de la racine. On fait la cinquième puissance de ce chiffre, on la retranche de la première tranche; à la droite du reste, on abaisse la tranche suivante, on sépare quatre chiffres à droite, et l'on divise la partie à gauche par le quintuple de la quatrième puissance de la racine trouvée; on a ainsi le second chiffre de la racine ou un chiffre trop fort. Pour l'essayer, on l'écrit à la droite de la racine trouvée, on fait la cinquième puissance du nombre ainsi formé, on la retranche, s'il est possible, de l'ensemble des deux premières tranches à gauche. Si la soustraction est possible, le chiffre est bon; sinon, on le diminue successivement d'une unité jusqu'à ce que l'essai réussisse (le chiffre essayé ne peut surpasser 9). A droite, du reste, on abaisse la tranche suivante, on sépare quatre chiffres à droite, et l'on divise la partie à gauche par le quintuple de la quatrième puissance de la racine trouvée, etc.

15.

On voit combien une telle opération serait pénible, aussi procède-t-on à l'aide des *logarithmes*.

480. En général, lorsque l'indice est un nombre non premier, on peut remplacer la racine indiquée par une suite de racines d'indices plus simples.

On sait que $a^4 = a^2 \times a^2 = (a^2)^2$. Si donc a est égal à $\sqrt{\sqrt{2401}}$, par exemple, $a^2 = \sqrt{2401}$ et $(a^2)^2$ ou $a^4 = 2401$, a sera égal à $\sqrt[4]{2401}$; donc *la racine quatrième d'un nombre est égale à la racine carrée de sa racine carrée*. De même, puisque $(a^4)^2 = a^8$, la racine huitième d'un nombre est égale à la racine carrée de la racine quatrième de ce nombre.

La racine sixième d'un nombre est égale à la racine carrée de sa racine cubique, ou aussi à la racine cubique de sa racine carrée.

La racine neuvième d'un nombre est égale à la racine cubique de sa racine cubique.

481. Les racines ne sont pas les seuls nombres incommensurables.

Un nombre incommensurable ne pourra être considéré comme défini avec précision que si l'on a le moyen d'en calculer une valeur aussi approchée que possible. On n'aura souvent d'autre ressource que de le désigner par une lettre, si l'on veut en parler. C'est ainsi qu'on représente par la lettre grecque π le rapport incommensurable de la circonférence au diamètre; ce nombre est connu avec toute l'approximation désirable dans la pratique.

482. Une fraction décimale périodique, telle que $0,4545\ldots$, par exemple, représente le nombre fractionnaire $\frac{45}{99}$ ou $\frac{5}{11}$; par conséquent $0,4545\ldots$ est commensurable. Une racine incommensurable ne pourra être une fraction décimale périodique.

EXERCICES [1]

I. — Numération.

1. Dire le plus petit et le plus grand nombre de cinq chiffres.

2. Combien de chiffres en tout pour numéroter les cent premières maisons d'une rue?

3. De combien de mots différents se sert-on pour nommer tous les nombres jusqu'aux billions exclusivement?

4. Écrire bout à bout tous les chiffres (le zéro excepté) dans leur ordre croissant de grandeur, puis lire le nombre formé.— Recommencer dans l'ordre inverse. — Comparer la valeur d'un même chiffre dans les deux nombres.

5. De quel ordre sont les unités représentées par le quatorzième chiffre d'un nombre à partir de la droite?

6. Il n'y a pas de nombre dont le nom soit douze mille douze cent douze.

7. On a cent pages contenant chacune vingt-cinq lignes; combien y a-t-il de premières lignes, combien de deuxièmes, etc.; combien de fois cent lignes en tout; combien de lignes?

(1) D'autres exercices sont proposés dans les *Éléments de calcul*, par A. Rebière, à l'usage des classes précédant la Quatrième, dans les Lycées, et des Écoles primaires.

8. Montrer que cent fois vingt-cinq valent vingt-cinq fois cent.

9. Montrer, en s'aidant d'objets matériels, que dix fois six font six dizaines.

10. On écrit tous les nombres, y compris 0, jusqu'à 999999, tous avec six chiffres (en mettant des zéros à gauche, s'il le faut). Combien emploiera-t-on de fois le chiffre 7 ?

11. Combien peut-on former de mots différents contenant chacun six lettres, en employant 10 lettres distinctes, chaque lettre pouvant être répétée dans le même mot?

12. Étant donnés 135 objets (135 points par exemple), on propose de les distribuer en collections des différents ordres, dans le système de numération dont la base est 7.

13. Écrire 135 (système décimal) dans le système dont la base est 7.

14. Ayant écrit les 15 premiers nombres dans le système *binaire* (dont la base est 2), on écrit dans le système décimal, sur un 1er carton, tous les nombres ayant le chiffre 1 au 1er rang ; sur un 2e carton, tous les nombres ayant le chiffre 1 au 2e rang, etc. Si l'on met à part tous les cartons contenant un nombre *pensé*, la somme des plus petits nombres de chacun de ces cartons sera le nombre pensé.

15. Montrer qu'il y a autant de mots différents de 4 lettres prises parmi 7 lettres données, qu'il y a d'unités simples dans l'unité du 5e ordre du système dont la base est 7.

II. — Addition.

16. En 1861, la population du 15e arrondissement de Paris était, pour le 1er quartier, 12867 habitants; pour le 2e, 20224 habitants; pour le 3e, 16064 habitants; pour le 4e, 6889 habitants. En 1876, la population s'était accrue, pour le 1er quartier, de 4603 habitants; pour le 2e, de 7761 habitants; pour le 3e, de 7276 habitants; pour le 4e, de 2898 habitants. Quelle était la population de cet arrondissement, 1° en 1861; 2° en 1876; 3° de combien s'était accrue la population dans l'intervalle?

17. Vérifier que la somme $0 + 1 + 2 + 3 + 4 + 5 + 6 + 7 + 8 + 9$ égale 45.

18. On écrit les uns au-dessous des autres les nombres 00, 01, 02,..... jusqu'à 99 inclusivement. Trouver la somme fournie par chaque colonne, sans compter les retenues. Montrer que chacune de ces deux sommes est égale à $45 + 45 + 45 + 45 + 45 + 45 + 45 + 45 + 45$, ou à 450.—Dire quelle sera la 1re retenue et quelle sera la somme définitive.

19. Mêmes questions pour la somme $000 + 001 + 002 + \ldots\ldots + 998 + 999$.

20. Montrer, en faisant la somme des jours de chaque mois d'une année commune, qu'une telle année comprend 365 jours.

21. Un 1er voyageur a 30 kilogrammes de bagages; un 2e voyageur a sur le premier un excédent de 27 kilogrammes; un 3e voyageur a sur le 1er un excédent qui dépasse de 23 kilogrammes l'excédent du 2e. Quels sont les poids de bagages du 2e et du 3e voyageur? — Quel est le poids total des bagages des trois voyageurs?

22. La population de l'Europe est environ 326 millions d'habitants; celle de l'Asie, 799 millions; celle de l'Afrique, 209 millions; celle de l'Océanie, 37 millions; celle de l'Amérique du Nord, 70 millions; celle de l'Amérique du Sud, 28 millions. Quelle est la population du globe terrestre?

III. — Soustraction.

23. A 6 heures du matin, un thermomètre marquait 4 degrés au-dessus de 0, et, à 2 heures du soir, il marquait 12 degrés au-dessus de 0. De combien de degrés a-t-il monté et en combien de temps?

24. Un thermomètre étant plongé dans l'eau bouillante, il marque 100°, après avoir monté de 78°. Combien marquait-il auparavant?

25. Un corps pèse 77 grammes dans l'air; lorsqu'il est plongé dans l'eau il ne pèse que 67 grammes. Combien perd-il de son poids dans l'eau?

26. Un propriétaire, ayant acheté une maison, la revend 376000 francs; il aurait gagné 5000 francs sur ce marché, s'il l'avait payée 2687 francs de moins. Combien l'avait-il payée? Combien a-t-il gagné réellement?

27. Un caissier a payé dans sa journée 827 francs; il a reçu 548 francs, et le soir il a en caisse 1329 francs. Quelle somme avait-il en caisse au commencement de la journée?

28. Un caissier qui a payé dans sa journée 1684 francs, puis 537 francs, et qui a reçu 920 francs, puis 500 francs, doit payer à la fin de sa journée 3000 francs, et il lui manque alors 27 francs pour faire ce payement. Combien avait-il en caisse au commencement de la journée?

29. Un élève ayant retranché 6827 de 14220, a trouvé pour reste 7603. Dire, sans recommencer la soustraction, s'il s'est trompé et de combien; dire aussi quel est le reste exact.

30. Au lieu de retrancher un premier nombre d'un second, on a retranché un nombre contenant 13 unités de plus que le premier d'un nombre contenant 7 unités de plus que le second; on a trouvé ainsi pour reste 1505. Quelle est la véritable différence du premier nombre et du second?

IV. — Multiplication.

31. Un fermier a acheté 3 chevaux à 875 francs l'un; il vend pour les payer 88 moutons à 30 francs l'un. Quelle somme lui reste-t-il lorsqu'il a payé les chevaux?

32. Un fruitier fait 8 achats de 1000 pommes chacun, à 2 francs le cent. Combien a-t-il payé pour ses 8 achats?

33. Quelle est, en lieues, la distance du soleil à la terre, si la lumière parcourt 75000 lieues par seconde et met 8 minutes 18 secondes pour nous venir du soleil?

34. La distance moyenne de la terre à la lune vaut à peu près 60 fois le rayon de la terre, qui est de 6371 kilomètres. Exprimer cette distance en kilomètres.

35. Combien y a-t-il d'heures en 29 jours 13 heures, le jour étant de 24 heures?

36. Combien y a-t-il de jours en 18 ans et 11 jours, si l'année commune vaut 365 jours et si, dans la période considérée, il y a 5 années bissextiles de 366 jours?

37. Montrer que 223 fois 2953 font moins que 19 fois 34662. — Quelle est la différence?

38. On estime que dans toute la population du globe, il y a à peu près un décès par seconde. Combien y a-t-il de décès en 365 jours?

39. On a fait le produit de 327 par 538; de combien augmente le produit, si le multiplicateur augmente de 10?

40. On a fait le produit de 327 par 538; de combien diminue le produit, si le multiplicande diminue de 10?

41. Le produit de $(327 + 12)$ par $(538 - 12)$ est-il plus grand ou plus petit que celui de 327 par 538? Prévoir le résultat sans effectuer les multiplications indiquées.

42. Effectuer le produit $5 \times 13 \times 4 \times 10$.

43. Montrer que le produit $7 \times 9 \times 3 \times 6 \times 5 \times 4$ est équivalent au produit $3 \times 7 \times 4 \times 5 \times 6 \times 9$ en passant du premier produit au second et en n'intervertissant à chaque fois que deux facteurs consécutifs; faire le tableau de tous les produits indiqués intermédiaires.

44. Faire voir que quand on dit que 375 dizaines valent 10 fois 375 unités, on admet implicitement qu'un produit de deux facteurs ne change pas quand on intervertit l'ordre des facteurs.

45. Dans un produit de deux facteurs, on double le multiplicande et l'on triple le multiplicateur. Que devient le produit?

46. La somme $54 + 540 + 5400$ est le produit de 54 par un entier. Quel est cet entier?

V — Puissances.

47. Calculer 3^{13}, 13^3, 5^5, 8^3 et 2^9.

48. Calculer rapidement les produits $2^3 \times 5^2$, $2^2 \times 5^3$ et $2^7 \times 5^7$.

49. Calculer rapidement les produits $4^3 \times 5^6$, $25^2 \times 2^5$, et $125^{13} \times 2^{40}$.

50. Calculer la valeur, exprimée dans le système de numération décimale, de l'unité du 5ᵉ ordre, dans le système dont la base est 7.

51. Vérifier que $(1 + 10 + 10^2 + 10^3 + 10^4) \times (10 - 1) = 10^5 - 1$.

52. Conclure de l'exercice précédent (en employant auxiliairement le système de numération dont la base est 7), que $(1 + 6 + 6^2 + 6^3 + 6^4)(6 - 1) = 7^5 - 1$. — On fera ensuite une vérification directe.

53. Montrer qu'on peut calculer 2^{64} en ne faisant que 6 multiplications.

54. Élever 7 à une puissance telle que le résultat soit 117649.

VI. — Division.

55. Combien peut-on former de douzaines avec 1000 objets et combien restera-t-il d'objets?

56. Une pièce de drap, à 17 francs le mètre, vaut 306 francs. Combien contient-elle de mètres?

57. Une pièce d'étoffe de soie, contenant 13 mètres, vaut 195 francs. Combien vaut un mètre de cette étoffe?

58. Le vin produit par une vigne, étant vendu à 28 francs l'hectolitre, a été payé 2240 francs. Combien cette vigne renferme-t-elle d'hectares, si un hectare de vigne donne 20 hectolitres de vin.

59. Un train de chemin de fer, qui parcourt un kilomètre par minute, fait un trajet en 3 heures 28 minutes. Combien un piéton emploiera-t-il d'heures pour faire le même trajet, s'il fait 4 kilomètres à l'heure? ⌣

60. Un robinet qui donne 18 litres d'eau par minute doit remplir un bassin d'une capacité de 3240 litres. Combien faudra-t-il d'heures pour cela?

61. Deux robinets ouverts sur le même bassin donnent, l'un 180 litres par heure et l'autre 12 litres par minute. En combien de temps rempliront-ils ce bassin qui a une contenance de 3000 litres ?

62. Un piéton et un courrier à cheval font l'un 3 kilomètres par heure et l'autre 12 kilomètres ; ils sont séparés par une distance de 300 kilomètres et ils partent en même temps à la rencontre l'un de l'autre. Au bout de combien de temps se rencontreront-ils ?

63. Un bassin d'une capacité de 3600 litres étant vide, on veut le remplir à l'aide de l'eau d'un robinet donnant 12 litres par minute ; ce bassin a une fuite qui laisse échapper 3 litres par minute. Au bout de combien de temps sera-t-il rempli ?

64. Un piéton, qui fait 3 kilomètres par heure, a 360 kilomètres d'avance sur un cavalier, qui le poursuit en faisant 12 kilomètres par heure. Au bout de combien de temps le piéton sera-t-il atteint ?

65. Trois robinets peuvent remplir un bassin d'une contenance de 1200 litres : le 1er le remplirait en 5 heures et le 2e en 6 heures ; ils ont été ouverts, le 1er, pendant 2 heures, et le 2e, pendant 3 heures ; ces deux robinets étant fermés, on ouvre le 3e qui achève de remplir le bassin en 30 minutes. Combien ce 3e robinet donne-t-il de litres par heure ?

66. Un marchand de vin en a acheté un certain nombre d'hectolitres, à 23 francs l'hectolitre ; il l'a vendu 32 francs l'hectolitre et il a ainsi réalisé un bénéfice de 495 francs. Quel était le nombre d'hectolitres ?

67. Combien y a-t-il de minutes et d'heures dans 86400 secondes ?

68. Un cercle tourne de 360 degrés en 24 heures ; de combien de degrés tourne-t-il en une heure et de combien en 4 minutes ?

69. Une personne achète une 1re fois 15 hectolitres de vin et 2 hectolitres d'eau-de-vie, pour 710 francs ; une 2e fois, et dans les mêmes conditions, 10 hectolitres de vin et 2 d'eau-de-vie, pour 520 francs. Quels sont les prix du vin et de l'eau-de-vie ?

70. Une personne achète un âne et un cheval pour 640 francs. Le prix du cheval vaut 3 fois celui de l'âne. Quelle est la valeur de chacun ?

71. Le quotient de deux nombres entiers est 7, leur différence est 72. Quels sont ces deux nombres?

72. La somme de deux nombres est 27, leur différence 13. Quels sont ces deux nombres?

73. Pierre, Paul et Jean ont chacun une certaine somme; Pierre et Paul ont ensemble 78 francs; Pierre et Jean, 76 francs; Jean et Paul, 74 francs. Quelle est la différence des sommes que possèdent Paul et Jean; combien possèdent-ils chacun?

74. Un ménage est composé du père, de la mère et d'un enfant, ils doivent faire 12960 mètres d'un ouvrage; combien emploieront-ils d'heures, sachant que le père et la mère le feraient en 120 heures, le père et l'enfant en 180 heures, la mère et l'enfant en 216 heures? (On supposera deux familles semblables, et l'on cherchera d'abord combien les deux familles feraient en une heure.)

75. Une division, dans laquelle le diviseur était 384, a donné pour quotient 527 et pour reste 0. Trouver le dividende. — Quel serait le quotient, si l'on divisait ce dividende par 527?

76. Une division, dans laquelle le diviseur était 384, a donné pour quotient 527, et pour reste 200. Quel est le dividende? Quel reste et quel quotient donnera-t-il, si on le divise par 527?

77. Une division, dans laquelle le diviseur était 488, a donné pour quotient 12 et pour reste 200. Dire, sans connaître le dividende, quels seraient le quotient et le reste, si l'on divisait ce dividende par 12.

78. Un produit de deux facteurs est 1776, l'un de ces facteurs est 37. Trouver l'autre facteur.

79. Un produit de trois facteurs est 380480; deux de ces facteurs sont 58 et 164. Trouver le 3e facteur.

80. Les produits d'un même facteur, par 537 et par 243, diffèrent de 17052. Quel est ce facteur?

81. On divise un certain dividende D par 22, le quotient obtenu par 14, le quotient obtenu par 12, on obtient alors pour quotient 37 et les restes successifs ont été 21, 7 et 8. Dire, sans déterminer le dividende D, quels seraient le quotient et le reste de la division du dividende D par le produit $22 \times 14 \times 12$.

82. On divise D par d, on a pour quotient q et pour reste r $(r < d)$; on divise q par d', on a pour quotient q' et pour reste r' $(r' < d')$. Trouver le quotient du dividende D par le produit $d \times d'$. Calculer aussi le reste.

VII. — Divisibilité.

83. La différence de deux nombres, non multiples d'un nombre donné, peut-elle être un multiple de ce nombre?

84. Quel est, dans la suite naturelle, le 100ᵉ nombre impair?

85. Combien y a-t-il de multiples de 3, de 1 à 100?

86. Tout nombre qui n'est pas multiple de 3 est un multiple de 3 augmenté de 1 ou un multiple de 3 diminué de 1.

87. Dans 7 nombres entiers consécutifs, il y a un multiple de 7 et il n'y en a qu'un.

88. En divisant un nombre par 15, on obtient un certain reste (plus petit que 15). Quelles sont les valeurs que peut avoir ce reste, si le nombre proposé divisé par 3 donne pour reste 2? — Quelles sont les valeurs que peut avoir ce reste, si le nombre proposé divisé par 5 donne pour reste 3?

89. En divisant un nombre par 3, on a trouvé pour reste 2, et en le divisant par 5, on a trouvé pour reste 3. Quel reste trouvera-t-on si l'on divise ce nombre par 15?

90. Établir une règle simple pour trouver, sans faire la division, le reste de la division d'un nombre donné par 6.

91. Même question pour les cas où les diviseurs sont 18 ou 21.

92. Démontrer qu'un nombre est divisible par 33, si, étant partagé en tranches de 2 chiffres à partir de la droite, la somme de ces tranches est divisible par 33.

93. On sait que $13 = M. 4 + 1$. Quel sera le reste de 13^7 divisé par 4?

94. On sait que $18 = M. 7 + 4$. Trouver une puissance de 18 qui, divisée par 7, donne pour reste 1.

95. Quel serait le reste de la division de 18^{1000} par 7?—Montrer que ce reste est le même que celui de 18 divisé par 7.

VIII. — Plus grand commun diviseur.

96. Trouver le plus grand commun diviseur des nombres 1333 et 304.

97. De même pour les nombres 3024 et 1824.

98. De même pour les nombres 1503 et 247.

99. Voulant trouver le plus grand commun diviseur de 378000 et 53700, on détermine celui de 3780 et 537. Que reste-t-il à faire pour avoir le nombre cherché?

100. Le plus grand commun diviseur de deux nombres est 36. Montrer que les deux nombres seront divisibles par 12. — Quel sera le plus grand commun diviseur des quotients?

101. En déterminant, par la règle ordinaire, le plus grand commun diviseur de deux nombres, on a trouvé 36 pour ce nombre; les quotients successifs étaient 4, 1, 3 et 2. Quels étaient les restes correspondants et quels étaient les deux nombres?

102. Un nombre qui divise le dividende et le reste d'une division, divise-t-il nécessairement le diviseur?

103. Le plus grand commun diviseur des deux nombres 774 et 162 est 18. Trouver deux nombres entiers tels que leurs produits respectifs par 774 et 162 différent de 18.

104. Les deux nombres 65 et 48 étant premiers entre eux, trouver deux nombres entiers tels que leurs produits par 65 et 48 différent de 1.

105. On a l'égalité $44 \times 4 - 5 \times 35 = 1$. Montrer qu'il en résulte que 44 et 35 sont premiers entre eux.

106. Trouver le plus grand commun diviseur des nombres 576, 1440, 3600 et 1080.

107. Montrer que pour trouver le plus grand commun diviseur de trois nombres a, b, c, il suffit de déterminer celui d de a et b, celui d' de a et c, et enfin celui d'' de d et d'.

108. Comment reconnaitra-t-on rapidement si un nombre est divisible par 495 qui vaut 45×11 ?

IX. — Nombres premiers.

109. Trouver, parmi les nombres suivants, quels sont ceux qui sont premiers, 1421, 1423, 1471 et 1369.

110. Décomposer, en ses facteurs premiers, chacun des nombres suivants, 512, 729, 5340, 231601, 1299 et 367.

111. Trouver le plus grand commun diviseur des nombres 1316, 2310 et 1470.

112. Trouver le plus petit commun multiple de 15, 18 et 21.

113. De même pour 40, 36, 108, 63 et 42.

114. Trouver le plus petit commun multiple de 557509 et 151979.

115. Prouver qu'un produit de trois facteurs est divisible par 48, si le premier est divisible par 2, le deuxième par 6 et le troisième par 4.

116. Sur les trois facteurs d'un produit, on sait que l'un des trois est divisible par 4, que l'un des trois est divisible par 6 et que l'un des trois est divisible par 14. Quel est le plus grand diviseur *certain* de ce produit?

117. Trouver tous les diviseurs de 5292.

118. Trouver la plus haute puissance de 3, qui divise le produit des 500 premiers nombres.

119. Quelle est la plus petite puissance de 60, qui est divisible par 1440 ?

120. Quel est le plus petit facteur par lequel il faut multiplier 1176 pour que le produit soit un carré parfait?

121. Un berger sait qu'en comptant ses moutons 5 par 5, ou

3 par 3, ou 4 par 4, il en reste toujours 2. Combien a-t-il de moutons, sachant qu'il en a moins de 100?

122. On sait qu'il reste 11 œufs lorsqu'une marchande d'œufs compte ceux qu'elle a par douzaines, et qu'il en reste 9 quand elle les compte par dizaines ; d'ailleurs elle a plus de 100 œufs et moins de 12 douzaines. Combien en a-t-elle ?

X. — Fractions en général.

123. Un fonctionnaire a un traitement de 3000 francs par an ; il subit chaque mois une retenue de $\frac{1}{20}$ du traitement mensuel. Quel somme reçoit-il chaque mois ?

124. Les $\frac{19}{20}$ d'une somme valent 2850 francs, combien vaut $\frac{1}{20}$ de la somme ? — Quelle est la somme entière ?

125. On sait que l'alliage des monnaies d'or contient en poids $\frac{1}{10}$ de cuivre. Quel est le poids de la monnaie d'or qui contient 3 kilogrammes de cuivre ? — Quel est le poids de l'or pur ?

126. Si l'on partage $\frac{1}{13}$ en 8 parties égales, que sera, par rapport à l'unité, l'une des parties obtenues ?

127. Un ouvrier fait les $\frac{3}{7}$ d'un ouvrage en un jour. Combien de fois fera-t-il le même ouvrage en 7 jours ?

128. Un robinet remplit 39 fois, en une heure, un vase de $\frac{1}{4}$ de litre. Combien le même robinet pourra-t-il remplir de litres en une heure et quelle sera la fraction de litre restante ?

129. Il a fallu 43 k. $\frac{3}{4}$ de pain, pour distribuer à chacun des soldats d'une compagnie $\frac{1}{4}$ de kilogramme. Combien la compagnie contient-elle de soldats ?

130. Combien $\frac{1}{5}$ de franc vaut-il de vingtièmes de franc?

131. Un robinet peut remplir 2 fois un bassin en 7 heures; un autre peut remplir 13 fois le même bassin en 48 heures. Quel est celui qui donne le plus d'eau, par heure?

132. Le $\frac{1}{4}$ du temps qu'une personne met pour faire un ouvrage égale les $\frac{2}{9}$ du temps employé par une autre personne pour faire le même ouvrage. Laquelle des deux personnes est la plus habile? — Quelle est la fraction de l'ouvrage fait par la seconde personne, tandis que la première fait la $\frac{1}{2}$ de l'ouvrage?

133. Si 2 mètres $\frac{7}{8}$ coûtent 126 francs, combien coûte $\frac{1}{8}$ de mètre? — Combien 1 mètre? — Combien $\frac{3}{4}$ de mètre?

134. Simplifier les fractions suivantes

$$\frac{729}{2187}, \quad \frac{720}{1008}, \quad \frac{15}{65}, \quad \frac{375}{625}, \quad \frac{3000}{5000}, \quad \frac{1962}{5346}.$$

135. Simplifier les fractions

$$\frac{29 \times 5 \times 14}{21 \times 15 \times 52}, \quad \frac{75 \times 8 \times 13}{300 \times 16 \times 11}, \quad \frac{59 \times 36 \times 5}{48 \times 590 \times 17}.$$

136. Réduire à leurs plus simples expressions les fractions suivantes

$$\frac{161}{253}, \quad \frac{214}{314}, \quad \frac{97}{679}, \quad \frac{670}{1474}, \quad \frac{18504}{21588}.$$

137. Réduire à leurs plus simples expressions les fractions

$$\frac{37 \times 629}{1887 \times 74}, \quad \frac{49 \times 517}{343 \times 94}, \quad \frac{34 \times 38 \times 40}{190 \times 17 \times 23}.$$

138. On part de la fraction $\frac{18504}{21588}$, on la renverse, elle de-

vient $\frac{21588}{18504}$, on extrait les entiers, on prend la fraction complémentaire, on la renverse et l'on opère comme précédemment;
on continue de même, jusqu'à ce que la dernière fraction renversée soit un entier exact. Profiter des opérations précédentes
pour simplifier la fraction primitive.

139. Réduire au même dénominateur les fractions suivantes

$$\frac{3}{4}, \quad \frac{7}{10}, \quad \frac{13}{60}, \quad \frac{5}{12}, \quad \frac{7}{20}, \quad \frac{13}{15}.$$

140. De même les fractions $\frac{7}{13}$, $\frac{9}{16}$, $\frac{3}{15}$.

141. Réduire au même dénominateur les fractions $\frac{548}{1371}$ et
$\frac{649}{3199}$.

142. Réduire les deux fractions précédentes au plus petit dénominateur commun.

143. Réduire au plus petit dénominateur commun les fractions
$\frac{113}{340}$, $\frac{67}{289}$, $\frac{44}{374}$.

144. Vérifier l'inégalité $\frac{333}{106} < \frac{22}{7}$.

145. Vérifier les inégalités suivantes

$$\frac{333}{106} < \frac{31416}{10000} < \frac{22}{7}.$$

146. On donne la fraction $\frac{67}{96}$. Existe-t-il une fraction ayant
pour dénominateur 12^3 ou 1728, qui soit équivalente à la première ?

147. Trouver le nombre entier n, tel qu'on ait $\frac{n}{38} = \frac{12}{57}$.

148. Montrer qu'il n'y a pas d'entier n, tel que $\frac{67}{96} = \frac{n}{144}$.

149. De ce que la fraction $\frac{5}{8}$ est irréductible, conclure que la fraction $\frac{8 \times 3 + 5}{8}$, qui équivaut à $3\frac{5}{8}$, est aussi irréductible.

150. Montrer que la fraction $\frac{a-b}{a}$ est irréductible, si la fraction $\frac{a}{b}$ est irréductible.

XI. — Addition des fractions.

151. Mettre la somme $1 + 1 + \frac{1}{2} + \frac{1}{4}$ sous la forme d'une fraction.

152. Additionner $\frac{3}{4} + \frac{5}{6} + \frac{7}{8} + \frac{11}{13}$.

153. Un manouvrier a fait à différentes reprises $\frac{3}{4}$ de journée, $\frac{2}{3}$, $\frac{5}{6}$ puis $\frac{3}{4}$ de journée. Il a reçu 12 francs pour son travail. Quel est le prix de la journée ?

154. Un robinet a rempli successivement $\frac{1}{15}$, $\frac{3}{10}$ et $\frac{2}{5}$ d'un bassin contenant 330 litres. Combien doit-il fournir de litres pour achever de remplir le bassin ?

155. Si aux $\frac{3}{8}$ d'un nombre on ajoute ses $\frac{5}{6}$, on obtient 116. Quel est ce nombre ?

156. Montrer que $\frac{1}{2} + \frac{1}{4} + \frac{1}{8} + \frac{1}{16} + \frac{1}{32} + \frac{1}{32}$ égale l'unité.

157. Calculer la somme

$$\frac{1}{2} + \frac{1}{4} + \frac{1}{8} + \frac{1}{16} + \frac{1}{32} + \frac{1}{64} + \frac{1}{128} + \frac{1}{128}.$$

16

158. Quelle est la somme

$$\frac{2}{3} + \frac{2}{3^2} + \frac{2}{3^3} + \frac{2}{3^4} + \frac{1}{3^4} \text{ ?}$$

159. Quelle est la limite de la somme $\frac{2}{3} + \frac{2}{3^2} + \ldots$

$+ \frac{2}{3^{n-1}} + \frac{2}{3^n}$, lorsque n augmente indéfiniment?

160. Additionner les fractions

$$\frac{143}{429}, \frac{220}{495}, \frac{288}{486}, \frac{56}{432}, \text{ puis simplifier le total.}$$

161. Calculer la somme

$$\left(\frac{3}{7} + \frac{5}{49} + \frac{4}{343}\right) + \left(\frac{3}{7} + \frac{2}{49} + \frac{3}{343}\right).$$

162. Calculer la somme

$$\left(37 + 8\frac{5}{6} + 328\frac{3}{14}\right) + \left(\frac{5}{7} + 63\frac{1}{6} + 672\right).$$

163. Montrer que si a et b sont des entiers, la somme $\frac{a}{8} + \frac{b}{9}$ ne peut être l'unité.

164. Dire si la somme $\frac{1}{152} + \frac{1}{153} + \frac{1}{154}$ est plus grande ou plus petite que $\frac{1}{51}$.

165. Démontrer qu'on a $\frac{1}{n-1} + \frac{1}{n+1} > \frac{2}{n}$.

166. Montrer que la somme des fractions $\frac{1}{n-1}$, $\frac{1}{n}$ et $\frac{1}{n+1}$, réduite à sa plus simple expression, a un dénominateur plus petit que le produit $(n-1) \times n \times (n+1)$, toujours divisible par 3, si n est impair.

167. Si plusieurs fractions irréductibles ont pour dénominateurs des puissances différentes d'un même nombre, leur somme ne peut être un entier.

XII. — Soustraction des fractions.

168. Soustraire $\frac{17}{75}$ de $\frac{19}{60}$.

Trouver la différence entre $\frac{57}{853}$ et $\frac{3}{67}$.

Calculer l'excès de $3\frac{2}{9}$ sur $1\frac{5}{12}$.

Calculer $2854\frac{258}{516} - 439\frac{13}{18}$.

169. Dans un mois, il y a 4 semaines de 6 jours de travail, plus 2 jours. Un ouvrier a perdu, la première semaine, $\frac{2}{3}$ de journée; la deuxième semaine $\frac{3}{4}$ de jour, la troisième $\frac{1}{6}$ de jour, et la quatrième semaine $\frac{5}{48}$ de la semaine. Combien lui payera-t-on de journées dans le mois?

170. Une personne dit à une autre : Je gagne $\frac{1}{5}$ de moins que vous. L'autre répond : Par conséquent, je gagne $\frac{1}{4}$ de plus que vous. Expliquer pourquoi la réponse est juste.

171. Deux robinets peuvent remplir un bassin, l'un en 8 heures et l'autre en 18 heures; le bassin étant vide, ils sont restés ouverts, le premier 3 heures et le deuxième 5 heures. Quelle est la fraction du bassin qui reste à remplir?

172. Un robinet peut remplir un bassin en 16 heures, un deuxième le remplit en 5 heures; ce bassin a une fuite qui laisse échapper $\frac{1}{24}$ de la capacité du bassin en 1 heure. Le bassin étant vide, on ouvre les deux robinets pendant une heure. Quelle est la fraction du bassin qui est remplie?—En combien de temps le bassin serait-il rempli?

173. Calculer $\left(13\frac{1}{3} - 4\frac{1}{4}\right) - \left(7\frac{1}{4} - 3\frac{1}{3}\right)$.

174. Calculer $\left(7\frac{3}{7} - 2\frac{2}{3}\right) - \left(7\frac{3}{7} - 4\frac{3}{4}\right)$.

175. Un joueur gagne les $\frac{2}{3}$ de sa mise; s'il avait gagné juste sa mise, il aurait 38 francs de plus. Quelle était sa mise?

176. La différence entre les $\frac{2}{3}$ et les $\frac{3}{4}$ d'une somme est 100 fr. Quelle est cette somme?

177. Déterminer l'entier a de façon qu'on ait $\frac{a}{18} - \frac{3}{4} = \frac{1}{12}$.

178. Déterminer b de façon que $\frac{17}{30} - \frac{b}{6} = \frac{2}{5}$.

XIII. — Multiplication des fractions.

179. Pour écrire une page, un élève emploie $\frac{3}{11}$ d'heure. Combien emploiera-t-il d'heures pour faire 44 pages?

180. Un métier fabrique 3 m. $\frac{3}{4}$ de tissu en un jour. Combien en fabrique-t-il en 15 jours?

181. Un mètre d'étoffe coûte 28 francs. Combien coûtent $\frac{5}{7}$ de mètre?

182. Un mètre de drap coûte 13 francs. Combien coûtent $\frac{15}{39}$ de mètre?

183. Un alambic fournit $\frac{13}{20}$ d'hectolitre d'alcool, en un jour. Quelle fraction d'hectolitre fournit-il, en $\frac{5}{12}$ de jour?

184. Un courrier fait 7 kilomètres $\frac{3}{4}$ en une heure. Combien fait-il de kilomètres en 5 h. $\frac{1}{3}$?

185. Un ouvrier agricole reçoit $\frac{2}{7}$ d'hectolitre de blé par journée de travail. Il a fait dans une première semaine 6 journées $\frac{1}{3}$, dans une deuxième semaine 5 journées $\frac{3}{4}$, dans une troisième semaine 5 journées $\frac{1}{2}$ et dans une quatrième semaine 4 journées $\frac{5}{12}$. Combien lui est-il dû d'hectolitres de blé, pour son travail ?

186. Une personne a dépensé les $\frac{2}{3}$, puis le $\frac{1}{8}$, et enfin $\frac{1}{12}$ du gain d'une semaine de 6 jours. Quel est le montant total de la dépense, si cette personne gagne 4 francs par jour ?

187. Un ouvrier a fait dans sa semaine 5 journées $\frac{2}{3}$; il reçoit 4 fr. $\frac{1}{2}$ par journée de travail; que lui restera-t-il de son gain, s'il en a dépensé les $\frac{3}{5}$ pour sa nourriture et le $\frac{1}{8}$ pour son entretien ?

188. Un objet acheté 120 francs a été vendu avec un bénéfice *brut* égal aux $\frac{3}{4}$ du prix d'achat; mais le vendeur a eu à supporter des frais s'élevant aux $\frac{3}{20}$ du prix de vente. Quel est son bénéfice *net* ?

189. Quels sont les $\frac{3}{4}$ de $\frac{5}{6}$ de 140 francs ?

190. Le prix total d'un ouvrage est de 24 fr. $\frac{3}{5}$. Un premier ouvrier a fait les $\frac{2}{5}$ de l'ouvrage, un deuxième ouvrier le $\frac{1}{6}$ du reste et un troisième ouvrier a fait le dernier reste. Combien revient-il à chaque ouvrier pour son salaire ?

191. Par quel nombre multiplie-t-on un nombre donné quand on l'augmente de 4 fois sa valeur ?

16.

192. Par quel nombre multiplie-t-on un nombre donné quand on l'augmente de ses $\frac{2}{3}$?

193. Par quel nombre multiplie-t-on un nombre donné quand on le diminue de ses $\frac{3}{7}$?

194. On doit multiplier $5\frac{1}{2}$ par $3\frac{3}{4}$; on multiplie d'abord 5 par 3 et $\frac{1}{2}$ par $\frac{3}{4}$, on fait la somme des résultats; que doit-on ajouter à cette somme pour avoir le produit demandé?

195. Dans quel cas le carré d'un nombre est-il inférieur au triple de ce nombre?

196. Dans quel cas le carré d'un nombre est-il inférieur au tiers de ce nombre?

197. Calculer le carré de $16\frac{1}{4}$.

198. Trouver la fraction irréductible la plus petite, qui, multipliée par $\frac{3}{4}$, donne pour produit un entier?

199. Après avoir multiplié 300 par 128, on augmente le multiplicateur de $\frac{2}{3}$; dire de combien augmente le produit, sans effectuer la première multiplication.

200. Après avoir multiplié 300 par 128, on diminue le multiplicando de $1\frac{9}{16}$; dire de combien diminue le produit, sans effectuer la première multiplication.

201. Après avoir multiplié 300 par 128, on diminue le multiplicateur de $\frac{2}{3}$ et l'on augmente en même temps le multiplicande de $1\frac{9}{16}$; le nouveau produit est-il plus grand ou plus petit que le premier et de combien?

202. Montrer que $\left(3\frac{1}{2}+\frac{1}{2}\right)\times\left(3\frac{1}{2}-\frac{1}{2}\right)$ est inférieur à $\left(3\frac{1}{2}\right)^2$. Quelle est la différence?

203. Calculer le produit $\frac{3}{5}\times\frac{7}{4}\times\frac{5}{7}\times\frac{8}{9}\times\frac{9}{2}$.

XIV. — Division des fractions.

204. On a payé 45 francs pour la reliure d'un ouvrage, à raison de $\frac{3}{4}$ de franc par volume. Combien y a-t-il de volumes dans l'ouvrage?

205. Un ouvrier a reçu $\frac{3}{4}$ de franc, pour avoir fait les $\frac{3}{7}$ d'un ouvrage. Combien aurait-il reçu, s'il avait fait tout l'ouvrage?

206. Un mètre d'étoffe coûte 18 francs; quelle est exactement la quantité d'étoffe qui coûte 60 francs?

207. Quel est exactement le prix de revient d'un kilogramme d'un thé dont 6 kilogrammes reviennent à 46 francs?

208. Trouver un nombre qui, multiplié par 1342, reproduise 3900?

209. Trouver un nombre qui, multiplié par 3900, reproduise 1342?

210. Par quel nombre faut-il diviser $\frac{3}{11}$, pour avoir au quotient $\frac{5}{8}$?

211. Par quel nombre divise-t-on $\frac{3}{5}$, quand on prend les $\frac{5}{8}$ de $\frac{3}{5}$?

212. Une personne ayant dépensé les $\frac{5}{14}$ de sa fortune, il lui reste 45000 francs; à combien s'élevait cette fortune?

213. Un commerçant, dans une année, triple son avoir; il donne alors le $\frac{1}{7}$ de ce qu'il possède aux pauvres et il lui reste ensuite 120000 francs. Quel était son avoir au commencement de cette même année?

214. Un joueur perd successivement le $\frac{1}{3}$ et les $\frac{2}{9}$ de l'argent qu'il a apporté au jeu, puis il gagne 50 francs et il possède alors 110 francs. Combien avait-il apporté au jeu?

215. Le double d'un nombre, la moitié et le quart de ce nombre font en tout 99. Quel est ce nombre?

216. Une garnison a perdu le $\frac{1}{20}$ de ses hommes par la maladie et le $\frac{1}{3}$ de ses hommes dans une sortie. Il lui arrive un renfort de 800 hommes qui ramène le nombre d'hommes aux $\frac{3}{4}$ de ce qu'il était primitivement. Quel est le nombre actuel des soldats?

217. Le $\frac{1}{4}$ d'une propriété est en vignes, les $\frac{2}{5}$ en prés et le reste, qui est en terres labourables, a une contenance de 14 hectares. Calculer l'étendue des vignes, des prés et de toute la propriété.

218. Deux frères ayant à se partager une propriété de 16 hectares, l'un a reçu 4 hectares $\frac{1}{2}$ de plus que l'autre et il a payé à cet autre 990 francs par compensation. Combien était estimé l'hectare?

219. Une personne paye un objet $\frac{1}{5}$ au-dessous de sa valeur, elle le revend $\frac{1}{6}$ au-dessus de sa valeur et elle fait ainsi un bénéfice de 33 francs. Combien a-t-elle payé cet objet?

220. Deux expéditionnaires écrivent l'un 7 pages en 3 heures et l'autre 9 pages en 4 heures. Combien mettront-ils d'heures exactement pour écrire 100 pages?

221. Un nombre augmente de 8 quand on le multiplie par 12.

De combien diminue ce nombre quand on le multiplie par $\frac{1}{12}$?

222. Un nombre, étant multiplié par $\frac{5}{9}$, diminue de $1\frac{1}{3}$. Quel est ce nombre?

223. Un nombre étant donné, on l'augmente de ses $\frac{3}{4}$ et l'on multiplie le résultat par $\frac{7}{3}$. Par quel nombre faudrait-il multiplier le nombre donné, pour obtenir le même résultat final?

224. Le tiers et demi d'un nombre est $7\frac{3}{4}$. Quel est ce nombre?

225. En divisant le double du cube d'un nombre par le triple de son carré, on obtient pour quotient 22. Quel est ce nombre? — Vérification.

226. Trois nombres, divisés par le même diviseur, ont donné pour quotients $\frac{3}{7}$, $\frac{5}{21}$ et $\frac{1}{3}$. Prouver que leur somme est égale au diviseur.

227. Dans un nombre de 3 chiffres, le chiffre des centaines est le tiers du chiffre des unités, et celui des dizaines est la moitié du chiffre des unités. Quelle fraction du nombre total représente le chiffre des unités?

228. Trouver, sans faire les divisions, lequel est le plus grand des deux quotients indiqués $13\frac{1}{4} : 5\frac{1}{3}$ et $14\frac{1}{2} : 6\frac{1}{4}$.

229. On multiplie le dividende d'une division par $2\frac{3}{4}$ et l'on divise le diviseur par $\frac{4}{15}$. Que deviendra le quotient?

230. On divise le dividende d'une division par $\frac{3}{7}$ et l'on divise le diviseur par $\frac{11}{8}$; le quotient devient alors 3. Quel était le quotient primitif?

231. Le quotient d'une division est $2\frac{1}{2}$; si le diviseur est multiplié par $2\frac{1}{2}$, que devient le quotient?

232. Calculer le quotient de 18 par $2\frac{1}{4}$ et prévoir ensuite celui de $2\frac{1}{4}$ par 18.

233. Un rentier place les $\frac{2}{5}$ de son capital, puis les $\frac{3}{7}$ de ce capital; le second placement surpasse le premier de 1000 francs. Quelle somme lui reste-t-il à placer?

234. Une personne dépense les $\frac{3}{8}$ de son argent, puis les $\frac{7}{15}$ du reste, et enfin les $\frac{2}{9}$ du nouveau reste; il lui reste alors le $\frac{1}{5}$ de la somme primitive et en outre 64 francs. Quelle somme avait-elle avant de rien dépenser?

235. Un berger auquel on demandait s'il avait 100 moutons répondit : Il m'en faudrait encore autant, la moitié d'autant, le quart d'autant et un pour faire le cent. Combien avait-il de moutons?

236. Quelle heure est-il, s'il s'est écoulé 4 fois $\frac{1}{2}$ plus de temps depuis midi qu'il ne doit s'en écouler jusqu'à minuit?

237. Un robinet peut remplir un bassin en 7 h. $\frac{1}{2}$, un deuxième robinet peut le vider en 3 h. $\frac{1}{6}$. Le bassin étant rempli aux $\frac{3}{4}$, on ouvre les deux robinets; au bout de combien de temps sera-t-il vidé?

238. Trois robinets servent à remplir ou à vider un bassin; le bassin étant vide, on ouvre le premier et le deuxième robinet, le bassin est alors rempli en une heure; le bassin étant vide, on ouvre le premier et le troisième robinet, le bassin est alors rempli en 2 heures; le bassin étant vide, on ouvre le deuxième et le troisième robinet, le bassin est rempli en

3 heures. Dire en combien de temps le bassin sera rempli si l'on ouvre les trois robinets, le bassin étant vide.

239. Trouver, dans le problème précédent, le temps que chaque robinet seul met, soit à remplir, soit à vider le bassin.

240. Trouver le plus petit nombre entier dont le quotient par $\frac{91}{156}$ soit un entier. $\left(\text{Nous appellerons ce nombre } le\ plus\ petit\ multiple\ \text{de } \frac{91}{156}\right)$.

241. Trouver le plus petit nombre entier tel que chacun des nombres suivants en soit une partie aliquote, $7\frac{1}{5}$, $8\frac{8}{14}$, et $\frac{34}{51}$.

242. On donne l'expression

$$2 + \cfrac{1}{1 + \cfrac{1}{1 + \cfrac{1}{1 + \frac{1}{4}}}}$$

On propose de la mettre sous la forme d'une fraction simple. — Trouver de combien le carré de cette fraction diffère de 7; montrer que cette différence est moindre que $\frac{1}{400}$.

XV. — Décimales, en général.

243. Comment s'appelle 1° la centième partie d'un centième; 2° la centième partie d'un dix-millième ?

244. Comment s'appelle 1° le millième d'un millième; 2° le millième d'un millionième ?

245. Rendre le nombre 37,43 mille fois plus petit ; rendre le résultat obtenu cent millions de fois plus grand.

246. Écrire les fractions décimales suivantes sous forme de fractions ordinaires 0,347; 0,363636 et 0,033.

247. La fraction $\frac{457}{10000}$ est-elle décimale? Est-ce une fraction ordinaire. Écrire cette fraction sans se servir de la barre de fraction.

248. Quels seraient les dénominateurs des fractions analogues aux fractions décimales, dans le système de numération dont la base est 6?

249. Mettre la somme $\frac{3}{6} + \frac{5}{216} + \frac{4}{1296}$ sous la forme d'une fraction ayant pour dénominateur une puissance de 6, 1° en opérant dans le système vulgaire de numération; 2° en opérant dans le système dont la base est 6?

250. Laquelle est la plus grande des deux fractions. $\frac{4}{11}$ et 0,363636? — Quelle est la différence entre ces deux fractions?

251. Même question pour les deux fractions $\frac{4}{11}$ et 0,36 363636.

XVI. — Addition, soustraction et multiplication décimales.

252. Additionner 0,358, 0,52 et 0,0469. — Additionner 360000, 463, 2,9 et 0,000428

253. On demande la somme exacte de $\frac{3}{7}$ + 0,328 + 4,32.

254. Une personne dépense 27fr.38 c. dans un premier achat; elle dépense, dans un deuxième achat, 4 fr. 37 c. de plus que dans le premier et, dans un troisième achat, 3 fr. 32 c. de plus que dans le deuxième. Combien a-t-elle dépensé en tout?

255. En retranchant 3,57638 d'un nombre plus grand, on a trouvé pour reste 4,42362. Calculer le plus grand nombre.

256. Un vase plein d'eau pèse 3^k,365; cinq heures après, il ne pèse plus que 3^k,429; quel est le poids de l'eau qui s'est évaporée dans l'intervalle?

257. Un comptable qui a payé 367 fr. 29 c. et 643 fr. 38 c., a reçu 543 fr. 13 c. et 639 fr. Que lui reste-t-il en caisse, s'il avait primitivement autant qu'il a reçu ?

258. Calculer la différence 1—0,69874. Donner une règle pratique et simple pour obtenir une telle différence ?

259. Démontrer que 356,27 — (634,28 — 520,03) = 356,27 + 520,03 — 634,28.

260. Un mouton coûte 37 fr. 75 c.; combien coûtent 327 moutons ?

261. Un mètre d'étoffe coûte 24 francs; combien coûtent 0^m,365 ?

262. Combien valent 5^m,12 d'étoffe, à 6 fr. 25 c. le mètre ?

263. Une personne a reçu 3^m,40 de drap à 6 fr. 25 c. le mètre, et elle a rendu 0^m,85 de soie à 15 fr. 20 c. le mètre. Que redoit-elle ?

264. Calculer le carré de 0,001 et le carré de 0,007.

265. Calculer le cube de 0,2.

266. Calculer le carré de 3,999999 et déterminer de combien ce nombre est dépassé par l'entier 16.

XVII. Division décimale.

267. 38 mètres de drap coûtent 642 francs. Quel est à 0 fr. 01 c. près le prix du mètre ? — On demande aussi le résultat en centimes, à moins de un demi-centième près.

268. 19 mètres de drap ont coûté 308 fr. 28. c. Quel est le prix du mètre, à un décime près ?

269. Trouver le quotient de 4632549 par 27, à moins de 100 unités près.

270. Combien a-t-on eu de ruban pour 27 fr. 35, si le prix du mètre est 0 fr. 825 ? On demande le résultat à 0^m,01 près.

271. Le quotient d'un nombre par un autre est 0,00625. Combien le second vaut-il de fois le premier ?

272. On a mesuré une longueur, avec une erreur moindre que $0^m,1$, et l'on a trouvé $428^m,35$. On partage cette longueur en 130 parties égales ; sur quelle approximation peut-on compter au quotient ? — Combien convient-il de garder de chiffres décimaux au quotient ?

273. Assigner la plus petite unité décimale surpassant la différence entre les deux quotients $88 : 3,14$ et $88 : 3,15$.

274. Même question pour les quotients $88 : 3,1416$ et $88 : 3,14159$.

275. On sait que $28^m,5$ d'étoffe ont coûté 93 fr. 48. Calculer le prix d'un mètre d'étoffe, avec une approximation décimale suffisante pour que, multipliant ce résultat par $237,8$, on obtienne une valeur de $237^m,8$ avec une erreur moindre que 0 fr. 01 c.

276. Calculer à $0,01$ près la valeur de $\dfrac{93,48}{28,5} \times 237,8$.

277. On demande de calculer la valeur exacte du quotient qu'on obtient en divisant le quotient $\dfrac{63,9}{0,54}$ par le quotient $\dfrac{0,999}{7,1}$

XVIII. — Conversion des fractions en décimales. — Fractions périodiques.

278. Convertir en décimales les fractions $\dfrac{1}{2}$, $\dfrac{1}{4}$, $\dfrac{3}{4}$, $\dfrac{5}{8}$, $\dfrac{4}{5}$, $\dfrac{17}{25}$, $\dfrac{37}{625}$, $\dfrac{19}{40}$, $\dfrac{21}{56}$ et $\dfrac{39}{75}$.

279. Convertir en décimales les fractions $\dfrac{1}{3}$, $\dfrac{2}{30}$, $\dfrac{3}{7}$, $\dfrac{8}{11}$, $\dfrac{13}{21}$, $\dfrac{39}{91}$ et $\dfrac{24781}{33333}$ (Si la fraction obtenue est périodique, on dira quelle est la période).

280. Convertir en décimales les fractions $\dfrac{17}{28}$, $\dfrac{5}{12}$, $\dfrac{19}{88}$, $\dfrac{28}{88}$, $\dfrac{3}{148}$ et $\dfrac{987}{22000}$.

Quels sont les prix d'un grand vase, d'un moyen et d'un petit?

460. Une première fois, on échange 2 mètres de velours et 3 mètres de drap contre 5 mètres de velours et $\frac{3}{4}$ de mètre de drap; une deuxième fois, on donne 3 mètres de velours plus 45 francs pour 4 mètres $\frac{1}{2}$ de drap. Quels sont les prix du mètre de drap et du mètre de velours?

461. Deux rentiers placent l'un son capital à 5 1/2 %, et l'autre le sien à 4 1/2 %; la somme de leurs revenus est alors 2050 francs; si le premier place son capital à 4 % et le deuxième le sien à 5 1/2 %, la somme de leurs revenus est 2350 francs. Quels sont les deux capitaux?

462. Un ouvrier dépense les $\frac{2}{3}$ de son gain plus 50 francs pour sa nourriture et le $\frac{1}{5}$ pour son loyer; il lui reste alors 110 francs pour son entretien. Quel est son gain?

463. Quelles sont les heures précises auxquelles les aiguilles d'une montre sont à égale distance de 6 heures?

464. Un enfant ayant donné 4 francs à un pauvre, son père double son argent et l'enfant donne alors 5 francs à un deuxième pauvre son père triple son argent, l'enfant donne 6 francs à un troisième pauvre, et il ne lui reste plus rien. Combien avait-il avant de rien donner?

465. La somme des chiffres d'un nombre de deux chiffres est 7 et, quand on renverse les chiffres, le nombre augmente de 27. Trouver d'abord la différence des deux chiffres, puis chacun d'eux.

466. On paye les dindons 5 francs pièce, les poulets 1 franc et les moineaux 0 fr. 05 pièce. On achète 100 oiseaux pour 100 francs. Quel rapport existe-t-il entre le nombre de dindons et le nombre des moineaux? Quels sont ces nombres, s'ils sont entiers?

XXXI. — Racines carrées.

467. Un nombre terminé à droite par un seul zéro n'est jamais un carré parfait.

468. Tout carré parfait divisé par 5 donne pour reste zéro, 1 ou 4.

469. Tout carré parfait divisé par 4 donne pour reste 0 ou 1.

470. La différence des carrés de deux nombres impairs est toujours divisible par 4.

471. Si deux carrés parfaits ne sont ni l'un ni l'autre divisibles par 5 et si leur somme est un carré parfait, ce troisième carré est divisible par 25.

472. Extraire les racines carrées des nombres 169, 1849, et 13227769.

473. Extraire, à moins d'une unité près, les racines carrées des nombres 80, 628, 3004, 676749 et 56328193.

474. Le produit de deux nombres est 23273 et leur quotient est 17. Quels sont ces nombres?

475. Quel est le plus grand carré entier contenu dans 2043?

476. Trouver un nombre tel qu'en le diminuant de 56 et en l'augmentant de 21, on trouve les carrés de deux nombres consécutifs.

477. Calculer, à moins de 0,0001 près,

$$\sqrt{2}, \ \sqrt{3}, \ \sqrt{38}, \ \sqrt{50}.$$

478. Calculer, à moins de $\frac{1}{2}$ millième près,

$$\sqrt{349}, \ \sqrt{38,457}, \ \sqrt{5,893748}.$$

479. Calculer, à moins de 0,001 près,

$$\sqrt{\frac{3}{4}}, \ \sqrt{1\frac{5}{7}}, \ \sqrt{327\frac{4}{9}}, \ \sqrt{\frac{355}{133}}.$$

480. Calculer, à moins de $\frac{1}{7}$ près, $\sqrt{38}$.

481. Calculer, à moins de $\frac{1}{124}$ près, $\sqrt{422\frac{3}{7}}$.

482. On prend 25 pour valeur approchée de $\sqrt{626}$. Quelle est la fraction la plus petite ayant pour numérateur 1, qu'il faut ajouter à 25 pour que le carré du nouveau nombre dépasse 626?

483. Quel est, à $0^m,001$ près, le côté d'un carré ayant une surface de 5 hectares 8 ares 7 centiares?

484. La racine carrée de $29\frac{46}{98}$ est-elle commensurable?

485. Montrer que $\sqrt{7}-\sqrt{3}$ est incommensurable.

486. Montrer que $\sqrt{18}+\sqrt{8}$ est égale à la racine carrée d'un nombre commensurable.

487. Trouver le produit de deux nombres, si leur somme est 7 et si la somme de leurs carrés est 40.

488. Trouver deux nombres dont la différence soit 3, la somme de leurs carrés étant 149.

489. Trouver deux nombres dont la somme est 27 et le produit 162.

490. Calculer, à moins de 0,001 près les deux dimensions d'un rectangle ayant pour surface $100^{m.q.}$, la hauteur étant les $\frac{3}{7}$ de la longueur.

491. Calculer, à $0^m,01$ près, les dimensions d'un rectangle dont la surface est $337^{m.q.}$, la différence entre les deux dimensions étant 3 mètres.

492. Calculer la racine cubique de 54872.

493. Si l'on sait de mémoire les cubes des 9 premiers nombres, on peut dire de suite, sans calcul, la racine cubique d'un cube parfait ayant moins de 7 chiffres.

494. Calculer, à moins d'une unité près, $\sqrt[3]{543284932}$.

495. Calculer, à 0,01 près, $\sqrt[3]{2}$ et $\sqrt[3]{3,14159265}$.

496. Calculer, à moins de $\frac{1}{4}$ près, $\sqrt[3]{57}$.

497. Calculer, à moins de une unité près, $\sqrt[3]{43648932514953}$.

498. Calculer les dimensions du litre en étain.

499. Calculer l'arête d'un cube en cuivre pesant $15^k,293$, sachant que la densité du cuivre est 8,55.

500. Le quotient du cube d'un nombre par le triple de ce nombre est 2352. Trouver ce nombre.

NOTE I

Sur le système métrique.

1° *Sur la détermination du mètre.* — On sait que la terre a une forme à fort peu près sphérique et qu'elle tourne sur elle-même, en un jour, autour d'un diamètre qu'on appelle son *axe*. L'axe de la terre est une droite idéale qui la rencontre en deux points qu'on nomme les *pôles*. Toute circonférence tracée sur la surface de la terre et passant par les deux pôles s'appelle un *méridien*. Tous les méridiens sont égaux. On appelle *équateur* une circonférence située à la surface de la terre et passant à égale distance des deux pôles. Tout méridien, comme toute circonférence, se divise en 360 parties égales appelées degrés. La *latitude* d'un lieu est le nombre de degrés compris, sur le méridien de ce lieu, depuis le lieu jusqu'à l'équateur.

Pour déterminer la longueur du méridien en toises, on a choisi deux lieux situés sur le même méridien ; la différence de leurs latitudes (qui se déterminent astronomiquement) donne le nombre de degrés de l'arc du méridien qui joint ces deux lieux. On a mesuré ensuite, en toises, la distance de ces deux lieux. Cette mesure peut s'effectuer directement, si la distance est peu étendue et sur un terrain en plaine. Mais lorsqu'il s'agit de mesurer, comme on l'a fait, la distance de Dunkerque à Barcelone, c'est en mesurant avec soin une base d'opération relativement courte et une suite d'angles qu'on arrive par le calcul à déterminer la distance cherchée. Il est alors facile d'avoir en toises la longueur d'un arc d'un degré du méridien, puis celle du méridien tout entier.

Ajoutons que, en réalité, la terre n'est pas rigoureusement sphérique, elle est légèrement aplatie aux pôles et renflée à l'équateur; on a dû tenir compte de cet applatissement pour établir la longueur du quart du méridien, et l'on a trouvé pour cette longueur 5130740 toises; de sorte que le mètre est égal à $\frac{5130740}{10000000}$ de toise.

2° *Sur la forme des mesures de capacité.* — On a donné aux mesures de capacité la forme cylindrique parce que c'est la plus commode et la moins sujette à se déformer. Celles dont le diamètre est égal à la hauteur sont particulièrement faciles à vérifier; on emploie à cet effet une jauge formée d'une tige de fer sur laquelle sont marqués, à partir de l'extrémité, les diamètres de chaque mesure. Les mesures destinées aux liquides, qui s'écoulent facilement, ont la hauteur double du diamètre; cette disposition les rend plus étroites, ce qui permet une plus grande approximation dans la mesure, le liquide débordant sur une circonférence plus petite.

Ces dernières mesures, dites mesures en étain, sont formées d'un alliage d'étain et de plomb, afin qu'elles soient moins cassantes; mais elles ne doivent pas contenir plus de 18 % de plomb, aux termes des règlements, parce que le plomb est vénéneux. La densité d'un tel alliage est connue; si cette densité est dépassée, la proportion du plomb dépasse la limite permise, et il y a contravention.

3° *Sur l'unité de poids.* — Le *gramme* est le poids qu'aurait dans le vide un centimètre cube d'eau distillée, prise à son maximum de densité. On prend de l'eau distillée, parce que cette eau est parfaitement pure; on la prend à son maximum de densité, c'est-à-dire au moment où un même poids d'eau occupe le moindre volume; ou en d'autres termes, au moment où un vase d'un centimètre cube contient le plus fort poids d'eau; c'est à la température de 4° centigrades que cela a lieu.

Enfin, la pesée faite dans l'air est ramenée à ce qu'elle donnerait dans le vide, parce que, dans l'air, les corps éprouvent de bas en haut une poussée égale au poids du fluide déplacé.

La physique enseigne la manière de faire la correction avec
toute la précision désirable.

4° *Des instruments qui servent à peser.* — On appelle *levier*,
une barre qui peut tourner autour d'un point fixe nommé *point
d'appui*.

La *balance ordinaire*, la plus élémentaire, se compose d'un
levier à deux bras égaux nommé *fléau*, aux extrémités duquel
sont suspendus des plateaux. Les plateaux étant vides, le fléau
doit être horizontal ; une aiguille solidaire du fléau est alors verticale. Pour que la balance soit juste, il faut que les deux bras
de levier soient parfaitement égaux. Pour vérifier la balance, on
met dans les deux plateaux deux corps qui se fassent équilibre ;
si en les changeant de plateaux l'équilibre subsiste, la balance
est juste.

Dans d'autres balances, comme celles de Roberval ou de
Bérenger, les plateaux sont supportés au-dessus du fléau, qui
est plus compliqué que dans la balance ordinaire.

La *balance romaine* se compose d'un levier à deux bras iné-
gaux, le corps qu'on veut peser est suspendu à un crochet à
l'extrémité de l'un des bras, et on lui fait équilibre par un poids
ou curseur qui est toujours le même, mais dont la distance au
point d'appui varie suivant le poids du corps qu'on pèse ; une
graduation indique les poids auxquels correspondent les différentes positions du curseur mobile.

La *bascule du commerce* se compose d'un tablier sur lequel
on place le corps à peser et d'un plateau où on lui fait équilibre
par des poids marqués ; le plateau et le tablier sont reliés par un
système de leviers tel que le poids du corps est juste égal à
10 fois le poids qui lui fait équilibre dans le plateau.

La *bascule des chemins de fer* est une sorte de combinaison
de la Bascule du commerce et de la Romaine.

Le *peson à ressort* et tous les instruments employés pour
peser dans lesquels les poids s'estiment d'après la *déformation*
d'un ressort et dont la graduation a été faite à l'aide de poids
marqués, peuvent devenir défectueux, les ressorts se faussant à
la longue. La plupart ne sont pas admis dans le commerce.

5° *De la vérification des poids et mesures.* — Les mesures
effectives, les poids effectifs et les balances doivent être soumis
au *Vérificateur* qui leur applique la *marque première* avant
qu'ils puissent être mis en vente ; chaque année il marque les
poids et les instruments d'un poinçon formant l'empreinte d'une
lettre qui varie avec l'année. Il admet pour chaque poids ou
mesure une certaine tolérance ; si cette tolérance est dépassée,
la mesure doit être détruite ou réparée, et dans ce cas poinçon-
née ensuite. Le Vérificateur est aussi chargé de veiller à ce

que, dans les actes publics, on n'emploie pas les dénominations des anciennes mesures.

6° *Historique de l'établissement du système métrique.* — Diverses tentatives furent faites depuis Charlemagne jusqu'à la Révolution française pour établir un système uniforme de poids et de mesures dans toute la France. Après 1789, les pouvoirs publics et l'Académie des sciences s'occupèrent de la question à différentes reprises. Ce fut le 1er août 1793 que la Convention vota l'établissement du système métrique. Vers 1802, on organisa un système mixte : on adopta le pied métrique égal au 1/3 de mètre, la livre poids égale au 1/2 kilogramme, etc. Depuis 1840, le système métrique est imposé par la loi, qui interdit même les anciennes dénominations. Néanmoins les tentatives faites à cette époque pour faire adopter la division de la circonférence en 400 *grades* ou degrés nouveaux et la division du grade en 100 *minutes nouvelles*, sont restées sans résultat. Cela a tenu sans doute à ce que certains instruments très coûteux et des tables très volumineuses, employées par les astronomes et les calculateurs, étaient faits d'après l'ancienne division des degrés.

NOTE II

Sur la théorie de la racine cubique.

1° *Sur la racine cubique entière.*

Soit à extraire la racine cubique entière de 421107; 10^3 $= 1000 < 421107$. La racine se composera de dizaines et d'unités. Soit 7 la racine cubique du plus grand cube entier contenu dans 421; on a $7^3 < 421$ et $8^3 \geqq 422$; donc $7^3 \times 10^3 < 421$ $\times 1000$ et $8^3 \times 10^3 \geqq 422 \times 1000$; il résulte de là $70^3 < 421000$ et par suite $70^3 < 421107$ et aussi $80^3 \geqq 422000$ et par suite $80^3 > 421107$; $7^3 = 343, 421 -- 7^3 = 421 - 343 = 78$ et 421000 $-70^3 = 421000 - 343000 = 78000$; alors $421107 - 70^3 = 78107$; ce reste comprend, outre le reste final, trois parties, dont la plus importante est le triple carré des dizaines par les unités, qui est un nombre exact de centaines. Divisons les 780 centaines du reste par 147 centaines, nous obtenons pour quotient entier 5. C'est le deuxième chiffre de la racine ou un chiffre trop fort; en effet, on a $147 \times 6 > 781$, $147 \times 6 < 782$, $14700 \times 6 < 78200$, $14700 \times 6 > 78107$, et alors le 2ᵉ chiffre n'est ni 6, ni supérieur à 6, puisque 78107 ne contient même pas la première des trois autres parties du cube de 76. Pour essayer 5, on fait le cube de 75, on trouve $75^3 > 421107$, donc 5 est trop fort; mais $74^3 = 405224 < 421107$; donc 74 est la racine cherchée. Le reste est $421107 - 405224 = 15883$. Ainsi se trouve justifiée la règle que nous avons déjà donnée (**172**).

REMARQUE I. — $75^3 = (74 + 1)^3 = 74^3 + 3 \times 74^2 \times 1 + 3 \times 74 \times 1^2 + 1^3 = 74^3 + 3 \times 74^2 + 3 \times 74 + 1$. Donc, le reste ne peut atteindre $3 \times 74^2 + 3 \times 74 + 1$.

REMARQUE II. — Pour vérifier le chiffre 5, remarquons que $75^3 = (70 + 5)^3 = 70^3 + 3 \times 70^2 \times 5 + 3 \times 70 \times 5^2 + 5^3$; il faut voir si ce nombre est contenu dans 421107, ou si $421107 - 70^3$; c'est-à-dire le reste 78107 contient $3 \times 70^2 \times 5 + 3 \times 70 \times 5^2 + 5^3$ ou $5 \times (3 \times 70^2 + 3 \times 70 \times 5 + 5^2)$ ou $5 \times [3 \times 70^2 + 5 \times (3 \times 70 + 5)]$ ou $5 \times [14700 + 5 \times (210 + 5)]$ ou $5 \times [14700 + 5 \times 215]$. D'où il résulte qu'on peut modifier ainsi la règle donnée.

Pour essayer un chiffre trouvé, on l'écrira à la droite du triple de la racine; on multipliera le nombre ainsi formé par le chiffre, on ajoutera le résultat au triple carré de la racine connue suivi de deux zéros, on multipliera cette somme par le chiffre essayé, et l'on retranchera, s'il est possible, le résultat du dernier reste suivi de la tranche suivante; si la soustraction est possible, le chiffre essayé est bon; si elle est impossible, on diminuera le chiffre successivement d'une unité jusqu'à ce qu'il ne soit plus trop fort. On se servira du reste obtenu pour continuer comme à l'ordinaire.

On trouve $5 (14700 + 5 \times 215) = 78875 > 78107$ et $4 (14700 + 4 \times 214) = 62224$; 4 est bon et $78107 - 62224 = 15883$, qui est le reste de l'opération.

2° Sur la racine cubique décimale.

Si l'on demande la racine cubique de 421,10748, à 0,1 près, je prends la racine entière de 421107; j'obtiens 74; donc

$$74^3 < 421107 \quad \text{et} \quad \frac{74^3}{10^3} < 421,107.$$

ou $\qquad 7,4^3 < 421,107$ et $7,4^3 < 421,10748.$

D'autre part,

$$75^3 > 421107, \quad 75^3 \gneqq 421108, \quad \frac{75^3}{10^3} \gneqq 421,108,$$

$$7,5^3 \gneqq 421,108, \text{ et } 7,5^3 > 421,10748.$$

Ainsi est justifiée la règle du n° 473.

Extrait du plan d'études des Lycées, du 2 août 1880.

Quatrième.

Révision (des éléments de calcul).

Théorie de l'addition, de la soustraction et de la multiplication des nombres entiers. (Chap. II, III, IV du liv. I.)

Théorèmes les plus simples relatifs à la multiplication. (Chap. IV du liv. I.)

Théorie de la division des nombres entiers (Chap. VI du liv. I.)

Caractères de divisibilité par 2, 5, 4, 9 et 3. (Chap. VII du liv. I.)

Carré et racine carrée. — Formation d'une table de carrés. (Chap. V du liv. I et chap. I du liv. IV.)

Troisième.

Révision (du programme de quatrième).

Plus grand commun diviseur et plus petit commun multiple. (Chap. VIII et IX du liv. I.)

Application au calcul des fractions. (Chap. I, II, III du liv. II.)

Nombres premiers. (Chap. IX du liv. I.)

Conversion d'une fraction ordinaire en fraction décimale. (Chap. IX du liv. II.)

Philosophie.

Révision (générale).

Extrait du plan d'études des Écoles normales, du 3 août 1881.

Première année.

Opérations sur les nombres entiers. (Chap. II, III, IV, VI du liv. I.)

Caractères de divisibilité les plus simples. — Plus grand commun diviseur. (Chap. VII, VIII du liv. I.)

Fractions ordinaires. — Notions sur les rapports et proportions. (Chap. I, II, III, IV, V du liv. II et chap. I et VI du liv. III.)

Nombres décimaux. (Chap. VI, VII, VIII, IX du liv. II.)

Système métrique. (Chap. II du liv. III et note 1.)

Applications. — Règles de trois, d'intérêt simple et d'escompte, de partages proportionnels. — Problèmes sur les mélanges et les alliages. — Rentes sur l'État. (Chap. VI, VII, VIII, IX, X, XI, XII du liv. III.)

Deuxième année.

Revision du cours de première année.

Carrés, cubes, racines carrées et cubiques des nombres entiers et des nombres décimaux. (Chap. V du liv. I; chap. I, II, III, IV, V du liv. IV et note 2).

Rapports et proportions. (Chap. V du liv. II et chap. VI du liv. III.)

Questions d'intérêt simple et d'escompte, d'échéance commune; partages proportionnels.(Chap. VI, IX, X, XII du liv. III.)

Troisième année.

Revision du cours de deuxième année.

FIN

TABLE DES MATIÈRES

Paris. — Soc. d'imp. Paul Dupont, 41, rue J.-J.-Rousseau (Cl). 17.6.82.

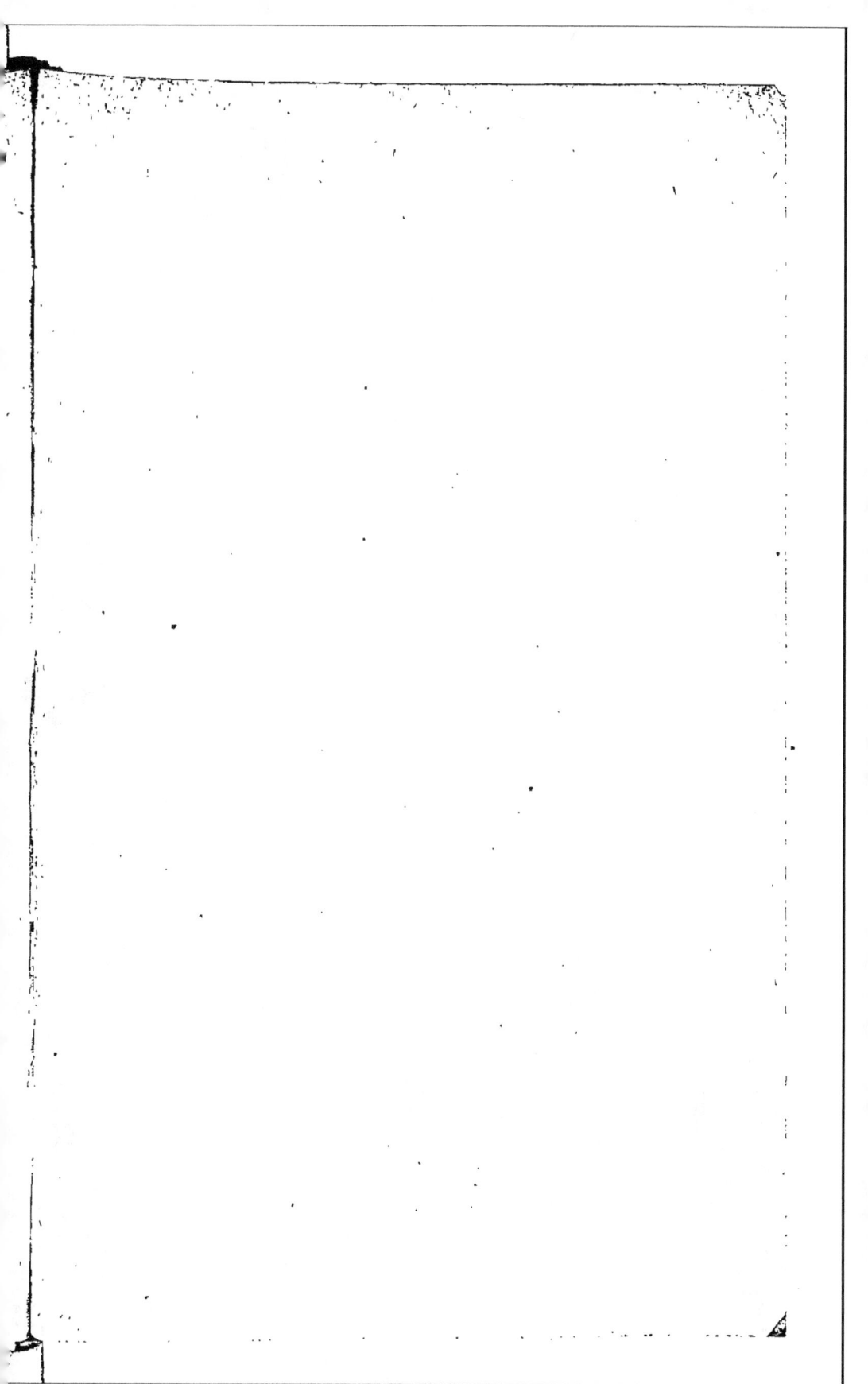

Librairie classique PAUL DUPONT, rue J.-J. Rousseau, 41. Paris

COURS
D'ARITHMÉTIQUE ET DE GÉOMÉTRIE

PAR

ALPHONSE REBIÈRE

Professeur agrégé de mathématiques au Lycée Saint-Louis
Chargé de Conférences aux Cours de Saint-Cloud

1° — **DE L'ENSEIGNEMENT DU CALCUL.** — Conférences faites aux Professeurs élémentaires des Lycées de Paris. — Brochure in-12 . . . . . . 0 fr.

2° — **ÉLÉMENTS DE CALCUL,** à l'usage des classes de 9°, 8°, 7°, 6° et 5° des Lycées et Collèges et des trois divisions des Écoles primaires. — Volume in-12, cartonné, 2° édition . . . . . . 1 fr.

3° — **DE L'ENSEIGNEMENT DES PREMIÈRES NOTIONS DE GÉOMÉTRIE.** — Conférences faites aux professeurs élémentaires des Lycées de Paris. — Brochure in-12 . . . . . 0 fr.

4° — **PREMIÈRES NOTIONS DE GÉOMÉTRIE,** à l'usage des classes de 7°, 6° et 5° des Lycées et Collèges et de la division supérieure des Écoles primaires. — Volume in-12, cartonné, 2° édition. 1 fr.

5° — **ÉLÉMENTS D'ARITHMÉTIQUE,** à l'usage des classes de 4°, 3° et philosophie des Lycées et collèges et des Écoles normales primaires, par A. Rebière et G. Monniot. — Volume in-12, cartonné . . . .

Paris. — Soc. d'imp. Paul-DUPONT. (Cl.) 17. Div. 6. 83.

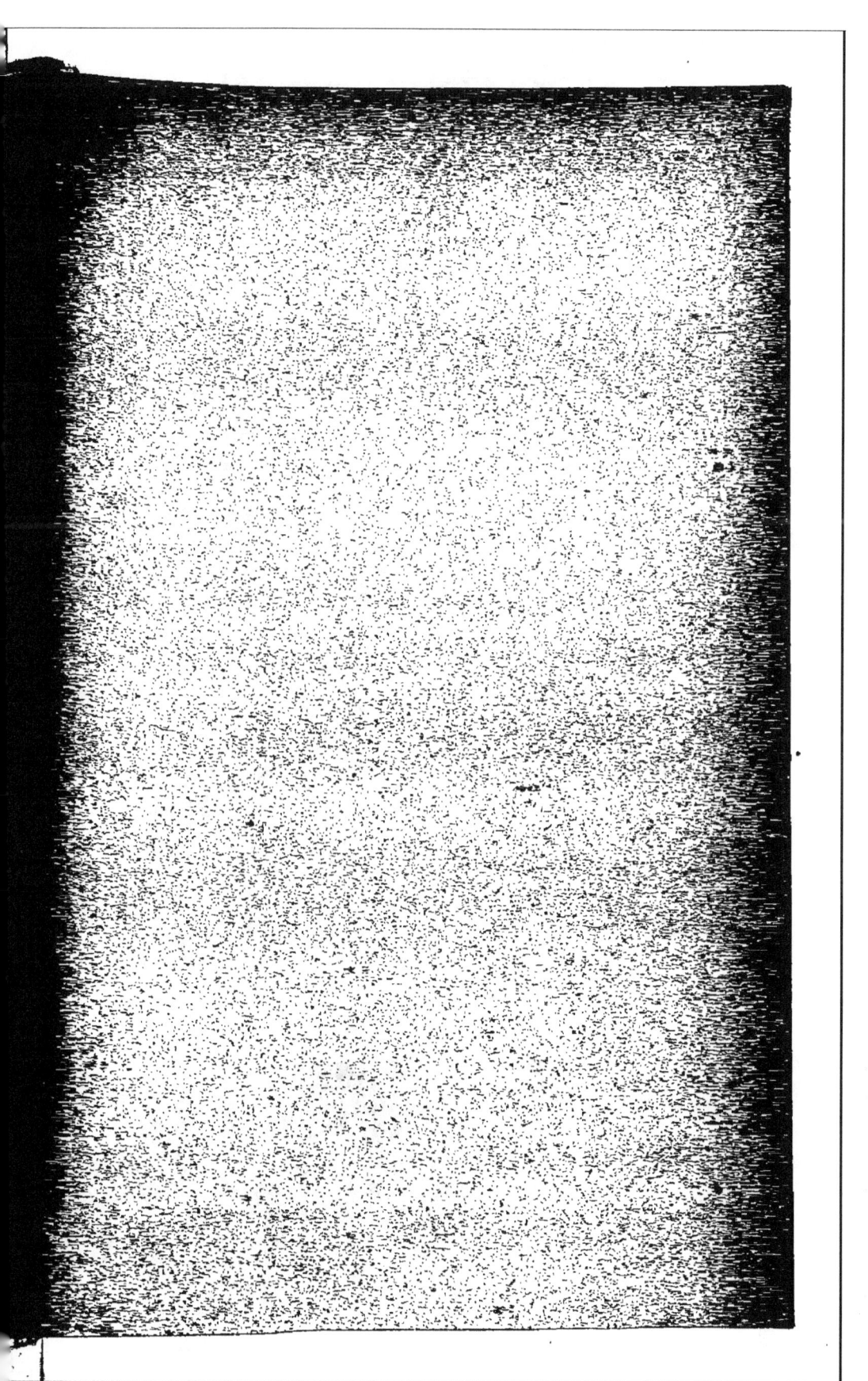

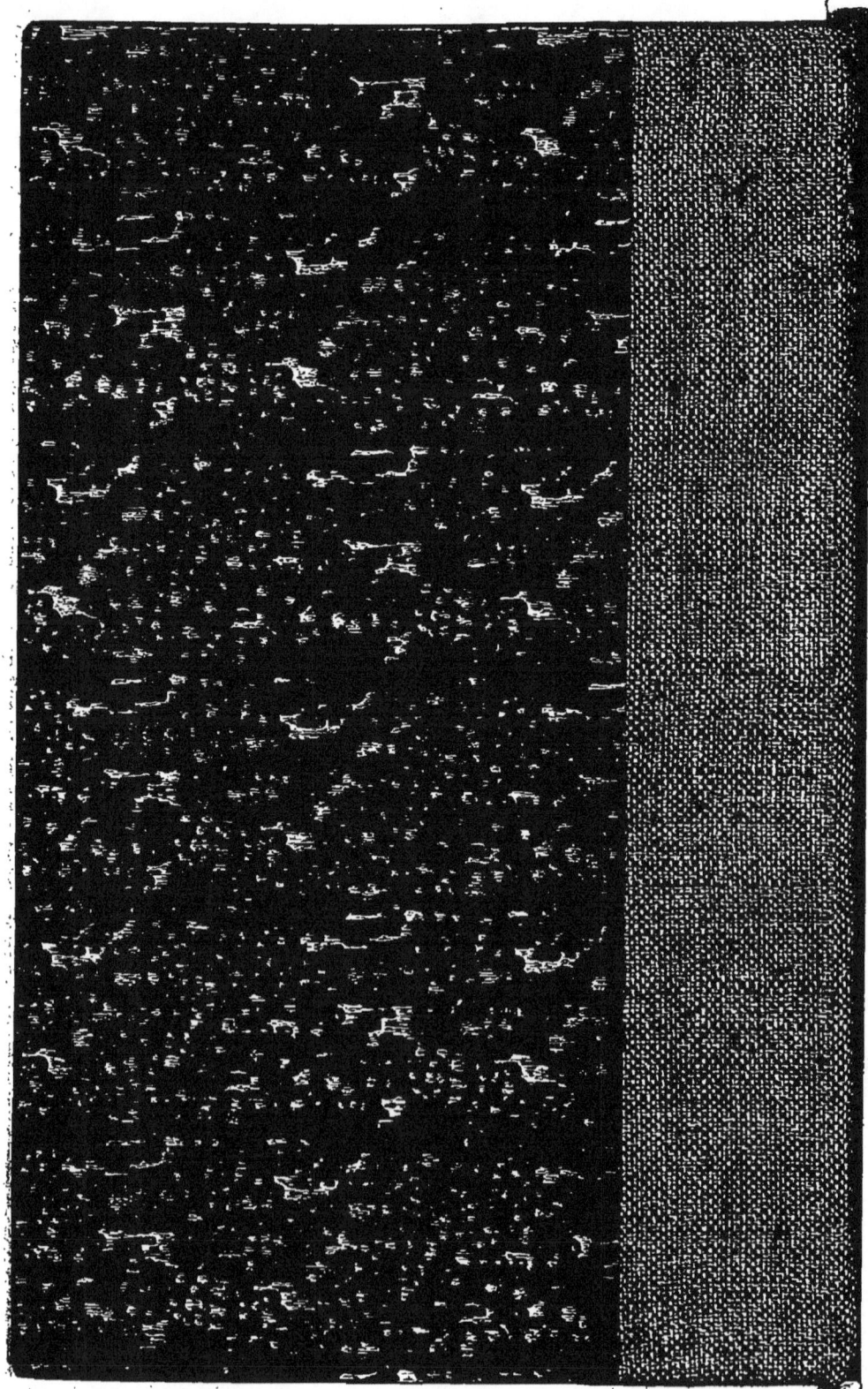